全国高等院校计算机基础教育研究会"计算机系统能力培养教学研究与改革课题"立项项目

程序设计基础(Java版)

主　编　杨玲玲　王志海

北京邮电大学出版社
www. buptpress. com

内容简介

本书以Java语言为程序设计语言，讲述程序设计的基本概念与基本方法。在内容上，采取循序渐进的方式讲述程序设计语言的核心语义与语法、变量与基本数据类型、表达式和赋值语句、条件与循环控制结构等，并通过易于理解的流程图来表达程序设计的基本逻辑思维；同时，配有与实际应用相关的或与生活相关的趣味性较强的大量实例。在介绍程序设计基本概念和基础知识的同时，也注重强调建立面向对象的程序设计思想。

本书共11章，主要内容包括程序与程序设计概述、Java语言基础、顺序结构、选择结构、循环结构、集成开发环境、面向对象的程序设计、Java编程规范、简单应用实例、图形化用户界面编程及综合应用实例。部分章节配有相应习题，便于读者巩固所学内容。

本书可作为高等院校的计算机程序设计基础课程教材，不仅适合计算机类各专业的学生，也适合电子商务专业、信息管理专业等经济管理类各专业的学生，还适合程序设计初学者自学使用。

图书在版编目(CIP)数据

程序设计基础：Java版 / 杨玲玲，王志海主编. -- 北京：北京邮电大学出版社，2016.1（2020.9重印）
ISBN 978-7-5635-4601-5

Ⅰ. ①程… Ⅱ. ①杨… ②王… Ⅲ. ①JAVA语言－程序设计 Ⅳ. ①TP312

中国版本图书馆CIP数据核字（2015）第305969号

书　　名：程序设计基础（Java版）
主　　编：杨玲玲　王志海
责任编辑：刘春棠
出版发行：北京邮电大学出版社
社　　址：北京市海淀区西土城路10号（邮编：100876）
发 行 部：电话：010-62282185　传真：010-62283578
E-mail：publish@bupt.edu.cn
经　　销：各地新华书店
印　　刷：北京九州迅驰传媒文化有限公司
开　　本：787 mm×1 092 mm　1/16
印　　张：16
字　　数：398千字
版　　次：2016年1月第1版　2020年9月第4次印刷

ISBN 978-7-5635-4601-5　　定　价：32.00元

· 如有印装质量问题，请与北京邮电大学出版社发行部联系 ·

前　　言

当今，计算机科学与技术已经深入到人们生活与工作的方方面面。掌握程序设计的思维方法与实现技术是人们理解计算机工作原理的重要途径。因而，程序设计基础日益受到人们的重视。从原来的互联网到新兴的物联网、从人们日常的网络购物到航天或军工等领域，程序设计技术都发挥了重要的作用。Java 语言是一门面向对象的程序设计语言，主要用于实现基本的图形化程序设计、数据库程序设计、多媒体与游戏设计（这些可以归为 Java SE 的内容），互联网网页设计、数据处理（这些内容可以归为 Java EE 的内容），以及智能手机的嵌入式开发（一般属于 Java ME 的内容）等。按照每年软件人才的需求量排名来看，Java 语言的市场最为广阔，因此 Java 语言的重要性可见一斑。

基本程序设计技术是了解与掌握计算机应用知识的重要课程。本书主要是以程序设计思想与方法为主线，以 Java SE 为主要内容。首先，对于 Java 程序设计语言本身，我们尽量用通俗易懂的方式解释语言的抽象概念，并在每个知识点后添加相关例题，努力使读者能够将程序设计语言表达与实际应用问题的解决方案联系起来。其次，尽量选择生活化的例题以增加学习的趣味性，同时将大量编程技巧融入例题，在增加趣味性的同时又不失科学性。再次，在每段代码后添加了程序的解读思路，并在某些较难的程序前添加设计思路，使读者建立起一定的编程方法与计算思维，尤其适合零基础的初学者使用。最后，本书给出了许多实验性程序设计综合题目，目的是希望读者能够逐步融会贯通。

本教材是在 3 届两千多名学生使用过的讲义的基础上进一步修改完成的。最初的讲义主要由杨玲玲和王志海编写。我们结合多年的实践教学，针对 Java 语言程序设计课程的特点，以及不同专业学生的实际需求，重新规划了这本教材。本书共分为 11 章，其中第 1 章、第 4 章、第 8 章和第 10 章由王志海编写，第 2 章和第 7 章由杨玲玲、张磊共同编写，第 3 章由王全新编写，第 5 章和第 11 章由张晨光编写，第 6 章由陈寒梅编写，第 9 章由杨玲玲、陈寒梅和王全新共同编写。最终由杨玲玲和王志海统一审定全书。本项目研究由北京交通大学海滨学院教科研项目资助（HBJY15003）。

对于计算机类各专业的学生和经济管理类等其他专业的学生来说，程序设计基础课程是一门主要的基础课，是本科阶段后续学习“数据库应用技术”“信息管理系统”“地理信息系统”等课程的重要基础。在编写过程中，编者从内容上进行了精心的设置与选取，从结构上注重了前后内容的连贯性，并且以丰富的实例体现和巩固理论基础知识的学习。特别是，没有接触过程序设计知识的初学者也可以轻松地阅读，从而实现零基础学习 Java 语言程序设计。

当然，我们深深意识到编写好一本程序设计基础的教材并不是一件容易的事情。由于笔者能力有限，本书内容一定会存在很多缺陷，诚恳希望通过广大师生的授课或学习过程，提出宝贵的修改意见，我们将在此基础上努力进行进一步的修正。谢谢！

编　者

2015 年 9 月于北京交通大学海滨学院

目　　录

第 1 章　程序与程序设计

我们处于一个计算机世界之中，生活的方方面面、工作的方方面面都离不开计算机。在当今世界，了解与运用计算机知识是走向成功至关重要的前提条件。同时，程序与程序设计是使用计算机进行开发的核心。本章主要简单地介绍计算机应用、计算机语言以及算法的相关知识。

1.1　计算机无处不在

无论是在工作中还是在学校或在家里，计算机是无处不在的。在不同场合，人们出于不同的原因使用着不同类型和大小的计算机。有些计算机可以放置在书桌上或者地板上，还有些计算机可以随身携带，而像手机这样的移动通信设备，也应该被列入计算机的范畴。

人们使用计算机可以方便地了解各种信息，例如新闻、天气预报、体育赛事、航班时刻表、电话簿、地图、信用报告以及数不清的学习资料。通过计算机，还可以打电话、结识新朋友、分享生活趣事、订火车票或飞机票、购物、缴纳学费、上课，以及实现智能家居等。计算机也是人们相互沟通的基本工具。公司的营销人员需要使用计算机与其他员工和顾客进行商谈，学生需要使用计算机与同学和老师进行联系，朋友之间需要使用计算机进行沟通。在人们相互交流的过程中，除了发送简单的文字信息之外，还可以使用计算机分享照片、文件、音乐和视频等。

在许多工作环境中，员工可以使用计算机进行通信，如收发电子邮件；还可以使用计算机管理日程、计算工资、记录库存和生成发票等。在学校里，教师使用计算机辅助课堂教学；学生使用计算机完成作业以及在实验室、家里或者其他地方进行各种学习或研究活动。与传统的课堂学习方式相比，一些学生可以直接通过他们的计算机完成课程学习。

无论是在家里还是在路上，人们都可以使用计算机管理日程和联系人、收听语音邮件、兑现支票、支付账单、转移资金、交易股票等。银行在许多地方安置了 ATM(自动柜员机)，使得银行客户可以随时随地存取款。在超市，使用计算机来计算顾客应付金额，还可以依照顾客购买模式生成促销的各种优惠券，这就是一种电子商务活动。各种交通工具可以加装道路导航系统，能够提供指引方向、呼叫紧急服务等功能，如果车辆被盗，还能够追踪被盗车辆，这都是现代智能交通服务。同时，人们也把他们大把的闲暇时间花费在计算机上，例如，玩游戏、听音乐或广播、观看或制作影片、阅读书籍和杂志、探究各种历史故事、浏览照片、制订度假计划等。

随着科技的不断进步，计算机已经成为日常生活的一部分。因此，计算机知识在当今社会对于成功是非常重要的。计算机文化，又称数字文化，是指对计算机及其使用相关知识的理解。随着技术的变化，计算机知识的要求也在变化，因此我们必须跟上这些变化的步伐以便使自己始终通晓计算机知识。

1.2 计算机语言

语言，是人类最重要的交际工具，是人们进行沟通交流的各种表达符号。语言就广义而言，是一套共同采用的沟通符号、表达方式与处理规则，符号会以视觉、声音或者触觉方式来传递。狭义上的语言是指人类沟通所使用的语言——自然语言。一般人都必须通过学习才能获得语言能力，语言的目的是交流观点、意见、思想等。人类发现了某些动物能够以某种方式沟通，就诞生了动物语言的概念。计算机诞生以后，人类需要给予计算机指令，这种指令就是我们通常所说的计算机语言(Computer Language)。

计算机语言指用于人与计算机之间进行通信的语言，是人与计算机之间传递信息的媒介。人的指令通过计算机语言传达给计算机，计算机按照其对指令的理解进行相应的操作。一般来说，计算机语言由“字符”和“语法规则”组成，由这些字符和语法规则组合而成的计算机的各种指令(以语句形式体现)就是计算机语言。

计算机语言的种类很多，总体来说可以分为机器语言、汇编语言和高级语言。其中只有机器语言可以被计算机硬件直接识别，而其他两种语言都需要被“翻译”成机器语言才能够使计算机执行相关操作。下面对它们分别进行简单的介绍。

(1) 机器语言(Machine Language)：直接用二进制代码指令表达的计算机语言，指令是用 0 和 1 组成的一串代码，它们有一定的位数，并分成若干段，各段的编码表示不同的含义。

(2) 汇编语言(Assembly Language)：面向机器底层的程序设计语言。在汇编语言中，用助记符代替了机器指令的操作码，用地址符号或标号代替了指令或操作数的地址，如此就增强了程序的可读性并化简了代码的编写难度。汇编语言亦称为符号语言。

(3) 高级语言(High-level Language)：所谓高级语言是相对于汇编语言而言的。由于汇编语言依赖于硬件体系，且助记符量大而难记，于是人们又发明了更加易用的高级语言。其语法和结构更类似普通英文，且由于远离对硬件的直接操作，使得一般人经过学习之后都可以掌握。本书中所要介绍的 Java 语言就是一种高级语言。

这 3 种语言在时间上有着继承和发展的关系，从机器语言到高级语言，计算机语言变得越来越接近于人类语言(自然语言)，从而使得编程变得越来越简单。计算机语言的发展对计算机的普及具有十分重要的贡献。

未来计算机语言的发展将不再是单纯的语言标准，其趋势是完全面向对象(接下来的章节介绍)、更易表达现实世界和更易为人编写。计算机语言将不仅仅被专业编程人员使用，人们完全可以用编程的手段订制真实生活中的一项工作流程。具体来讲，未来的计算机语言会朝着简单性、面向对象性、安全性和平台无关性 4 个方面发展。届时，计算机语言会作为英语之外的另一门通用语言，将被大多数人所掌握。

1.3 算法的定义和特征

一般情况下，我们认为程序由数据结构和算法两部分组成，由此可见算法设计在程序设计中占有举足轻重的地位。一个好的程序必定包含着一个或多个算法。本节主要介绍算法的基本概念、算法的特征和算法性能的评价手段。

1.3.1　算法概述

算法是解题过程中的一种思维方法。当我们在现实生活中遇到一个实际问题时，通常按照如下方式进行思考：第一，利用什么手段解决；第二，解题的步骤是什么。一个好的算法可以清晰地反映出这两点。

在计算机出现之前，算法是很难实现的。因为通常情况下，算法都需要多次计算才能将问题求解出来，而仅仅依靠人力来完成如此多的计算任务是十分困难的。计算机出现之后，各种不同的算法也被发掘出来，从而带动了计算机在人类社会中的快速发展。

算法包含了两个基本要素：数据对象的运算和操作以及算法的控制结构。

(1) 数据对象的运算和操作：计算机中数据的基本运算和操作有如下 4 类。

- 算术运算：加、减、乘、除等运算；
- 逻辑运算：或、与、非等运算；
- 关系运算：大于、小于、等于、不等于等运算；
- 数据传输：输入、输出、赋值等运算。

(2) 算法的控制结构：一个算法的功能结构不仅取决于所选用的操作，而且还与各操作之间的执行顺序有关。

1.3.2　算法的特征和评价

算法作为能确实解决某个问题的策略，它应该具备以下 5 个重要特征，不满足其中任意一条均不能称其为算法。

(1) 有穷性：算法必须能在执行有限个步骤之后终止。这主要是指在算法中不能出现无限循环。

(2) 确定性：算法的每一步骤必须有确切的定义，不能出现模棱两可的情况。

(3) 输入：一个算法有 0 个或多个输入，以刻画运算对象的初始情况，所谓 0 个输入是指算法本身给出了初始条件。

(4) 输出：一个算法有一个或多个输出，以反映对输入数据加工后的结果，没有输出的算法是毫无意义的。

(5) 可行性：算法中执行的任何计算步骤都可以被分解为基本的可执行的操作步骤，即每个计算步骤都可以在有限时间内完成(也称之为有效性)。

同一问题可以使用不同算法解决，于是就涉及算法的比较和评价。一个算法的优劣将影响整个程序的执行效率。算法的评价手段主要有时间复杂度和空间复杂度这两个方面。对算法的改进就是从这两个方面来着手的。除了这两个主要评价方法外，还有另外 3 个次要方法，下面具体对这 5 个算法评价方法一一进行介绍。

(1) 时间复杂度：算法的时间复杂度是执行算法所需要的时间。一般来说，如果算法中涉及 n 个元素，那么算法可以被描述为问题规模 n 的函数 $f(n)$，算法的时间复杂度也因此记作 $T(n)=O(f(n))$，因此问题的规模 n 越大，算法的时间复杂度也越大，算法执行时间的增长率与 $f(n)$的增长率相关，称作渐进时间复杂度(Asymptotic Time Complexity)。

(2) 空间复杂度：算法的空间复杂度是指算法需要消耗的内存空间。其计算和表示方法与时间复杂度类似，一般都用复杂度的渐近性来表示。同时间复杂度相比，空间复杂度的分析要简单得多。

（3）正确性：算法的正确性是评价一个算法优劣的最重要的标准。

（4）可读性：算法的可读性是指一个算法可供人们阅读的容易程度。

（5）健壮性：健壮性是指一个算法对不合理数据输入的反应能力和处理能力，也称为容错性。

1.4　算法的表示方法

一个算法要让人理解和明白，就必须使用某种方法将其表示出来。算法的主要表示方法有：自然语言表示法、流程图表示法和伪代码表示法。接下来以求解 sum＝1＋2＋3＋4＋…＋(n－1)＋n 为例来介绍这 3 种算法表示方法。

1.4.1　自然语言表示法

所谓自然语言表示法，顾名思义，就是用人类在平时交流中使用的语言来描述一个算法。

【例 1-1】 从 1 开始的连续 n 个自然数累加。

01：确定一个不小于 1 的正整数 n 的值，作为循环次数的上限；

02：设定当前次的循环次数 i 的值为 1，且该值同样等于当前次进行累加的值；

03：设定累加和为 sum 且初始值为 0；

04：如果当前次循环小于循环次数上限，即 i<=n 时，顺次执行 05，否则跳转到 08；

05：计算 sum(当前次的累加和)加上 i(当前次的累加值)的值后，将新产生的累加和重新赋值给 sum(此时 sum 表示经过累加后的和)；

06：进入下一次执行过程，使当前循环次数 i 加 1，然后将值重新赋值给 i；

07：判断新的循环次数 i 是否已超出限制，如果未超出限制，跳转到 04；

08：输出 sum 的值，算法结束。

这种算法的主要特点是用纯粹的文字来表示，几乎没有运算符号和流程控制符号，和人日常的说话方式十分接近。从上面描述的求解过程中，我们不难发现，使用自然语言描述算法的方法虽然比较容易掌握，但是存在着很大的缺陷。例如，当算法中含有多分支或循环操作时很难表述清楚。另外，使用自然语言描述算法还很容易造成歧义（称之为二义性），譬如有这样一句话："武松打死老虎"，我们既可以理解为"武松/打死老虎"，又可以理解为"武松/打/死老虎"。自然语言中的语气和停顿不同，就可能使他人对相同的一句话产生不同的理解。为了解决自然语言描述算法中存在的二义性，人们又提出了第二种描述算法的方法——流程图表示法。

1.4.2　流程图表示法

在正式介绍流程图前，让我们先来看看什么是结构化程序设计（Structured Programming）。结构化程序设计是进行以模块功能和处理过程设计为主的详细设计的基本原则。它主要采用自顶向下、逐步求精及模块化的程序设计方法。

(1) 自顶向下:程序设计时,应先考虑总体,后考虑细节;先考虑全局目标,后考虑局部目标。不要一开始就过多追求众多的细节,先从最上层总目标开始设计,逐步使问题具体化。譬如说,我国在建设法制社会的过程中,需要逐步完善各种法律法规。在这个过程中,应该先从大局上完善最具有权威的法律——宪法,然后才是其他的法律法规,如刑法、民法等。

(2) 逐步细化:对复杂问题,应设计一些子目标作为过渡,逐步细化。譬如说,我们常说要实现中华民族的伟大复兴,这个目标实在是有些大、有些复杂,但可以先设计物质上、文化上、精神上的目标,如果这些目标完成了,则总的目标就算完成了。

(3) 模块化:一个复杂问题肯定是由若干个稍简单的问题构成的。模块化是把程序要解决的总目标分解为子目标,再进一步分解为具体的小目标,把每一个小目标称为一个模块。

既然涉及结构化,则必须要在设计过程中采用一定的结构。结构化程序设计中有 3 种基本结构:顺序结构、选择结构和循环结构。

(1) 顺序结构:表示程序中的各条语句是按照它们出现的先后顺序执行的。大多数人的学习经历就是这种结构的,我们先上幼儿园,然后小学,再然后中学、大学。

(2) 选择结构:表示程序的处理步骤出现了分支,它需要先设定一个条件,根据程序执行的结果来判断条件是否可以满足,如果满足,执行其中一个分支;如果不满足,则执行另一个分支。譬如本科毕业之后,我们可以选择上研究生继续深造,或者选择直接工作,当然,我们不可能同时选择上研究生和工作。选择结构有单选择、双选择和多选择 3 种形式。

(3) 循环结构:首先设定循环条件,当满足条件时,程序反复执行某个或某些操作,直到条件不再满足时才可终止循环。最直观的例子就是田径中的跑步运动。只有当跑完规定的圈数后方能停下来,否则就要绕着圆形跑道循环跑。

结构化程序设计中的任意基本结构都具有唯一入口和唯一出口,并且程序不会出现死循环。在实际设计过程中,一般不会只包含某种单独的结构,而是这 3 种基本结构的混合结构。流程图是实现结构化程序设计的图形表示方式。

流程图表示法是指用特定的图形符号配合文字说明来对算法进行描述的方法。流程图使用一些标准符号代表某些类型的动作,如决策用菱形框表示,具体活动用方框表示,表 1-1 详细介绍了流程图中的各种符号及其作用。

表 1-1　流程图中的符号以及作用

符号	名称	作　用
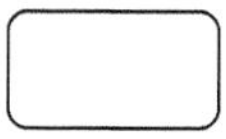	开始、结束符	表示算法开始和结束的符号
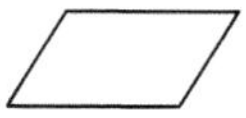	输入框和输出框	表示算法过程中,从外部获取的信息输入和处理完的信息输出
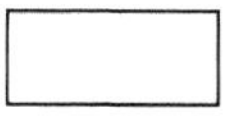	处理框	表示算法过程中,需要处理的内容,只有一个入口和一个出口

续表

符号	名称	作　　用
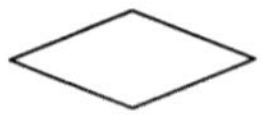	判断框	表示算法过程中的分支结构，菱形框的 4 个顶点中，通常用上面的顶点表示入口，根据需要用其余的顶点表示出口
——→	流程线	算法过程中指向流程的方法

【例 1-2】 使用流程图来表示从 1 开始的连续 n 个自然数相加的算法如图 1-1 所示。

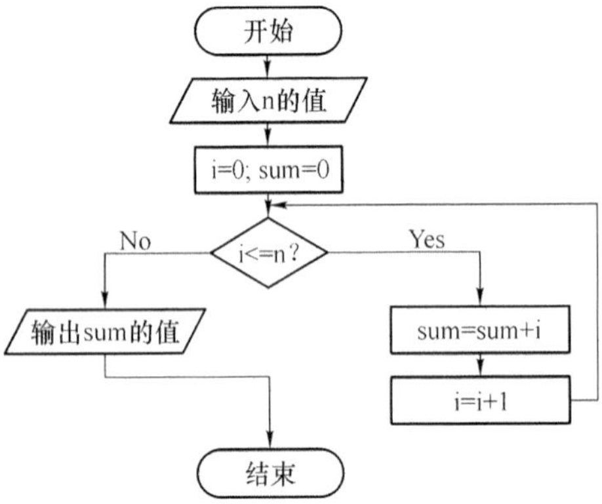

图 1-1　求解 1 到 n 个自然数相加的算法流程图

流程图的优点是用图形化的方法来表示算法过程，十分直观形象，同时也便于理解。流程图的缺点是在使用标准中没有规定流程线的用法，因为流程线能够转移、指出流程控制方向，即算法中操作步骤的执行次序。在早期的程序设计中，曾经由于滥用流程线的转移而导致了可怕的“软件危机”，震惊了整个软件业，并展开了关于“转移”用法的大讨论，从而产生了计算机科学的一个新的分支学科——程序设计方法。

无论是使用自然语言还是使用流程图描述算法，仅仅是表述了编程者解决问题的一种思路，都无法被计算机直接接受并进行操作。由此我们引进了第三种非常接近于计算机编程语言的算法描述方法——伪代码表示法。

1.4.3　伪代码表示法

伪代码(Pseudocode)是一种介于自然语言与编程语言之间的算法描述语言。使用伪代码的目的是使被描述的算法可以容易地以任何一种编程语言(Java、C、C＋＋等)实现。因此，伪代码必须结构清晰、代码简单、可读性好，并且类似于自然语言。它实际上是以编程语言的书写形式指明算法职能。使用伪代码，不必拘泥于具体实现。相比程序语言，它更类似于自然语言。伪代码并没有一个书写标准，只要能用类似自然语言的方式将算法描述出来就是伪代码表示法。本小节的伪代码书写仅仅为了给读者提供一个实例，除此之外，还有很多种书写方法。

【例 1-3】 用伪代码的方法描述从 1 到 n 的所有自然数相加的算法。

```
算法开始;
输入 n 的值;
i ← 1;
sum ← 0;
do{
    sum ← sum + i;
    i ← i+1;} while(i<=n);
```

08:输出 sum 的值;

09:算法结束;

例 1-3 中的第 3 条语句表示将自然数 1 赋予变量 i,第 5 条语句表示只要满足 i<=n 的条件,则执行第 6 条和第 7 条语句,否则跳至第 8 条语句执行。

由于伪代码十分接近编程语言,我们比较容易通过参照算法伪代码直接写出计算机程序代码,这是伪代码的一大优点。

本章小结

在当今社会中,计算机已经应用到了我们生活的各个方面,它几乎是无处不在的。在与计算机打交道时,我们要通过计算机语言来将我们的操作指令传递给计算机,待计算机理解之后执行相应的操作。与自然语言相似,计算机语言由语法和语义所组成。随着计算机的不断发展,计算机语言在这个过程中出现了机器语言、汇编语言和高级语言这三种语言形式。从机器语言到高级语言,语法越来越接近自然语言,人类的可理解程度越来越高。计算机语言的丰富也加速了计算机的应用和普及。

我们都知道,整个计算机系统是由硬件系统和软件系统所组成的。提到软件系统,则不得不说计算机程序,它是软件系统的重要组成部分。一般我们认为程序由数据结构和算法所成,数据结构比较复杂,不能一时讲清楚,市面上有许多讲解数据结构的书籍,读者可以自行查阅学习。算法,通俗来讲就是解决某个问题的策略,这是思想层面的东西,所有计算机本身不可能直接理解算法,要想将策略转化为计算机能够运行的东西,就必须参照算法来编写计算机程序,简称编程。算法有其本身的特征,它也有优劣之分,所以就需要某个方法来对算法的性能进行评估。我们可从算法的时间复杂度和空间复杂度这两个方面来评价算法的优劣,同时可辅助以其他方法来评价算法。算法的表示方法主要有自然语言表示法、流程图表示法和伪代码表示法 3 种,它们各自都有自己的特点,并不能确定地说孰优孰劣,只要能将算法清楚明白地表述出来即可。

习 题 1

1.1 什么是计算机语言?目前为止有哪些计算机语言?

1.2 请简述计算机语言和自然语言的相同点和不同点。

1.3 什么是算法?它有哪些重要特征?

1.4 请设计一个求解 $n!$ 的算法,并用流程图的方式表示出来。

1.5 用伪代码的方式将习题 1.4 中的算法表示出来。

第2章　Java语言基础

Java是Sun Microsystem公司研制的一种新型的程序设计语言，它的简单、面向对象、与平台无关等优良特点，使得它在高级语言已经非常丰富的背景下脱颖而出，成为计算机和非计算机专业程序设计语言的首选。

本章首先介绍Java的诞生和发展，然后介绍Java语言的特点，重点介绍Java虚拟机，接下来介绍Java的运行环境，并以实例的方式介绍Java程序的编译和运行过程，再介绍Java程序注释的写法，最后介绍Java程序设计中的基础知识。

2.1　Java语言的诞生与发展

Java语言的前身是Oak，中文意思是橡树。这个名字的由来是因为开发该语言的小组（Green项目小组）负责人很喜欢自己办公室的一棵橡树，所以命名为Oak。Oak语言的产生是因为1991年，Sun公司开始使用C++语言进行设计和开发消费类电子设备产品，但在开发过程中发现使用C++程序会增加硬件成本，不利于市场竞争，于是该开发小组在C++语言基础上开发了新的语言，也就是上面所说的Oak。

Oak语言的目标是针对家用电器等小型系统的编程语言，来解决诸如电视机、电话、闹钟、烤面包机等家用电器的控制和通信问题。这个项目因为当时市场的不成熟并没有取得成功，但是Oak语言由于执行环境以及程序体积都很小，并且是专门为消费类电子设备进行设计的，还是受到了Sun公司总裁的赏识。

1994年，随着Internet发展如火如荼，Green项目小组发现他们的Oak语言比较适合于Internet程序的编写，于是他们结合WWW的需要，对Oak进行了改进和完善，并获得了极大的成功。

1995年1月，Oak被更名为Java。Java的命名与Oka一样有意思，Java也叫爪哇，爪哇是印度尼西亚一个盛产咖啡的小岛的名字。当时许多程序设计师从所钟爱的热气腾腾的咖啡中得到灵感，因而热气腾腾的咖啡也就成了Java语言的标志。

1995年5月，Sun公司正式向外界发布Java语言，Java语言正式诞生。

在随后的时间里，Java相继推出了JDK1.0、JDK1.1、JDK1.2，1998年12月，JDK1.2发布，成了Java语言的里程碑，Java也被首次划分为J2SE、J2EE和J2ME三个开发技术。不久Sun公司将Java改称Java 2，Java语言也开始被国内开发者学习和使用。

2005年6月，Sun公司将Java版本及平台更名，取消了其中的数字2，J2SE更名为Java SE，JDK1.6更名为Java SE6。

2009年4月，世界一流的数据库软件商Oracle公司收购了Sun公司，这对Java的进一步发展将起到一个推动作用。目前Java已经广泛地用于各种应用系统开发，尤其是网络系统、嵌入式系统和移动系统。

2.2 Java 语言的特点

Sun 的“Java 白皮书”对 Java 做了定义：Java 是一种简单的、面向对象的、分布式的、解释执行的、健壮的、安全的、结构中立的、可移植的、高效率的、多线程的和动态的语言。Java 具有许多突出的特点，下面介绍几个重要且易理解的特点。

1. 简单性

Java 语言的语法比较简单，容易学习和使用。Java 中没有令人迷惑的特性，并且使用了面向对象的程序设计思想，比 C 语言更易接受。

2. 面向对象

面向对象编程是一种先进的编程思想，更加容易解决复杂的问题。面向对象可以说是 Java 最重要的特性。为了简单起见，Java 只支持类之间的单继承，也支持接口之间的多继承，并支持类与接口之间的实现机制。总之，Java 语言是一个纯面向对象的程序设计语言。

3. 解释执行和平台无关性

计算机只能识别机器语言，Java 是高级语言，Java 编写的应用程序通过 Java 编译器编译后，形成二进制代码，即字节码。但这些字节码在操作系统中不能被直接识别，而只能由 Java 虚拟机内部的字节码解释器来识别。在执行时，由虚拟机对这些字节码进行逐行解释，并转换成当前操作系统可识别的指令来执行。

由于 Java 应用程序的执行只与虚拟机直接相关，因此任何一台机器只要装有虚拟机就可以运行程序，而不管字节码是在什么平台上生成的。因此，Java 编写的应用程序不用修改就可以在不同的软硬件平台上运行，实现了平台无关性。

4. 健壮性

所谓健壮性即程序的纠错能力，Java 在编译及运行程序时，都要进行严格的检查，以消除错误发生的可能性。Java 在编译和连接时都进行大量的类型检查，帮助检查出许多开发早期出现的错误。如果引用了非法类型，或执行了一个非法类型操作，Java 将在解释时指出该错误。

2.3 Java 技术与 Java 虚拟机

Java 语言的特点使 Java 被广泛应用于不同的平台之上，而 Java 技术和 Java 虚拟机保障了 Java 语言的跨平台性。

2.3.1 Java 技术与 Java 平台

我们所说的 Java，大部分情况下是指 Java 编程语言，而实际上 Java 是一种技术，是一种体系结构。Java 体系结构由四个独立但相关的技术组成：Java 程序设计语言、Java 类文件格式、Java 应用程序接口(Java API)和 Java 虚拟机。这四部分技术贯穿于 Java 编程与调试运行的整个过程当中。它们的关系如图 2-1 所示。

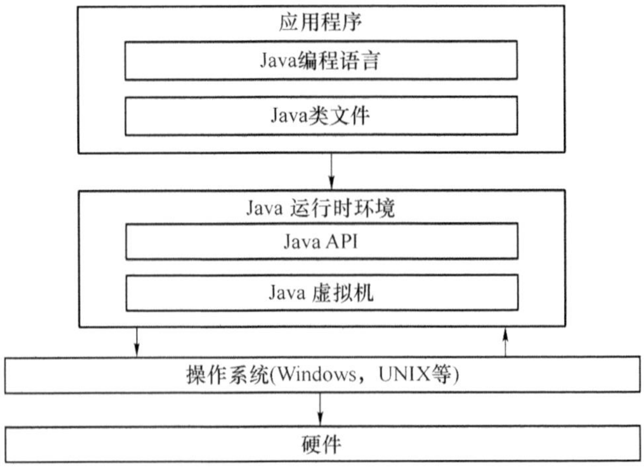

图 2-1　Java 技术四方面内容之间的关系

其中，Java 运行时环境（Runtime Environment）代表着 Java 平台，开发人员编写 Java 源文件（.java 文件），然后将其编译成字节码文件（.class 文件）。最后字节码被装入内存，一旦字节码进入虚拟机，它就会被解释器解释执行。程序的执行过程如图 2-2 所示。

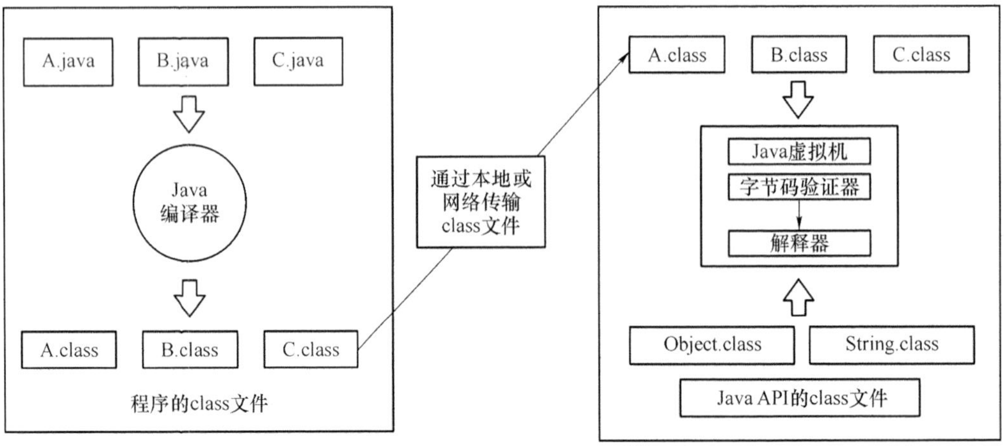

图 2-2　Java 程序的编译和执行过程

Java class 文件的平台无关性体现在，用 Java 编写的程序可以在任何 Java 平台上运行而无须考虑底层平台，这是因为有 Java 虚拟机实现了程序与操作系统的分离。

Java class 文件除了对平台无关性的支持，同时还支持 Java 的网络移动性。首先 class 文件设计紧凑，可以快速在网络上传送。其次，由于 Java 程序是动态链接与动态扩展的，class 文件在需要的时候才被下载，这使用 Java 应用程序能够安排从网络上下载 class 文件的时机，从而最大限度减少终端用户的等待时间。

2.3.2　在不同平台上运行 Java 程序

Java 最大的特点是平台无关性，即“一次编译，到处运行”。通常一个平台上的二进制可执行文件不能在其他平台上工作，像C语言或C++语言等编写的程序首先被编译，然后被连接成为单独的、专门支持特定硬件平台和操作系统的二进制文件。但是Java class文件是可以运行在任何硬件平台和操作系统上的二进制文件，只要该平台支持Java虚拟机。

Java的平台无关性特点，使得Java在Linux平台、Windows平台，在手机平台、电视、烤箱等家用电器等平台上得到了广泛的应用，如图2-3所示。

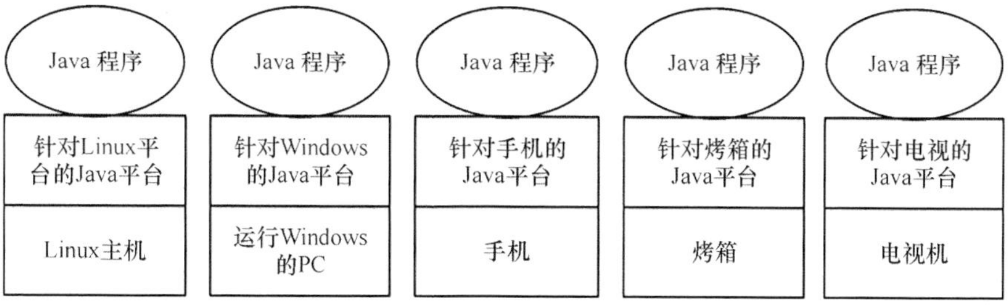

图2-3 Java程序在不平同台上的应用

2.3.3 Java虚拟机

Java虚拟机(Java Virtual Machine,JVM)是一种虚拟机器，在实际的计算机上能通过软件模拟来实现，有自己想象中的硬件，如处理器、堆栈、寄存器等，也有自己相应的指令系统。任何一种运行Java字节码的软件均可看成是Java的“虚拟机”，它附着在具体操作系统上(例如Windows XP、Win 7等)，是运行Java程序必需的机制。当安装环境后，会出现3部分内容:JDK、JRE和JVM。编译后的Java程序指令并不直接在本地主机CPU上执行，而是在JVM中执行。当编译器将源程序编译为字节码文件后，在JVM中有一个Java解释器用来解释字节码文件。任何一台机器只要配备了解释器，就可以运行这个程序，而不管这种字节码是在何种平台上生成的。程序的执行过程如图2-4所示。

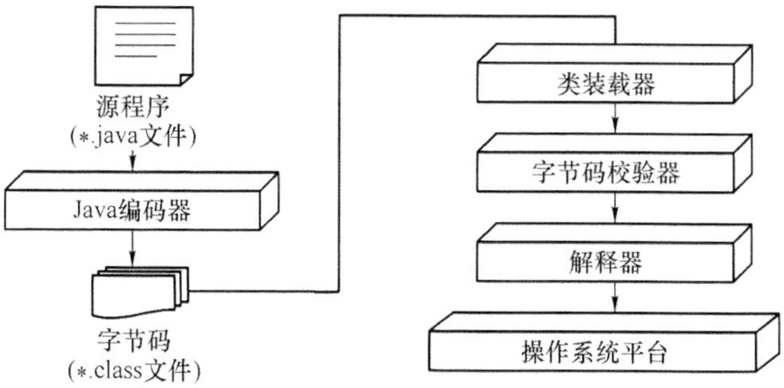

图2-4 计算机硬件、操作系统、JVM与各种可执行程序之间的关系

2.3.4 Java虚拟机的主要任务

Java虚拟机的主要任务是装载class文件并且执行其中的字节码，每个Java程序的运行对应一个JVM实例，当Java程序启动的时候，就产生了一个JVM的一个实例；当程序运

行结束的时候，该实例也跟着消失了。

按传统的观点，一般的编译要经过：词法分析、语法分析、中间代码生成、代码优化、目标代码生成这五个阶段。

从编译的角度看，没有哪一种高级语言能够真正做到与平台无关，因为编译后所生成的可执行目标代码其指令格式是与平台有关的。除了指令代码格式这一限制，不同操作系统提供的系统服务也不尽相同。大多数用某种程序设计语言编写的 Windows 程序不能在 UNIX 或 Macintosh 系统上运行。因为程序员在编写 Windows 程序时使用了大量的 Windows API 和中断调用，而 Windows 程序对系统功能的调用与 UNIX 和 Macintosh 程序有很大的差别，所以除非将全套 Windows API 移植到其他操作系统上，否则重新编译的程序仍不能运行。这与使用何种语言编程没有关系，使用 Java 语言编程也不应该例外。

为了让 Java 实现平台无关性，Java 语言的处理并没有采用传统的纯编译过程或纯解释过程，Java 语言提供了一种全新的处理方式，Sun 公司在不同平台上用软件模拟出虚拟目标机，虚拟出 CPU 指令集和内存。因此，虽然平台间的差异比较大，但是虚拟出来的 JVM 是完全一样的。Java 的字节码仅仅运行在 JVM 上，不会和平台的底层直接打交道，JVM 根据平台的不同，把字节码解释成不同的本地代码。JVM 就像是翻译，把通用的普通话翻译成不同地方特色的方言。

2.3.5 Java 虚拟机的发展

Java 是一种解释型语言，逐条解释字节码的过程是比较耗时的，这导致了 Java 的一个缺点——运行效率降低。但随着 Java 虚拟机技术的发展，Symantec、Borland、Microsoft 等大公司都在开发 JIT(即时)编译器，程序开始执行之前把字节码编译成本地机器码，这样就用字节码编译器代替了解释器。采用这种技术的 Java 虚拟机性能大幅度提高，通常比解释器快 5～10 倍。Sun 公司正在开发一种新的技术将 JIT 编译同应用的运行模式和全面优化结合起来，以实现与 C/C＋＋语言编写的编译器一样的速度和性能。

在软、硬件技术的全面支持下，Java 语言的“与平台无关”技术将得到更好的发展。

2.4 Java 开发环境

JDK(Java Development Kit，Java 开发工具包)是 Java 语言在编程过程中必须使用的一套环境，提供了编程所需的基本功能。

2.4.1 JDK 的下载和安装

一般情况下，操作系统都不会自带 JDK，所以需要自行下载安装包。JDK 的官方下载网址为：http://www. oracle. com/technetwork/java/javase/downloads/index. html。注意，不同的操作系统需要使用不同的 JDK 版本，请先仔细查看自己机器的操作系统，然后下载相应的版本。

本书以 JDK1. 6 Windows x86 版本为例来演示 JDK 的安装。安装步骤如下。

(1) 双击安装文件图标,出现如图 2-5 所示安装界面。

图 2-5　JDK 安装界面 1

(2) 不作任何修改,直接单击“下一步”按钮,最后的安装界面如图 2-6 所示。

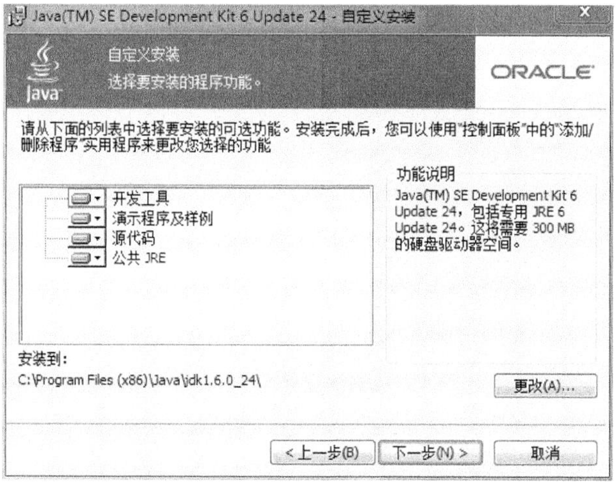

图 2-6　JDK 安装界面 2

(3) 在图 2-6 中可以对 JDK 的安装路径进行修改(但是并不建议修改默认安装路径,同样,下一步安装 JRE 路径时,用户也可以进行自定义安装,但不建议修改默认路径。如果需要改变安装路径,要注意一个原则:JDK 和 JRE 的安装路径应该在同一个文件夹下)。接下来依次单击“下一步”按钮,最后出现的安装界面如图 2-7 所示。单击“完成”按钮,则 JDK 的安装操作就完成了。

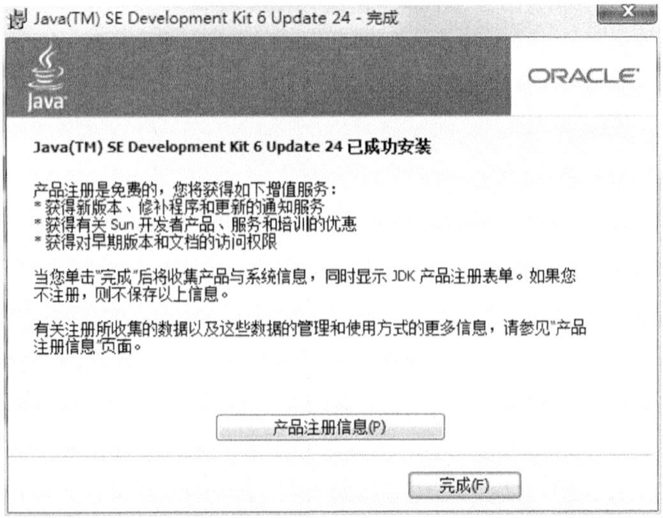

图 2-7　JDK 安装界面 3

2.4.2　设置 JDK 的环境变量

JDK 安装完成后，并不能直接运行 Java 程序，此时还需要配置 JDK 的环境变量。接下来以 Win 7 操作系统为例，介绍系统环境变量的配置。

（1）右键单击"计算机"图标，单击"属性"选项，选择屏幕左侧的"高级系统设置"选项中的"高级"选项卡，单击"环境变量"进行配置。

（2）单击"新建"按钮，变量名为"JAVA _HOME"，变量值为 JDK 的安装路径，即2.4.1 节中安装时所选择的路径，默认路径为：C:\Program Files (x86)\java\jdk1.6.0_24。具体配置如图 2-8 所示。

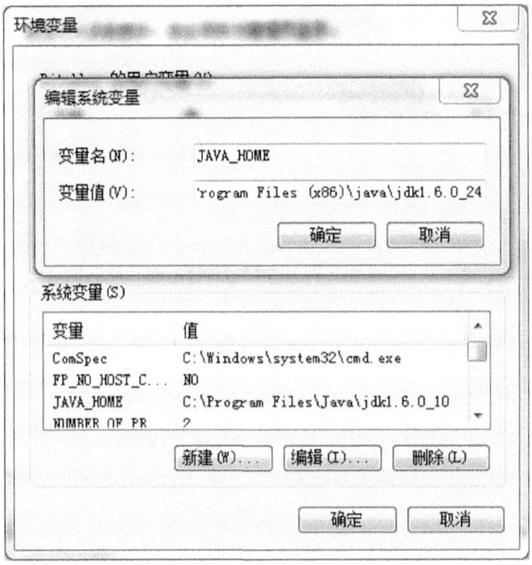

图 2-8　JAVA_HOME 的配置

（3）选择“Path 变量”，单击“编辑”按钮，在“变量值”一栏中输入：;%JAVA_HOME%\bin，注意系统自带的变量值一开始为被选状态，用户输入时不要将其覆盖。配置如图 2-9 所示。

（4）单击“新建”按钮，变量名为“ClassPath”，变量值为：%JAVA_HOME%\jre\lib\rt.jar;.，注意后面的“.”叫作“相对路径”，如果遗漏会导致错误，配置如图 2-10 所示。

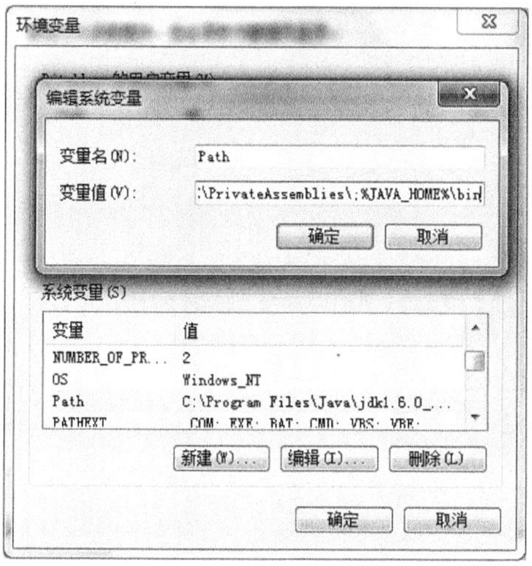

图 2-9 Path 变量的配置

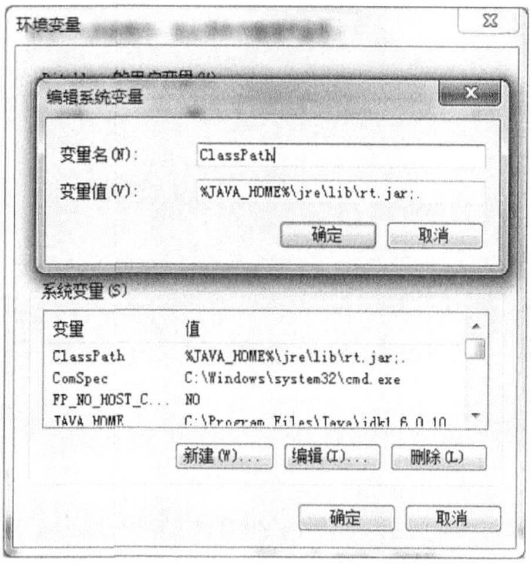

图 2-10 ClassPath 变量的配置

（5）环境变量的配置已经完成，下面测试配置是否成功。单击操作系统的“开始”图标，在文本框中输入 cmd，然后回车，进入 DOS 窗口。在弹出的黑色窗口中依次输入 java 和 javac 指令（其中 javac 具备编译器功能，java 具备解释器功能）并回车，如果分别出现了一系列 Java 指令信息如图 2-11 和图 2-12 所示，则表示 JDK 环境已安装并配置完毕。

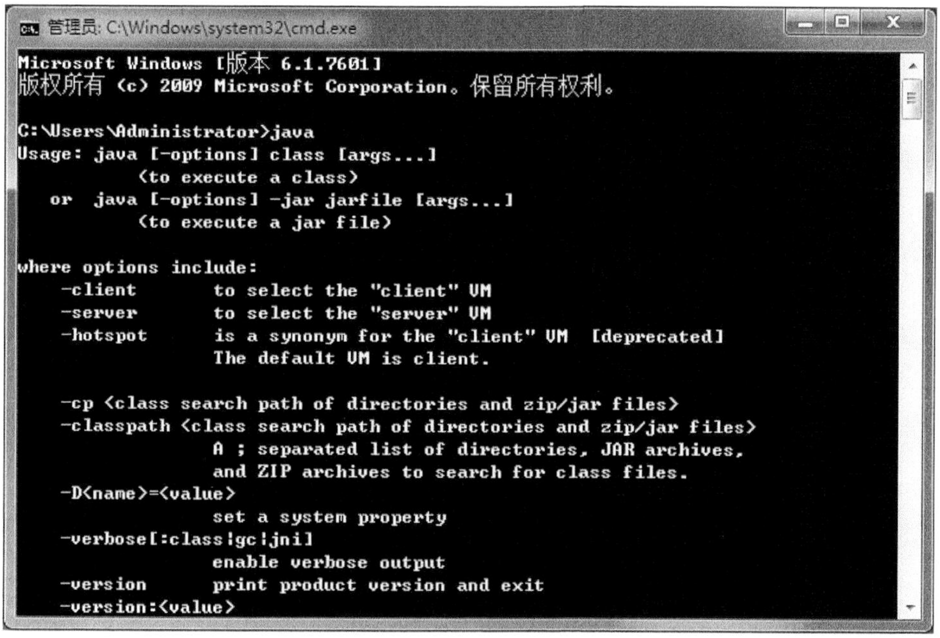

图 2-11 JDK 环境检测 1

图 2-12　JDK 环境检测 2

2.4.3　编写 Java 应用程序

在 D 盘下新建一个记事本文件，并命名为 HelloEveryone. java。记事本的默认后缀名为. txt。需要通过修改后缀名的方式将其命名为 HelloEveryone. java（一切 Java 程序的后缀名都是. java）。

为了确定所写的是 Java 文件，可以通过两种方式来查看。第一种：把鼠标放在文件图标上会显示文件的“类型”看是否为“java 源文件”；第二种：右键单击文件图标选择“属性”查看其中的“文件类型”是否为“java 源文件”。如果通过上述方法查看发现文件的类型为“文本文档”，则说明该文件虽然命名为 HelloEveryone. java，但实际文件并不是 Java 文件，而是记事本，文档全名为“HelloEveryone. java. txt”。

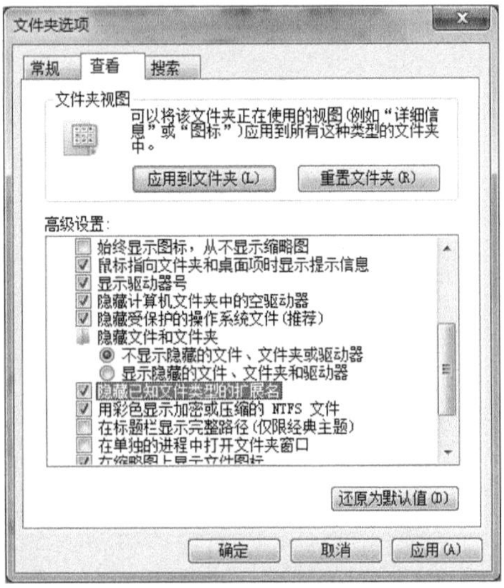

图 2-13　显示文件扩展名的设置

这是由于计算机上没有显示文件的后缀名，后缀名被隐藏了，当命名为“HelloEveryone. java”时，实际上后面还有一个. txt 的后缀名，为了保证一次性命名正确不带隐藏的后缀名，需要把计算机设置成显示所有文件的后缀名，设置方法为：在文件所在目录例如 D 盘下，左上角的菜单栏上有“组织”选项，单击“组织”右侧的向下箭头，其中有一项为“文件夹和搜索”选项，打开查看页签，在高级设置中找到“隐藏已知文件类型的扩展名”复选框，如图 2-13 所示。当勾选该复选框时，说明文件的扩展名是不显示的，所以当命名为“HelloEveryone. java”时，实际真实的文件全名为“HelloEveryone. java. txt”；当取消选中该选项，并单击“应用”和“确定”按钮后，文件的后缀后便全部显示出来，即可以明显地查看到文件的全名，防止文件类型错误。

使用记事本打开 HelloEveryone.java 文件，写入下面的代码。本程序的目的是使用 System.out.println()语句输出“Hello Everyone!”。

```
import java.lang.*;
public class HelloEveryone {
  public static void main(String[] args) {
    System.out.println("Hello Everyone!");
  }
}
```

代码写完后，进行文档的保存，可以通过单击“文件”菜单中的“保存”选项或使用“Ctrl+S”组合键进行保存。至此一个 Java 应用程序就写完了。

2.4.4 运行 Java 应用程序

开发 Java 应用程序的步骤一般如下。

(1) 编写一个 Java 应用程序；以 2.4.3 节编写的 HelloEveryone.java 程序为例，来演示如何在 DOS 窗口下运行 Java 应用程序。

(2) 编译程序。单击计算机“开始”图标，在文本框中输入 cmd，然后回车，进入 DOS 窗口。输入“D:”，然后回车，出现如图 2-14 所示界面。然后输入“javac HelloEveryone.java”，单击回车键后，出现如图 2-15 所示界面，表示程序编译成功。此时可以看见 D 盘下新增了一个名为 HelloEveryone.class 的字节码文件。

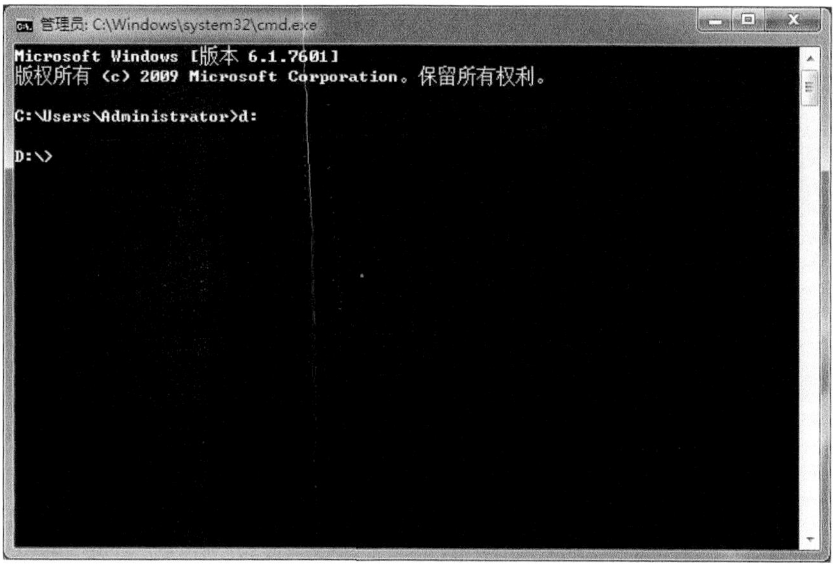

图 2-14 进入 DOS 下的盘符

(3) 解释执行程序。Java 是一种解释执行语言。在图 2-15 所示界面中输入“java HelloEveryone”，则会输出“Hello Everyone”语句，如图 2-16 所示。

Java 程序在编写和执行过程中都必须严格遵守书写规则，现以 HelloEveryone 进行说明。

图 2-15　DOS 下的编译界面

图 2-16　DOS 下的解释执行结果

(1) class 后面的 HelloEveryone 叫作“类名”，必须和保存该程序的源文件名称一致，包括英文字母大小写。

(2) 程序首先找到 main()主方法并从此处开始执行，没有主方法的类不能正常运行，主方法的固定书写格式为：public static void main(String[] args)或 public static void main(String args[])。

(3) 程序为了实现某种效果，往往会使用类，此时应该引入相应的包，否则会出现错误，例如要实现输出效果会使用 System 这个类，所以程序使用 import 引入了 java. lang. * 这个包。

(4) 每一条语句结束时都必须使用英文输入法状态下的分号“;”。

(5) 所有的代码必须严格区分大小写,例如 name 和 Name 表示不同的内容。

2.5 Java 基本语法

Java 语言基础知识包括以下内容:常量、变量、标识符、数据类型、运算符和表达式。下面分别进行介绍。

2.5.1 程序中的标识与量

编写 Java 应用程序时会用到数据,比如做计算时会用到数值,做描述时会用到文字等,这些数据在 Java 中叫作常量。例如,公司有员工名叫“张大力”,张大力的年龄是 25 岁。其中“张大力”“25”都是常量,只不过类型不同,一个用文字描述,一个用数值表示。

员工“张大力”明年的年龄变成了 26 岁,如果用一个标识来记录年龄的话,该标识是会变化的值,随着年龄的变化而变化,把这种会变化的标识叫作变量。定义形式为:

```
int age=25;                //今年“张大力”的年龄为 25
age=26;                    //明年“张大力”的年龄为 26
```

其中 age 是一个标识,用来记录年龄的变化,也把 age 叫作标识符。年龄可用 age 表示,也可以用 nianling 表示。变量只要符合标识符的规范即可。例如,“张大力”的基本工资是 1 200,绩效工资是 1 500,则“张大力”的总工资的计算各标识符表示如下:

```
int a=1200;                //a 表示基本工资
int b=1500;                //b 表示绩效工资
int c=a+b;                 //c 表示总的工资
```

2.5.2 数据的表达形式

程序中用到的数据可以是文字也可以是数值,比如上面用到的年龄是整数 25,而一本图书的价格可能是 45.5,而“张大力”姓名是一串字符,而性别是“男”或“女”,一个字符等。这在程序设计中都有相应的数据类型。Java 中的数据类型分为基本数据类型和引用数据类型。其中基本数据类型分为 4 类,引用数据类型包括数组类型、类类型(其中字符串,如“张大力”属于类类型)等,在后面章节会介绍。

基本数据类型的 4 类有:整型、浮点型、字符型、布尔型。

(1) 整型:即上面的年龄 25,基本工资 1 200 等,或用 byte、short、int、long 表示,最常用是 int。

(2) 浮点型:即一本图书的价格 45.5,圆的半径 2.2,可用 float 或 double 表示,最常用的是 double。例如:

```
float r=2.2f;              //圆的半径 r 为 2.2
double price=45.5          //图书的价格 price 为 45.5
```

其中如果使用 float,则数后面必须要加 f 或 F。

(3) 字符型:即员工的性别为“男”或“女”,则可以定义为字符型,用 char 表示,例如:

```
char sex='男';             //员工的性别为“男”
char c='a';                //定义一个 c,赋值为一个字符 a
```

> **注意**：字符常量需要放到单引号中。

(4) 布尔型：只有两个值，真或假，即 true 或 false，用 boolean 表示，例如，判断 10 > 5 的结果为真，8 < 4 的结果为假，定义如下：

```
boolean b1 = true;          //给变量 b1 赋值为真
boolean b2 = false;         //给变量 b2 赋值为假
```

布尔类型一般用于表达式中，用来进行条件判断。

2.5.3 程序中用到的运算符

运算符有算术运算符、关系运算符、逻辑运算符、位运算符、赋值运算符、三元运算符，常用的运算符如下。

算术运算符：＋、－、*、/、%、＋＋、－－等，其中“/”除运算符根据运算数的类型决定结果类型，例如 10/4＝2，10.0/4＝2.5，运算数如果都是整型，则结果也是整型；有一个为浮点型，则结果为浮点型。“%”为求余数，例如 10%3＝1。“＋＋”“－－”为自增和自减运算符。

关系运算符：>、<、>=、<=、＝＝、！＝。其中“＝＝”判断两个数是否相等，“！＝”判断两个数是否不相等。

逻辑运算符：&、|、&&、||等，其中“&&”和“||”是短路与和短路或。例如，判断 10 < 5&&8 > 3 的结果，首先计算 10 < 5 的结果是假，假与任何操作结果都是假，所以 8 > 3 不再进行判断，所以把“&&”称为短路与。短路或相似。

赋值运算符：=，用来给变量进行赋值操作，例如给变量 age 赋值为 25，即 int age＝25。

本 章 小 结

本章介绍了 Java 语言的诞生与发展和 Java 语言的特点，重点介绍了 Java 技术与 Java 虚拟机，然后介绍了开发 Java 程序需要安装的环境及开发步骤，最后介绍了 Java 的基本入门知识，知识点归纳如下：

(1) Java 语言诞生于 1995 年，由美国 Sun 公司发布，是一种跨平台的程序设计语言。

(2) Java 源程序先编译成 *.class 字节码文件，然后再解释执行。

(3) 由于 Java 程序的平台无关性，实现了“一次编译，多处运行”的特点。

(4) 开发一个 Java 应用程序的步骤为编写源文件、编译源文件并生成字节码文件、解释执行字节码文件并得到可执行程序。

(5) 在编译和运行 Java 程序前需要下载并安装 JDK，然后配置相应的环境变量。

(6) Java 中的标识符、常量和变量。

(7) Java 语言有 4 种数据类型：整型、浮点型、字符型、布尔型。

(8) Java 中的运算符有：算术运算符、逻辑运算符、关系运算符、赋值运算符等。

习 题 2

2.1 选择题

(1) Java 语言是 1995 年由(　　)公司发布的。

A. Sun　　B. Microsoft　　C. Borland　　D. Fox Software

(2) 编译 Java 程序后生成的面向 JVM 的字节码文件的扩展名是(　　)。

A. .java　　B. .class　　C. .obj　　D. .exe

(3) 下列选项中,不属于 Java 语言特点的一项是(　　)。

A. 分布式　　B. 安全性　　C. 编译执行　　D. 面向对象

(4) 编译一个定义了 3 个类和 10 个方法的 Java 源文件后,会产生(　　)个字节码文件,扩展名是(　　)。

A. 13 个字节码文件,扩展名为.class　　B. 1 个字节码文件,扩展名为.class

C. 3 个字节码文件,扩展名为.java　　D. 3 个字节码文件,扩展名为.class

(5) Java 程序的执行过程中 javac.exe 指(　　)。

A. Java 语言编译器　　B. Java 字节码解释器

C. Java 文档生成器　　D. Java 类分解器

2.2 判断题

(1) Java 源文件中可以有多个 public 类。(　　)

(2) Java 语言具有较好的安全性和可移植性及与平台无关等特性。(　　)

(3) Java 程序中不区分大小写字母。(　　)

(4) 在运行字节码文件时,使用 Java 命令,一定要给出字节码文件的扩展名.class。(　　)

(5) Java 是纯面向对象编程语言,支持单继承和多继承。(　　)

2.3 填空题

(1) 开发 Java 程序的一般步骤是:源程序编辑、________和________。

(2) 每个 Java Application 程序可以包括许多方法,但是必须有且只能有一个________方法,统一格式为________,它是程序执行的入口。

(3) Java 源程序文件和字节码文件的扩展名分别为________和________。

(4) 如果要输出“HelloWorld”,句式为________。

2.4 简答题

(1) Java 语言特点有哪些?

(2) Java 应用程序如何在 DOS 下编译、运行?被编译后生成什么文件?该文件能否在当前操作系统下直接运行?应该如何运行?

(3) 什么是 Java 的“平台无关性”?

第3章 顺序结构

汤姆猫是一款风靡一时的手机宠物应用游戏。相信你也玩过的。汤姆是一只宠物猫，当你触摸它的鼻子、双脸颊、肚子、双脚或者尾巴的时候，它会发出不同的声音。其中最为人们津津乐道的功能就是模仿，对着它说话，它将用滑稽的声音完整复述你讲的话。

玩这款游戏的时候，你有没有想过它的这些功能是如何实现的呢？模仿的功能首先是要把你说的话存储起来，这就是数据的输入。

3.1 和计算机说说话

和计算机说说话，就是把你想说的告诉计算机，即数据的输入。所谓输入，是指从外界向计算机内部存储数据。当我们对着汤姆猫说话时，当我们写社团的策划活动方案并将其存储在D盘时，当我们用扫描仪扫描照片放到计算机上时，当我们在计算机上录歌并把自己的歌存储到D盘时，我们都在进行数据的输入。

在Java编程时，有的值是我们在编程时就可以确定的，而有的值是需要在Java程序运行后，通过键盘输入的。这一节，我们主要讲解如何通过键盘向程序输入一些数据。

【例3-1】通过键盘输入：7。

分析：Word是我们已经很熟悉的应用程序了。我们先来看一下，在Word文件中写入7的过程。

01：打开Word应用程序；

02：新建一个Word文档，将其命名为“计划”；

03：在“计划”文件内写入：7；

04：关闭“计划”文件，将其保存在D盘。

利用键盘向程序内输入数据类似于在Word中输入数据。例3-1的做法如下。

01：如同打开Word应用程序一样，在Java程序中先导入输入设备，即在程序最上方写上这句代码：import java.util.Scanner；

02：如同新建一个Word文件一样，我们也要新建一个具体的输入设备，即在程序中写上这句代码：Scanner in = new Scanner(System.in)；

03：利用键盘向程序输入：7。这个操作的代码是：in.nextInt()。

【程序代码】

```
//导入输入设备
import java.util.Scanner;
public class Example3_1{
    public static void main(String[] args){
        //定义具体的输入设备,并将其命名为 in
```

```
06:     Scanner in = new Scanner(System.in);
07:     System.out.println("请您输入一个整数:");
08:     //接收用户从键盘输入的整数并将其存储到整型变量 a 中
09:     int a = in.nextInt();
10:     int b = 3;
11:     int c = 3 + 5;
12:     int d = 'a';
13:     double e = 5;
14:     int f = (int)10.2;
15:     System.out.println("您输入的数是:" + a);
16:     System.out.println("b 的值是:" + b);
17:     System.out.println("c 的值是:" + c);
18:     System.out.println("d 的值是:" + d);
19:     System.out.println("e 的值是:" + e);
20:     System.out.println("f 的值是:" + f);
21:   }
22:}
```

【程序执行结果】

```
请您输入一个整数:
7
您输入的数是:7
b 的值是:3
c 的值是:8
d 的值是:97
e 的值是:5.0
f 的值是:10
```

对于例 3-1 中的第 06 条语句,你可能会感觉到比较陌生。相比之下,对于第 10 条语句,你可能会感觉到亲切。在前面的章节中,我们接触过类似第 10 条这样的语句,但是,我们并没有详细讲解过第 10 条语句的每一个组成部分。细分起来,第 10 条语句共有五个组成部分,分别是 int、b、=、3 以及;下面我们依次进行详细的介绍。

1. int

在前面的章节,我们了解到 Java 语言中有很多种数据类型,不同的数据类型在内存中占的字节数是不同的。其中 int 是整型数据类型,一个 int 类型的数据在内存中占 4 B 空间,如一个 3 在内存中占 4 B 空间。char 是字符型数据类型,一个 char 类型的数据在内存中占 1 B 的空间,如一个“a”在内存中占 1 B 空间。

在实际生活中,当员工和老板一起出差时,业务员住单人间,销售组长住标准间,销售经理住商务行政房,区域经理住商务套房,分公司经理住豪华套房,销售总监住总统套房。这其实就是数据类型的生活原型。不同的数据类型在内存中占的空间大小是不一样的。之所以要有数据类型这个概念为的就是使内存清楚地知道,要根据数据的不同类型,该给数据分配多大的存储空间。

2. b

b 是一个标识符,符合标识符的命名规则。我们知道标识符就是一个名字,可以是变量、函数、类等的名字。那么,此处的 b 是谁的名字呢?变量。那我们就要问了,什么是变量呢?在大学计算机基础课程中,我们曾了解到,内存是按照字节进行划分的,每个字节空间都有一个唯一的地址,该地址是为了方便计算机能够快速找到这个存储空间,进而找到存储在这个存储空间中的数据。内存空间的地址是一串很长的二进制数，对于人类而言，这串二进制数的地址是很难记忆的，那怎么办呢？聪明的人们就想了这个办法，给这串二进制数的地址起个简单的别名，这个别名只要符合标识符的命名规则就可以。这个别名，就是变量。

什么是变量呢？变量就是内存空间的地址的别名。变量代表着内存中的某一块连续的存储空间的地址。那么，这块存储空间有多大呢？这个大小就是由(1)中讲的数据类型来决定的。所以，在变量的名字前面，都会有一个数据类型。如该程序中的第 10 条语句，在变量 b 的前面有一个 int，其中 int 告诉内存要分配一个 4 B 的空间，而 b 就是这个空间的地址，通过 b 就可以快速地找到这个存储空间。

3. ＝和 3

经过(1)和(2)的讲解，我们已经能够明白 int b 的含义，即在内存中开辟了一块 4 B 的空间。目前，这块地址为 b 的空间是没有存储任何数据的。内存会不定时地去检查内存空间，如果发现某块空间长时间空闲，内存就会收回这块空间用于他用，以避免空间的浪费。所以，我们在内存中开辟空间的真正目的，是要在空间中存储数据。那么，在地址为 b 的这块空间中，我们能存储什么样的数据呢？必须是整型数据。那么，我们怎么才能把整型数据，比如 3 存储到地址 b 中呢？这就离不开“＝”。

“＝”在 Java 语言中被称为赋值运算符。它的作用就是把其右边的数据存储到左边的变量中。如 int b＝3，起作用就是通过“＝”将右边的 3 存储到地址 b 中。

4. ；

我们仔细观察例 3-1，会发现在第 02 条、第 06 条、第 07 条、第 09 条、第 10 条、第 11 条及第 12 条的末尾都有一个分号。以分号结束的这些行都叫作语句。分号是语句的结束标志。

5. int b＝3；

经过(4)的学习，我们了解了语句，那么 int b＝3；就是一条语句，该语句的作用就是将“＝”右边的数值 3 存储到地址 b 中。我们称 int b＝3；这样的语句为赋值语句。例 3-1 中的第 11～14 条语句都是赋值语句。“＝”赋值运算符除了可以把简单的数值如 3 送到地址 b 中，还可以将诸如“3＋5”这样表达式的值送到地址 c 中。如程序中的第 11 条语句，先计算 3＋5 的值为 8，然后将 8 存储在地址 c 中。由于字符型数据和整型数据是可以相互转换的，故第 12 条语句是把字符型数据存储在地址 d 中，在这个过程中，会涉及数据转换，即实际存储在地址 d 中的是字符‘a’对应的 ASCII 码值 97。第 13 行语句，当我们把一个整型数值赋值 5 给一个双精度类型的变量 e 时，实际在地址 e 中存储的是 5.0。第 12 条和第 13 条语句涉及的数据转换，我们称之为数据的自动转换。而第 14 条语句，大家会发现如果直接把 10.2 赋值给变量 f 时，编译会出错。故在 10.2 之前加了(int)，其作用就是强制将 10.2 转换为整数 10，然后将 10 存储到地址 f 中。这就是数据的强制转换。

经过(1)～(5)的学习，我们来分析第 06 条和第 10 条语句。其实，这两条语句有共同之处。我们可以这样类比，int 和 Scanner 的地位是一样的，我们知道 int 是一种数据类型，那么 Scanner 我们可以认为是一种新的数据类型。同样，b 和 in 的作用就是一样的。b 是一个整型变量，在内存中占 4 B 的空间，in 我们可以认为是 Scanner 这种数据类型的一个变量，在内存中仍然占据一定的空间。如同 4 是变量 b 的初始值一样，new Scanner(System.in)也可以看成是变量 in 的初始值。

int 是一种数据类型,是一种整型的数据类型。Scanner 也是一种数据类型,类似于输入设备的一种数据类型,而 in 就是一台具体的输入设备,比如键盘。那么第 06 条语句的作用就是帮我们定义了一台具体的输入设备,比如键盘,它的名字叫作 in。但是我们要注意,使用 Scanner 这种数据类型以前,我们必须先导入输入设备,即在程序的最开始我们写的第 01 条代码。

我们都知道,输入设备比如扫描仪、键盘等,是可以将外界的数据输入到计算机内的。那么,下面我们要解决的问题就是如何利用 in 这台输入设备将数据扫描到计算机中存储起来。

首先,我们要在计算机内开辟一块空间来存储输入设备要输入进来的数据。例 3-1 中我们定义一个整型变量 a,也就是在内存中开辟了一个 4 B 的空间来存储一个整型数值。程序中的第 09 条语句中的 in. nextInt()就是输入设备 in 要输入的整型数值,而这个数值是用户从 DOS 窗口进行输入的。通过第 09 条语句我们可以在 DOS 窗口输入 7 之后按回车,就可以将 7 存储在变量 a 中。

例 3-1 中是通过键盘在 DOS 窗口向程序中输入了一个整数 7,如果我们想输入一个字符串或者一个小数,该怎么做呢? 下面我们做一下总结:如果输入的是整型数据,用例 3-1 中的第 09 条语句中的 in. nextInt();来接收,然后赋值给整型变量。如果输入的是双精度小数,用 in. nextDouble()来接收,然后赋值给双精度变量。如果输入的是字符串,用 in. next()来接收,然后赋值给字符串变量。这些输入方法的使用和 in. nextInt( );都是类似的,同学们请自行尝试对例 3-1 进行如下修改:

(1) 通过键盘输入一句话如:今天你学会数据输入了吗?

(2) 通过键盘输入一个小数:7.2。

学完本节内容之后,我们了解了变量的概念、赋值运算符的用法、赋值语句的作用以及如何通过键盘向内存中的某个地址输入数据。

我们来思考一下,为什么会有数据的输入? 我们想让计算机帮我们做一些事情,比如帮我们做计算。在我们让计算机做事情之前,我们都要告诉计算机做计算的步骤。我们将步骤一步一步存储到计算机内部。通俗地讲,要想让计算机帮助我们做事情,就必须先告诉计算机如何去做,这就是数据的输入。

3.2 计算机和你说说话

和计算机说说话,指的是数据的输入。与输入相对应的词,就是输出。所谓输出,是指计算机向外界输出数据。当我们在计算机上看《复仇者联盟 2》时,当我们在听着歌,并跟着歌词一起哼唱的时候,就是计算机在通过屏幕向我们输出数据。

程序的执行结果最后是通过 DOS 窗口输出,让用户看到的。在保证输出结果正确的前提下,输出结果的美观也是影响用户感情的一个很重要的因素。为了更好地满足用户需求,我们需要精心地设计程序的输出结果。

这一节,我们主要讲解数据的输出。

通过 DOS 窗口输出一句话,我们用到的语句是:System. out. print();或 System. out. println();。两者的区别在于前者输出数据之后不会换行,后者会换行。下面我们通过两个例题来讲解。

【例 3-2】 通过 DOS 窗口输出：你今天过得开心吗？

【程序代码】

```
01:public class Example3_2{
02:    public static void main(String[ ]args){
03:        System.out.print("你今天过得开心吗?");
04:        System.out.print("开心");
05:    }
06:}
```

【程序执行结果】

```
你今天过得开心吗?开心
```

【例 3-3】 通过 DOS 窗口输出：你今天过得开心吗？

【程序代码】

```
01:public class Example3_3{
02:    public static void main(String[ ]args){
03:        System.out.println("你今天过得开心吗?");
04:        System.out.println("开心");
05:    }
06:}
```

【程序执行结果】

```
你今天过得开心吗?
开心
```

通过例 3-2 和例 3-3，我们可以很清楚地看出两种输出方式的区别。

对于例 3-2 和例 3-3，程序主体中有两条输出语句，即第 03、04 条语句。这条语句执行完之后，“”里面的内容原样输出到 DOS 窗口。所以，在程序执行完后，我们能够在 DOS 窗口看到这句话：你今天过得开心吗？开心。在例 3-1 中第 15 条语句，也是输出语句，与例 3-2 和例 3-3 的不同之处在于，小括号内除“”外，还有一部分是：＋a。“”里面的内容依然是原样输出，那么＋a 怎么输出呢？我们先来说一说“＋”这个加号。

在前面我们学算术运算符的时候，我们就学过＋，这是加号运算符，进行加法运算。除了做加法运算之外，加号还有另外一个作用，就是在某些情况下，在输出语句中作连接符，将输出语句中不同的部分连接起来输出。那么，什么时候加号是做加法运算，什么时候是连接符呢？在以下两种情况下是连接符，除此之外，都是加法运算。

（1）当加号连接的两部分都是非数值类型（如字符串）时，加号就会被看作一个连接符。

（2）当加号连接的两部分一个是非数值类型，另一个是数值类型（如整型数据、字符型数据、浮点型数据等）时，加号也会被看成是一个连接符。

根据以上两条原则，我们再来分析例 3-1 中的第 15 条语句，加号连接的两部分，左边是一个字符串为非数值型，而右边是一个整型变量为数值型，根据第（2）条原则，此时的加号为连接符。左边双引号的内容原样输出，那么右边变量 a 则输出变量 a 的值，所以程序片段 2 中的输出语句输出结果为：您输入的数是：7。

总结例 3-1、例 3-2 和例 3-3，我们不难发现，在输出语句的小括号内包含两个部分，一个部分是放在双引号里面的文字和标点符号，这部分内容会原封不动即原样输出。而不放在双引号里面的部分一般是变量，这部分在输出的时候会输出变量的值。

在输出语句小括号内的双引号里面，除文字内容和标点符号之外，还可以有\n 等转义字符。当双引号内包含转义字符时，请注意转义字符不是按原样输出，而是按照转义后的内容输出。下面我们来看一个例题。

【例 3-4】 换行输出这两句话：身高不够 体重来凑

【程序代码】

```
01:public class Example3_4{
02:   public static void main(String[] args){
03:      System.out.print ("身高不够\n体重来凑");
04:   }
05:}
```

【程序执行结果】

```
身高不够
体重来凑
```

例 3-4 中，第 03 条语句中，双引号内除文字内容部分之外，还有一个转义字符\n，从输出结果我们可以看出来，\n 并没有原样输出，而是输出了一个换行。除\n 之外，\t 也是我们在编程时经常会使用的转义字符，\t 的作用是输出一个制表位，即八个空格，请同学们尝试修改例 3-4，使其输出结果为：身高不够　　　　　　　　体重来凑。

输出除了 System. out. print()和 System. out. println()之外，还有一种输出语句。同学们是否还记得大学计算机基础课程中，学过进制转换？我们已经学会了进制转换的原则，通过笔算，我相信同学们肯定能够成功地将十进制数转成二进制、八进制、十六进制数。其实，我们利用 System. out. printf()就可以通过编程，让计算机帮我做进制转换的题目了。下面，我们通过一个例题来讲解。

【例 3-5】 十进制的 45 对应的八进制数是多少呢？

【程序代码】

```
01:import java.util.Scanner;
02:   public class Example3_5{
03:      public static void main(String[] args){
04:      int a=45;
05:      System.out.printf("45 对应的八进制是:%o\n",a);
06:      System.out.printf("45 对应的十六进制进制是:%X\n",a);
07:      System.out.printf("45 对应的十六进制进制是:%x",a);
08:   }
09:}
```

【程序执行结果】

```
45 对应的八进制是:55
45 对应的十六进制是:2D
45 对应的十六进制是:2d
```

我们来分析例 3-5 的输出结果。程序第 05 条、第 06 条、第 07 条都是输出语句，双引号里面的文字描述、标点符号和\n，用法和前面例题中讲解的一样。双引号后面的逗号起作用和前面我们讲解的“+”的作用相同，起到一个连接的作用。%o、%x 和%X 为格式限定符，主要限定的是变量 a 的输出格式，%o 限定变量 a 的值输出时为八进制。%x 限定变量 a 的值输出时为十六进制，其中字母 a～f 是小写。%X 限定变量 a 的值输出时为十六进制，其中字母 A～F 是大写。

时间一直沿着昨天、今天、明天的路线，一点一滴地流逝. 在日常生活中，有很多事情是需要我们遵循顺序结构才能去完成的。下面我们一起来努力，看看能否按照顺序结构帮助下面这位老农顺利地将财产运送到河的另一边。

3.3 帮老农过河

一位老农要带一只狼、一只羊与一筐青菜过河回家，只有一条小船可供使用，这条船一次只能承载老农与他的一种财产。而且如果没有老农在场，羊会吃青菜，狼会吃羊。请问老农如何才能把它们安全地带回家？

分析：如果老农先把狼带过去，羊就会把青菜吃掉。如果老农先把青菜带过去，狼就会把羊吃掉。所以老农必须先把羊带过去。

算法如下：

01：老农带羊过河；

02：老农自己回来；

03：老农带青菜过河；

04：老农带羊回来；

05：老农带狼过河；

06：老农自己回来；

07：老农带羊过河。

上面描述了帮老农带财产过河的全部过程，除了文字性的描述之外，还有一种用图形来描述做事情过程的方法。流程图就是用图形来描述事情过程的方法，这种方法比文字性描述更具直观性。帮老农过河的流程图如图 3-1 所示。

一天的学习生活，耗费了太多的脑细胞了。身体是革命的本钱，现在让我们去文星湖公园，和大妈们一起活动活动筋骨。

伴随着《绿旋风》美妙的音乐，佳木斯第五套广场舞开始了。

第一节：上肢运动，伴乐《绿旋风》；

第二节：肩部运动，伴乐《阿妹的情歌》；

第三节：扩胸运动，伴乐《火辣辣的军营，火辣辣的兵》；

第四节：体侧运动，伴乐《兄妹来当兵》；

第五节：体侧运动，伴乐《心花开在草原上》；

第六节：腰腹运动，伴乐《阿瓦人民唱新歌》；

第七节：下肢运动，伴乐《士兵的桂冠》；

第八节：整理运动，伴乐《父亲的恩情》。

佳木斯第五段广场舞流程图如图 3-2 所示。

无论是和大妈们一起跳广场舞还是帮老农过河，都事先制定好做事情的步骤，也就是算法，然后按照算法一步一步完成。这就是我们这一节要讲的顺序结构。

所谓顺序结构，就是按照预先设定好的算法从上到下依次执行每个步骤，每一个步骤只能做一次，直至算法中的所有步骤都被执行完。

交换是顺序结构中经典的例子，下面我们就通过讲解交换，再来深刻体会什么是顺序结构。

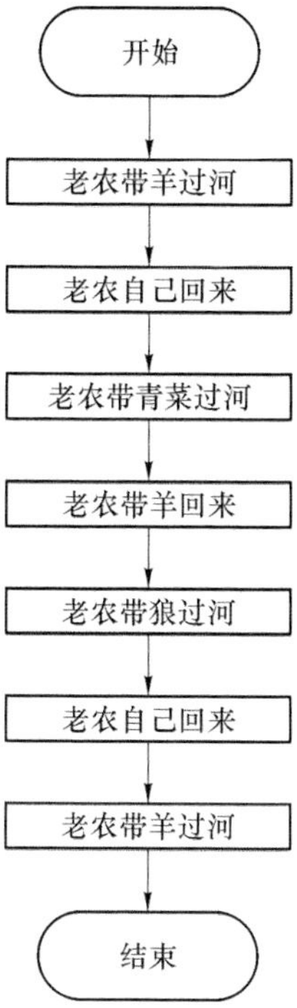

图 3-1　老农过河流程图

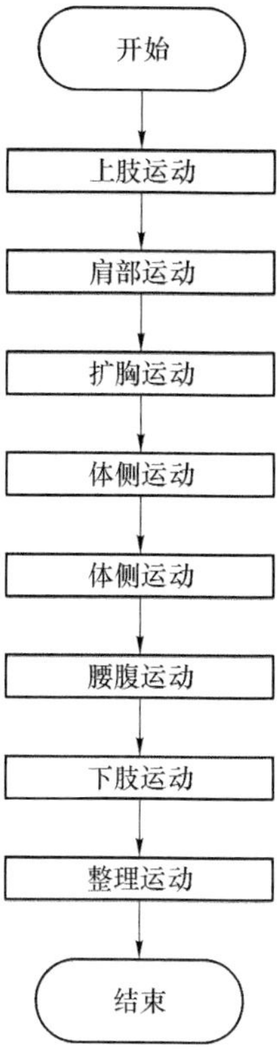

3-2　佳木斯第五套广场舞流程图

3.4　美酒换咖啡

看到这节题目，你的脑海中是否能够响起美妙的旋律，抑或是出现美好的画面呢？请收起你的幻想，让我们共同来学习本节的内容。

这一节我们通过讲解四个例题，帮助大家深刻体会交换的原则，更为重要的是从交换的过程中更加深刻地理解顺序结构。

【例 3-6】　现在有一杯咖啡和一杯美酒，要求把咖啡和美酒交换杯子。

分析：日常生活中，你有没有遇到这种情况：在外面跑了一天，特别口渴，但是水又特别热，怎么办呢？拿一个空杯子，把水来回从两个杯子之间倒几回，水就差不多凉了。这个生活中常常做的事情，和交换咖啡和美酒这两件事情之间有没有共通点呢？我们能不能从前者出发，找到解决问题的办法呢。

算法如下：

找到一个空杯子；

将咖啡倒入空杯子中；

将美酒倒入原来装咖啡的杯子中；

将咖啡倒入原来装美酒的杯子中；

交换成功。

交换咖啡和美酒的流程图如图 3-3 所示。

我们再来看一个例子，初中的化学课上，你是不是也做过这样的事情呢？

【例 3-7】 现在有 100 mL 的糖水放在容量为 100 mL 的量筒 A 中，有 100 mL 的盐水放在 100 mL 的量筒 B 中，要求糖水和盐水互换量筒，即最后糖水在量筒 B 中，盐水在量筒 A 中。

现在给你提供三个量筒：一个 50 mL，一个 100 mL，一个 200 mL。

分析：刚刚交换完咖啡和红酒之后，这个题目对你来说是很简单的。你也许会有疑问，感觉和例 3-6 没什么区别，为什么要做这道题目呢？别着急，我们先把题目做出来，再来解答你心目中的疑问。在三个量筒之中，你也会毫不犹豫地择 100 mL 的量筒。

算法如下：

选择体积为 100 mL 的量筒，并将其序号记为 C；
将糖水倒入量筒 C 中；
将盐水倒入量筒 A 中；
将糖水倒入量筒 B 中；
交换成功。

交换糖水和盐水的流程图如图 3-4 所示。

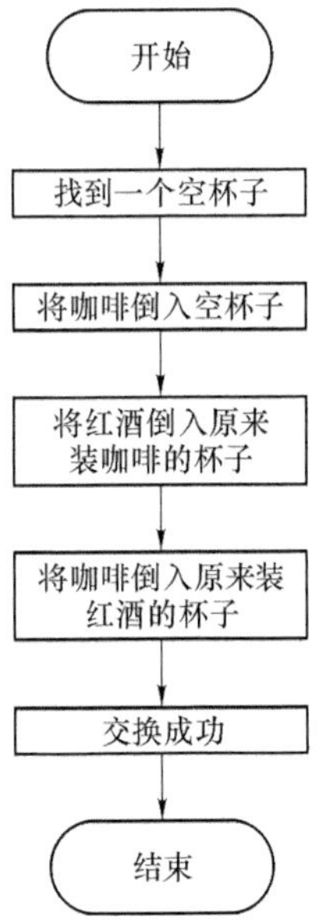

图 3-3 美酒换咖啡流程图

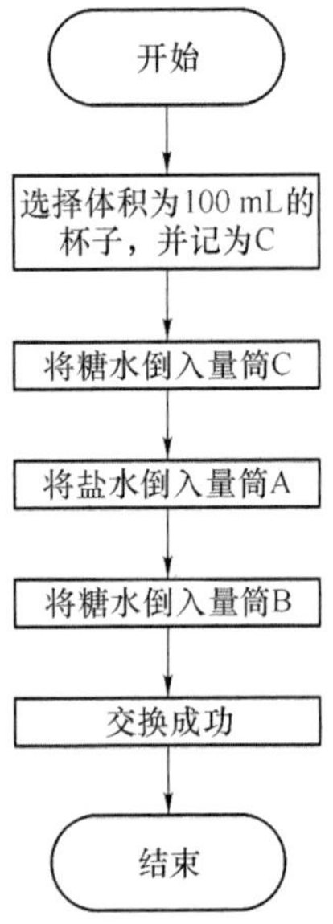

图 3-4 糖水和盐水交换流程图

交换咖啡、红酒的例子和交换盐水、糖水的例子有什么不同之处呢？前者我们没有对咖啡、红酒的体积做具体说明，而后者我们指定分别用 100 mL 的量筒来装 100 mL 的糖水、盐水。在后者的例子中，100 mL 的量筒就是我们前面章节中所学到的变量这个概念的生活原型。一切来源于生活，下面我们来看一个例题。

【例 3-8】 有两个整型变量 x 和 y，其中 x 的值为 4，y 的值为 5。要求交换变量 x 和 y 的值，使得 x 的值为 5，y 的值为 4。

分析：变量就相当于一个容器，是可以存放东西的。就像 100 mL、50 mL 的量筒一样，变量也具有大小的属性，不同的变量可以存储的值是不一样的。一个整型变量在内存中占 4 B 的空间，它可以存储一个整型常量，如语句 int a=4;其中 a 就是一个变量，就是一个容器，该容器在内存中占 4 B 的空间，4 就是存储在该空间的整型常量。

如同 100 mL 的量筒 A 中装入 100 mL 的糖水之后，它再也装不下 100 mL 的盐水一样，如果想要量筒 A 装入 100 mL 的糖水，就必须把 100 mL 的盐水倒入另一个空的 100 mL 的量筒 C 中，我们才能把 100 mL 的糖水倒入到量筒 A 中。语句 int a=4;中的变量 a 就如同量筒 A，其空间内已经存储了数值 4，如果想要变量 a 中再存储另外一个整型数值，那么我们就必须先把变量 a 中的 4 转存到另外一个相同类型的变量中。

算法如下：

定义变量 x,y,z;

给变量 x 赋值 4;

给变量 y 赋值 5;

将变量 x 的值赋值给变量 z;

将变量 y 的值赋值给变量 x;

将变量 z 的值赋值给变量 y;

输出变量 x 和 y 的值。

交换变量值 4 和 5 的流程图如图 3-5 所示。

【程序代码】

```
public class Example3_6{
    public static void main(String[] args){
        int x=4;
        int y=5;
        int z;
        z=x;
        x=y;
        y=z;
        System.out.println("x="+x+"\ny="+y);
    }
}
```

【程序执行结果】

```
x=5
y=4
```

例 3-4、例 3-5 和例 3-6 的共同点是：交换的内容已经确定。例 3-4 中确定交换的是咖啡和美酒，例 3-5 中确定交换的是盐水和糖水，例 3-6 中需要交换的两个整型变量的值已经确定。

那么，我们能不能将不确定的内容进行交换呢？例如，不管例 3-6 中两个整型变量 x 和 y 的值是多少，我们都能成功交换变量 x 和 y 中的值。经过三道例题的练习，我们已经能够掌握交换的原则。

在掌握交换原则的基础上，再结合 3.1 节和 3.2 节学习过的数据的输入和输出，我们来完成下面这道例题。

【例 3-9】 有两个整型变量 x 和 y，其值由用户从控制台输入。我们要做的是交换变量 x 和 y 的值，比如用户从控制台输入之后，x 的值为 1，y 的值为 2，那么程序运行之后，输出 x

的值为 2，y 的值为 1。

分析：这道例题是将前面几节的知识综合在一起。需要熟练掌握交换原则，同时还必须掌握数据的输入和输出。

算法如下：

01：定义变量 x、y、z；

02：从控制台输入变量 x 和 y 的值；

03：将变量 x 的值赋值给 z；

04：将变量 y 的值赋值给 x；

05：将变量 z 的值赋值给 y；

06：输出变量 x 和 y 的值。

交换任意两个整型数值的流程图如图 3-6 所示。

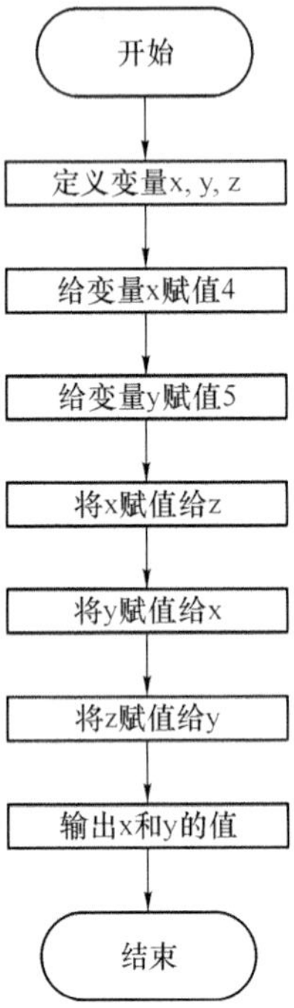

图 3-5　交换 4 和 5 的流程图

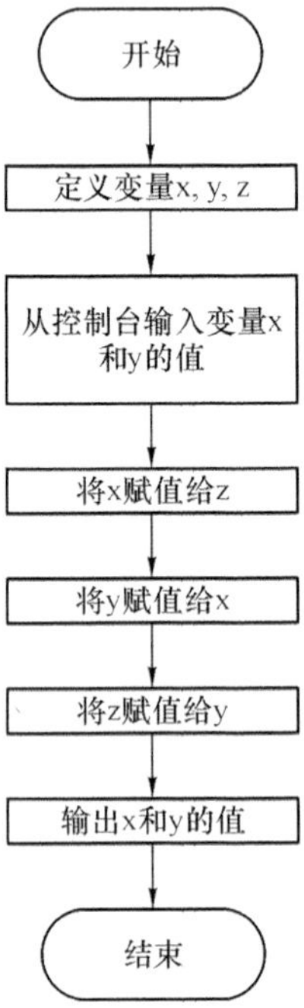

图 3-6　交换任意两个整型数值的流程图

【程序代码】

```
import java.util.Scanner;
public class Example3_7{
  public static void main(String[] args){
    Scanner in=new Scanner(System.in);
    System.out.println("请依次输入 x、y 变量的值:");
    int x=in.nextInt();
    int y=in.nextInt();
    int z;
    z=x;
```

```
        x = y;
        y = z;
        System.out.println("x = " + x + "\ny = " + y);
    }
}
```

【程序执行结果】

```
请依次输入 x、y 变量的值：
1
2
x = 2
y = 1
```

本章小结

一切源自生活，生活处处皆学问。

本章主要讲解顺序结构。学完本章之后，你有没有发现，其实你一直生活在顺序结构中：一年四季的更替，时间的流逝。按照课程表，每一周每一天的固定时间去固定教室上固定课程，这其实都是顺序结构。

顺序结构不仅仅是编程中的一种结构，也是指导我们生活的一种准则。

俗语说，做事不能操之过急。其实，讲的也是一种顺序结构。在学编程语言之前，已经学习过大学计算机基础课程，该课程的学习就是为编程语言的学习打下基础。

俗语说，一口不能吃成胖子。除了说坚持之外，也同样要我们按照顺序原则去做事情。所以，当你急于求成时，当你操之过急时，请想想我们学习过的顺序结构。

你有没有这种感受，如果你没有为今天的学习或者生活制订一个计划，你会感到无所适从。但是，如果你拿出一张纸，上面写上你今天要做的几件事情，并按照轻重缓急给这几件事情去排序，然后按照顺序一件一件地完成，一天过后，你会感觉特别充实。将制订计划养成一种习惯，你每天都会有收获，日积月累，终有一日，你曾以为遥不可及的梦想一定会实现。

时间永远按着顺序结构一点一滴地走着，而我们的生命也在这个顺序结构中逐步走向终点。时间无限，生命有限，请大家珍惜生命，在有限的生命中努力奋进，让有限的生命有价值。

本章的主要知识点如下：

(1) 体会什么是顺序结构。

(2) 掌握交换的原则。

(3) 掌握数据的输入。

(4) 掌握数据的输出。

(5) 深刻理解变量的含义。

(6) 掌握赋值语句的用法。

(7) 了解数据类型的自动转换和强制转换。

习　题　3

3.1　写出制作京酱肉丝的算法，并画出流程图。

3.2　一人拿篮球，一人拿足球，写出两人交换球的算法，并画出流程图。要求在任何时刻，至少有一个人手里是有球的。

3.3　从键盘中依次输入你的姓名、性别、年龄，并依次输出。

3.4　交换两个字符型变量的值，该值由用户从键盘输入。请写出算法，画出流程图，写出代码并能运行出正确结果。

3.5　举出你在生活中遵循顺序结构的例子。

第 4 章　集成开发环境

Eclipse 是大部分人所公认的目前为止最好的 Java 集成开发工具，本章就介绍与 Eclipse 相关的知识，目标是读者能够对 Eclipse 有初步的认识，并且能简单地使用 Eclipse 进行 Java 开发。

4.1　Eclipse 简介

Eclipse 是一个开放源代码的、基于 Java 的可扩展开发平台。就其本身而言，它只是一个框架和一组服务，用于通过插件组件构建开发环境。幸运的是，Eclipse 附带了一个标准的插件集，包括 Java 开发工具(Java Development Kit，JDK)。

Eclipse 最初是 IBM 公司的软件产品，2001 年 11 月发布了 1.0 版。当 Eclipse 刚刚面世的时候，它还很不起眼，同时也饱受业界批评。到了 2003 年 3 月，Eclipse 发布了它的 2.1 版，因其表现异常优异，立刻引起了轰动，下载的人蜂拥而至，并导致其下载服务器因超载崩溃。现在，IBM 公司已将其投入巨资开发的 Eclipse 作为一个开源(开放源代码)项目捐献给了国际开源组织 Eclise.org，Eclipse 出色而独特的平台特性，吸引了众多的大公司加入到这个平台中来。

虽然大多数用户很乐于将 Eclipse 当作 Java 集成开发环境(IDE)来使用，但 Eclipse 的目标却不仅限于此。Eclipse 还包括插件开发环境(Plug-in Development Environment，PDE)，这个组件主要针对希望扩展 Eclipse 的软件开发人员，因为它允许他们构建与 Eclipse 环境无缝集成的工具。由于 Eclipse 中的每样东西都是插件，对于给 Eclipse 提供插件，以及给用户提供一致和统一的集成开发环境而言，所有工具开发人员都具有同等的发挥场所。

因为 Eclipse 的安装包中集成了 Java 开发的插件 JDT，所以 Eclipse 默认是一个 Java 开发工具。但事实上，它并不仅仅是 Java 的开发工具，只要装上相关的插件，它就可以变成其他语言开发工具。

Eclipse 版本的更新周期基本为一年，Eclipse 的每一个版本除了有版本号外，还都会有特别的代号相对应。Eclipse 的版本代号都来自于木星的卫星名，下面列举出了一些 Eclipse 的版本号和版本名。

(1) Eclipse3.1 版本代号 IO(伊奥)。

(2) Eclipse3.2 版本代号 Callisto(卡利斯托)。

(3) Eclipse3.3 版本代号 Eruopa(欧罗巴)。

(4) Eclipse3.4 版本代号 Ganymede(盖尼米得)。

(5) Eclipse3.5 版本代号 Galileo(伽利略)。

（6）Eclipse3.6 版本代号 Helios(太阳神)。

4.2 安装和配置

Eclipse 作为一个应用软件，与一般的软件一样，都需要进行下载和安装。本节介绍 Eclipse 的下载、安装和配置的全过程。

现代网络十分发达，在互联网上几乎可以找到想要的任何资源，所以能够下载 Eclipse 的资源站点繁多，不过资源比较散乱，推荐在 Eclipse 的官方站点上下载，那里有最全、最新的 Eclipse 的资源。用浏览器访问 http://www.eclipse.org 站点，进入 Eclipse 的官方网站即可下载不同版本的 Eclipse。

下载下来的 Eclipse 是一个扩展名为.zip 的压缩包。解压压缩包到任意目录(不推荐系统安装盘下的目录)即可，打开解压后文件中的 eclipse.exe 文件即开始运行 Eclipse。

Eclipse 的详细配置步骤如下。

（1）单击安装目录下的“eclipse.exe”文件，立即弹出主题界面，之后弹出名为“Workspace Launcher”的对话框，如图 4-1 所示。这是选择工作空间(即工程所在文件夹)的窗口。

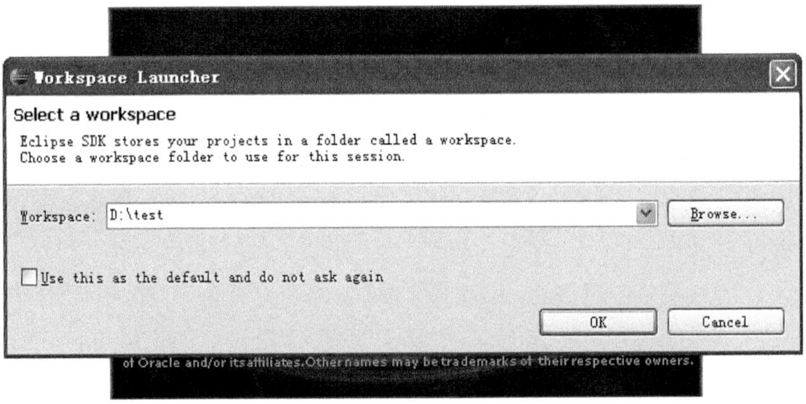

图 4-1　Workspace Launcher 对话框

（2）可以使用系统默认的路径，亦可以单击“Browse...”按钮选择自己想要的工作空间目录(如:D:\Test)，最后单击“OK”按钮进入编程环境主界面(注:如果选中“Use this as the default and do not ask again”复选框，则 Eclipse 会记住该路径，在下次使用时不弹出如图 4-1 所示的对话框而直接进入主界面)。

第(2)步结束之后，如果是进入的一个新建的工作空间，则会在主体界面上显示题为“Welcome to Eclipse”的欢迎界面(旧的工作空间则不会出现该界面)。单击左上角的用于关闭面板的小叉，进入编码界面，配置过程结束。

4.3 使　　用

作为一款十分优秀的集成开发工具，Eclipse 界面十分友好，使用起来十分简便。本节主要介绍 Eclipse 的界面和项目的运行。

4.3.1　界面

Eclipse 的界面十分友好，窗口的位置十分灵活，本节仅仅对 Eclipse 的默认界面进行介绍。Eclipse 的默认界面及各区域名称如图 4-2 所示。

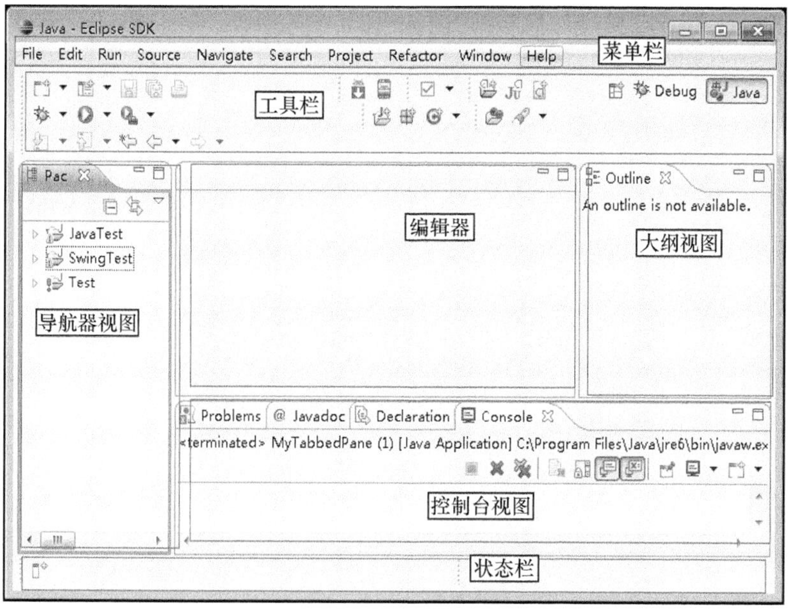

图 4-2　Eclipse 的界面

图 4-2 中的整个窗口称为工作台，它主要由以下部分组成：菜单栏（MenuBar）、工具栏（ToolBar）和透视图（Perspective），而透视图又分为视图（View）和编辑器（Editor）。视图是指 Eclipse 中的一个个功能窗口，在图 4-2 中可见的有下面几个视图。

（1）导航器视图：显示项目中的文件列表。

（2）大纲视图：显示当前编辑器所打开的文件的纲要，单击大纲视图中的各项可以进行快速定位。

（3）控制台视图：可以在这里显示信息（包括 System. out. println 打印信息、错误信息、异常信息等），同时通过 System. in 来接收控制台的输入信息。

透视图是由一些视图和编辑器所组成的。打个比方，一台计算机由显示器、CPU、键盘鼠标等零部件构成，这里的显示器是视图，计算机是透视图。透视图中的视图是可以变化的，可以通过鼠标来改变视图的大小和位置。

4.3.2　运行项目

Eclipse 中运行一个项目需要几步，下面介绍项目的创建和运行。

（1）新建工程：首先必须新建一个 Java 工程，将与本工程相关的文件都放在这个工程下。依次单击菜单栏中的“File”→“New”→“Java Project”选项，弹出如图 4-3 所示的对话框截取部分。在 Project name 处填写工程名，如 Test，单击“Finish”按钮，则在主界面的左侧出现 Test 的工程文件夹。

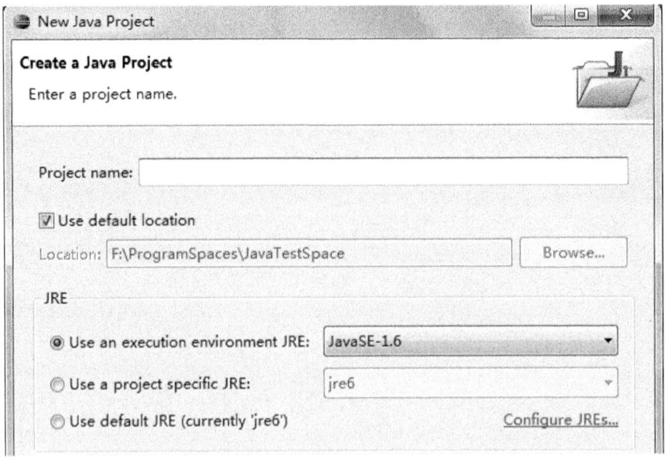

图 4-3　New Java Project 对话框

(2) 新建包：这个步骤并不是一个必需的步骤，但是将 Java 类文件都放在一个命名的包中，这是很好的习惯，结构清晰。单击 Test 工程的下拉按钮，选中“src”选项(这是源代码放置的区域)，在 src 上右击，在弹出的快捷菜单中依次选择“New”→“Package”选项，弹出如图 4-4 所示的对话框。在 Name 处填写包名，如 demo. test1，单击“Finish”按钮。

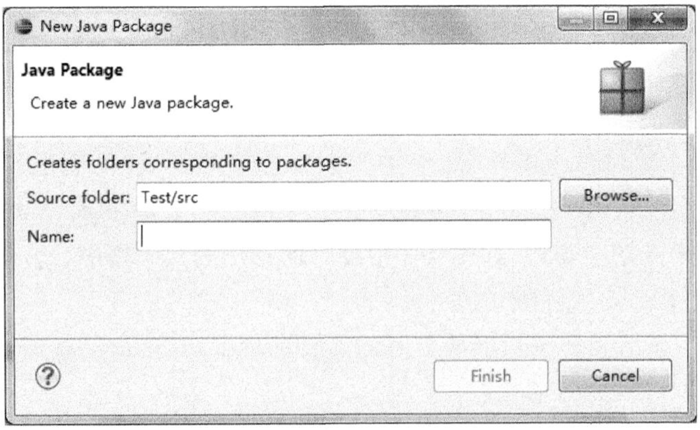

图 4-4　Java Package 对话框

(3) 新建类：在 demo. test1 包上右击，在弹出的快捷菜单上依次选择“New”→“Class”选项，在弹出的对话框中 Name 处填写类名(不需要附加. java 后缀)，最后单击“Finish”按钮就完成了新建类的过程。

(4) 运行程序：在写好程序代码后，可通过 3 种方法运行程序。第一种方法是右击正文区的任意位置，选择“Run As”→“Java Application”选项。第二种方法是单击工具栏处的  按钮。第三种方法是单击菜单栏中的“Run”→“Run”选项。

4.3.3　调试

在代码编写过程中，出现错误或漏洞是常有的事，但一般情况下，如果仅通过逻辑想象很难找出这个错误或漏洞。Eclipse 提供了调试工具，利用它对已有代码进行调试，可以有效地解决问题。

所谓调试(Debug),是指编好程序后,用各种手段进行查错和排错的过程。Eclipse 有专门调试工具,下面介绍常规的程序调试步骤。

(1) 设置断点。断点是调试器的功能之一,可以让程序中断在需要的地方,从而方便其分析。图 4-5 中左侧的两个小圆点就是断点。断点的设置方法主要有以下两种。

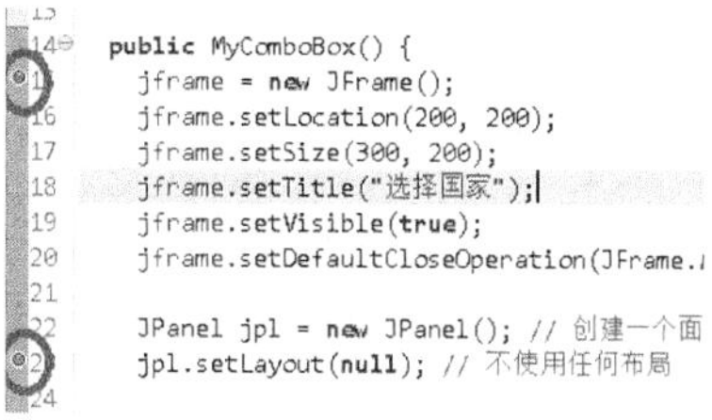
public MyComboBox() {
jframe = new JFrame();
jframe.setLocation(200, 200);
jframe.setSize(300, 200);
jframe.setTitle("选择国家");
jframe.setVisible(true);
jframe.setDefaultCloseOperation(JFrame.
JPanel jpl = new JPanel(); // 创建一个面
jpl.setLayout(null); // 不使用任何布局

图 4-5　Eclipse 的断点

- 在编辑器的最左侧区域进行双击操作;
- 在编辑器的最左侧区域右击,并选择 Toggle Breakpoint 选项。

断点可以设置在变量(变量断点)、中间代码(条件断点)或方法(方法断点)上。

(2) 运行调试。在设置完断点之后,可以通过以下两种方法运行调试。

- 依次选择菜单栏中的“Run”→“Debug As”→“Java Application”选项;
- 在编辑器的正文区域右击,在弹出的快捷菜单中选择“Debug As”→“Java Application”选项。

运行后,出现如图 4-6 所示的界面。

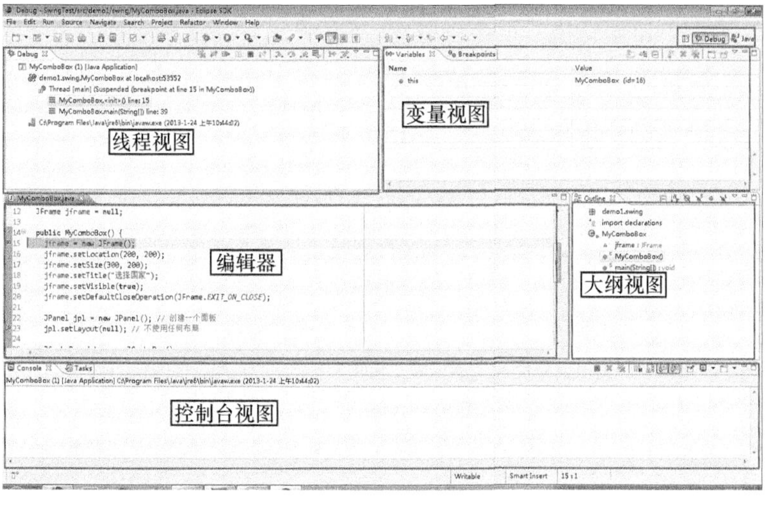
线程视图
变量视图
编辑器
大纲视图
控制台视图

图 4-6　Eclipse 调试透视图

在图 4-6 中线程视图显示运行到当前代码时堆栈内的线程,变量视图显示当前的变量和变量值。编辑器放大后如图 4-7 所示,可以看出,左侧的出现一个指向右侧的箭头图标,该图标表示当前调试所在的位置。

(3) 开始调试。在开始调试时,需要用到以下 4 个最基本的快捷键。

- F5(Step Into):移动到下一步,如果当前的行是一个方法调用,将进入这个方法的第一行。
- F6(Step Over):移动到下一行。如果当前行有方法调用,这个方法将被执行完毕返回,然后到下一行。
- F7(Step Return):继续执行当前方法,当当前方法执行完毕的时候,控制将转到当

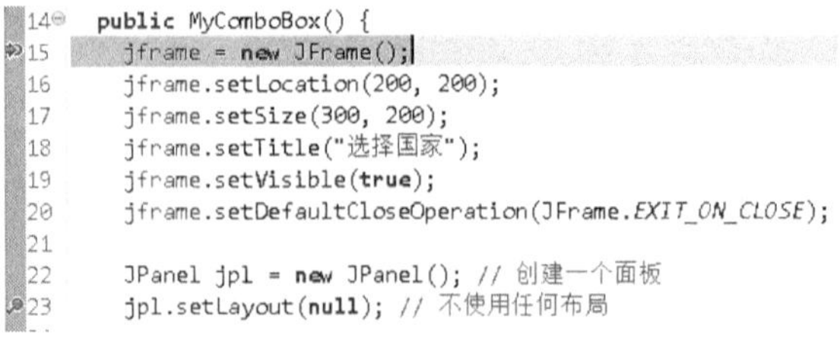

图 4-7　调试透视图编辑器

前方法被调用的行。

- F8：移动到下一个断点处。

调试时要时刻注意变量视图中变量值的变化，每走一步，就应该看看某个变量的值是否正确，如果不正确，则表示已运行的代码出现了错误。调试是一项十分需要耐心的工作，需要调试人员认真细心。

(4) 退出调试。当调试完成后，如果当前程序仍在运行，则需先停止调试，单击调试透视图工具栏的 ■ 图标。最后单击工具栏最右侧的 Java 工具按钮，进入 Java 编辑透视图。

4.3.4　常用的快捷键

Eclipse 为了简化操作设置了很多快捷键，不需要鼠标而通过键盘直接实现。下面列举了一些常用的 Eclipse 快捷键。

(1) Ctrl＋D：删除当前行。

(2) Ctrl＋Alt＋↓：复制当前行到下一行(复制增加)。

(3) Ctrl＋Alt＋↑：复制当前行到上一行(复制增加)。

(4) Alt＋↓：当前行和下面一行交互位置。

(5) Alt＋↑：当前行和上面一行交互位置(同上)。

(6) Alt＋←：前一个编辑的页面。

(7) Alt＋→：下一个编辑的页面。

(8) Ctrl＋/：注释当前行，再按则取消注释。

(9) Ctrl＋O：快速显示 OutLine。

(10) Ctrl＋T：快速显示当前类的继承结构。

(11) Ctrl＋W：关闭当前 Editor。

(12) Ctrl＋/：(小键盘)折叠当前类中的所有代码。

(13) Ctrl＋X：(小键盘)展开当前类中的所有代码。

(14) Alt＋Shift＋R：重命名。

(15) Alt＋/：内容辅助(这个很有用，起代码提示的作用)。

(16) Ctrl＋A：全部选中。

4.4　插件及其安装

插件是一个优秀软件不可或缺的元素之一，Eclipse 本身就是由核心加插件组成的。本节主要介绍插件的概念、Eclipse 中插件的安装方法以及相关注意事项。

插件是一种遵循一定规范的应用程序接口编写出来的程序。很多软件都有插件,插件有无数种。例如在 IE 中,安装相关的插件后,Web 浏览器能够直接调用插件程序,用于处理特定类型的文件。

Eclipse 是一个已经完全设计好的平台,是用于构建和集成应用的开发工具。平台本身不会提供大量的最终用户功能,平台的价值在于它的促进作用:根据插件模型来快速开发集成功能部件。在 Eclipse 的安装目录下,可以找到名为"plugins"的文件夹,这就是 Eclipse 放置插件的地方。在没有手动安装任何插件的情况下,可以看到该文件夹下已经存在了很多插件。

平台本身是内置在插件层中的,每个插件定义下层插件的扩展,同时对自己的扩展进行进一步的定制。每种类型的扩展允许插件开发者向基本工具平台添加各种功能,每个插件的部件(例如文件和其他数据)由公共平台资源来协调。

Eclipse 最有魅力的地方就是它的插件体系结构,由于有了插件,Eclipse 系统的核心部分在启动的时候要完成的工作十分简单:启动平台的基础部分和查找系统的插件。

Eclipse 的核心是动态发现、懒惰装入(Lazy)与运行的,平台用户界面提供标准的用户导航模型。于是每个插件可以专注于执行少量的任务,例如定义、测试、制作动画、发布、编译、调试和图解等,只要用户能想象得到的就会应有尽有。

Eclipse 插件实现了一个扩展点,就创建了一个扩展,此外,使用此扩展点的插件还可以创建自己的扩展点。这种插件模式的扩展和扩展点是递归的,而且被证明是非常灵活的。事实上,Eclipse 的核心就是构建在插件之上的,这样随着使用 Eclipse 构建 Eclipse 插件的累积,这种插件模式就变得日渐成熟。

由于插件是 Eclipse 外部的东西,移入 Eclipse 内部使用就必须涉及安装问题。下面详细地介绍 Eclipse 插件安装时的注意事项和主要安装方法。

Eclipse 是通过一种非常"干净"的安装方式进行安装的,不会因为安装 Eclipse 而影响其他软件的运行,安装 Eclipse 的插件也是如此。

插件的安装方式分为:拷贝安装、links 安装和 update 安装,它们各有特色,下面分别介绍这几种安装方式。

4.4.1 拷贝安装

拷贝安装是一种最简单的安装插件方式,用户只要把插件的压缩文件解压以后拷贝到 Eclipse 的安装目录即可。例如,"GEF-ALL-3.1.zip"是 GEF 插件的压缩包,其中包含了 Eclipse 目录,Eclipse 目录下面包含了 plugins 目录和 features 目录等,如图 4-8 所示。

用户解压以后把 plugins 目录和 features 目录拷贝到安装 Eclipse 的根目录即可。拷贝到 Eclipse 根目录后,安装就已经完成了,如果要安装插件正确,以及此插件所依赖的第三方插件和 Eclipse 的版本正确,重新启动 Eclipse 就可以看到新安装插件的运行效果。

4.4.2 links 安装

通过 links 方式安装插件是一种既"干净"又有效的安装方式,也是笔者极力推荐的一种安装方式。试想一下,通过拷贝的安装方式安装插件,如果同一个 Eclipse 下安装的插件

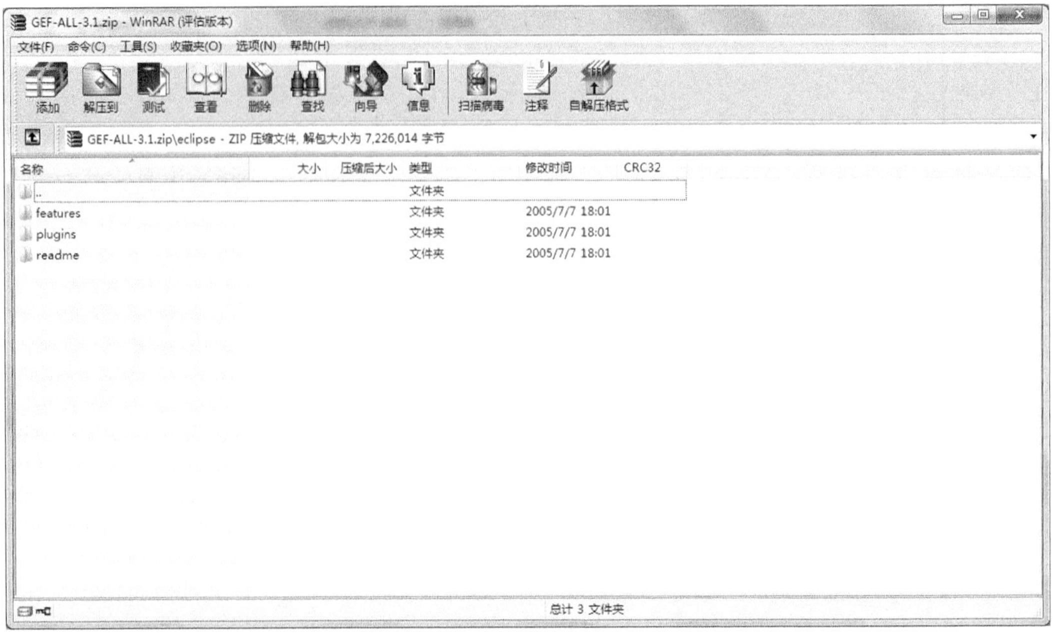

图 4-8　GEF 插件压缩包的结构

太多，想删除某几个插件怎么办？用户就得在 Eclipse 的 plugins 目录中找到所有插件目录，把它们一一删除掉。另外，还得删除 feature 下的所有相关安装选项，这样操作起来就很烦琐。

links 安装方式为解除这种烦恼，通过 links 安装方式，用户不需要把所有的插件都拷贝在 Eclipse 目录中，只需要编写一个文本文件，通过文件指定插件的位置，让 Eclipse 找到所指的插件目录就可以了。当用户要删除插件时，只需要删除文本文件或文本文件中引用的插件即可。

假设 Eclipse 安装目录是 F:\eclipse，待安装插件目录是 F:\eclipse\myPlugins。以 SWT Designer 为例说明如何使用 links 方式安装 Eclipse 插件。

在 F:\myPlugins 中建立目录结构：F:\eclipse\myPlugins\SWT Designer\eclipse，将下载的 SWT_Designer.zip 解压到此目录中，这个目录将包含一个 plugins 和一个 features 目录。plugins 的目录结构是这样的：F:\eclipse\myPlugins\SWT Designer\eclipse。

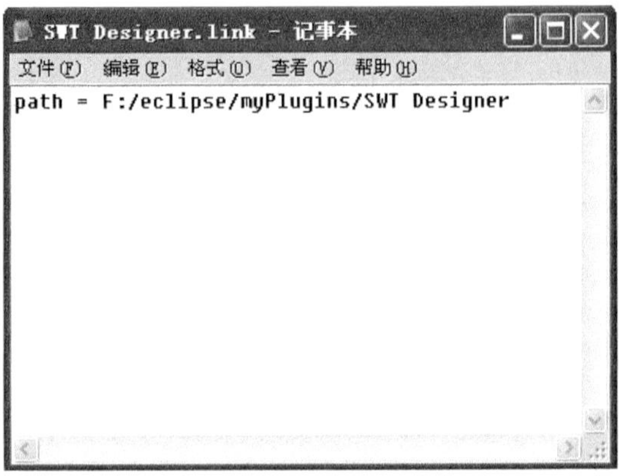

图 4-9　link 文件输入路径

在 F:\eclipse 目录下新建名为 links 的文件夹，在 links 文件夹下新建 SWT Designer.link（命名可以随意，只要自己能理解这是什么插件就可以了）文件，编辑此文件。手动输入内容：path = F:/eclipse/

myPlugins/SWT Designer，如图 4-9 所示，然后保存即可。

打开 Eclipse，依次单击“File”→“New”→“Other”菜单，在弹出的对话框中可以看到如图 4-10 所示的 WindowBuilder 文件夹，说明插件已经安装成功。

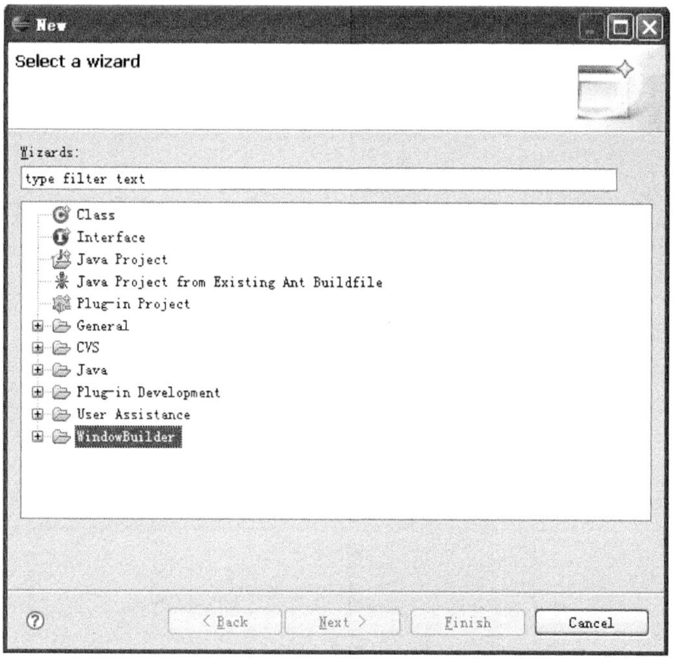

图 4-10 WindowBuilder 文件夹

Eclipse 将会到指定的目录下去查找 eclipse\features 目录和 eclipse\plugins 目录，看是否有合法的功能部件和(或)插件。也就是说，目标目录必须包含一个\eclipse 目录。如果找到，附加的功能部件和插件在运行期配置将是可用的，如果链接文件是在工作区创建之后添加的，附加的功能部件和插件会作为新的配置变更来处理。

注意：

(1) 压缩文件解压后若已经包含 eclipse\plugins 目录，则不需要建立 eclipse 目录。

(2) 一个文件中可以指向几个插件，即在同一个文件中多写几行“path=...”即可。也可以在 links 目录下面多写几个 link 文件，推荐通过把每一个插件写到一个文件的方式安装插件，这样删除插件时可直观地删除文件。

(3) path 可以是插件的绝对路径，也可以是相对于 Eclipse 安装目录的相对路径。删除 link 文件或 links 目录后，重新启动 Eclipse 有可能会失败，清除 Eclipse 的缓存即可。

4.4.3 update 安装

除了拷贝安装方式和 links 安装方式外，Eclipse 还能通过网络安装插件。这种方式操作简单，用户只要知道插件的更新地址就可以。通过解析更新地址的 XML 文件，Eclipse 知道要到什么位置找到插件更新包。另外，Eclipse 还能判断当前安装插件的版本是否正确。通过 update 方式安装插件非常简单，具体步骤如下（以 SWT Designer 为例）。

（1）查一下 Eclipse 的版本。单击 Eclipse 中的"Help"→"About Eclipse SDK"选项，可以看到如图 4-11 所示的界面，在 Version 栏中可以看到自己的 Eclipse 版本号。

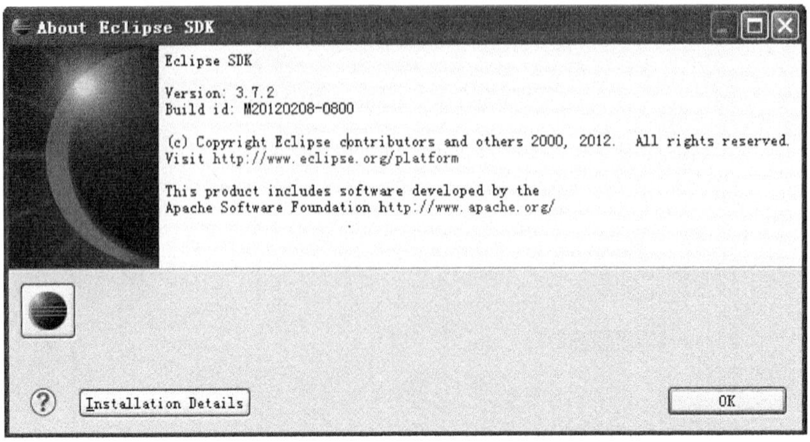

图 4-11　Eclipse 版本号

（2）将网址（http://www.eclipse.org/windowbuilder/download.php）输入浏览器地址栏中，找到 Eclipse 对应版本（注意 Release Version 和 Integration Version 的区别），单击 Link 超链接，复制浏览器地址栏的网址。

（3）打开 Eclipse，单击"Help"→"Install New Software"选项（不同阶段的 Eclispse 菜单位置有差异），在弹出框的 Work with 地址栏处粘贴上一步复制的网址，等待一段时间后，出现的工具全部选中，单击"Next"按钮。下面的步骤与一般软件的安装步骤相同，就不在此进行赘述。

说明：有人喜欢通过 update 方式安装插件，这种方式安装简单，而且 Eclipse 向导会负责查找当前插件的依赖插件是否存在，从而确保插件安装是否成功。

4.5　Javadoc

Javadoc 是学习 Java 语言时应该要掌握的一个内容，是我们在使用 Java 编程时又一有力工具。它能够为编程提供很大的便利。

4.5.1　Javadoc 简介

Javadoc 是 Sun 公司提供的一个技术，它从程序源代码中抽取类、方法、成员等注释形成一个和源代码配套的 API 帮助文档。也就是说，只要在编写程序时以一套特定的标签作注释，在程序编写完成后，通过 Javadoc 就可以同时形成程序的开发文档。

Java 中有三种注释方法：

- //被注释语句
- /＊被注释语句＊/
- /＊＊被注释语句＊/

其中第三种专为 Javadoc 设计，可以被 JDK 内置的 Javadoc 工具支持和处理。Javadoc 中有一些已经设定好的关键字，Javadoc 中的关键字都是以@符号开头，现有的所有关键字及其说明如下。

1. 类文档标记

类文档可以包括用于版本信息以及作者姓名的标记。

(1) @version：版本标识，代表任何适合作为版本说明的资料。

(2) @author：作者信息，包括姓名、电子邮件地址或者其他任何适宜的资料。可为一系列作者使用多个这样的标记，但它们必须连续放置。全部作者信息会一起存入最终 HTML 代码的一个单独的段落里。

(3) @see：提示在使用某个类时，可以参照与这个类有密切关系的另外的东西。

2. 方法文档标记

方法允许使用针对参数、返回值以及异常的文档标记。

(1) @param：参数名及其说明。“参数名”是指参数列表内的标识符，而“说明”代表一些可延续到后续行内的说明文字。一旦遇到一个新文档标记，就认为前一个说明结束。可使用任意数量的说明，每个参数一个。

(2) @return：返回值说明。指出返回值的含义，它可延续到后面的行内。

(3) @exception：完整类名及其说明。“完整类名”明确指定了一个违例类的名字，它是在其他某个地方定义好的。而“说明”(同样可以延续到下面的行)告诉我们为什么这种特殊类型的违例会在方法调用中出现。

(4) @deprecated：该标记的作用是建议用户不必再使用一种特定的功能，因为未来改版时可能摒弃。若将一个方法标记为@deprecated，则使用该方法时会收到编译器的警告。

(5) @override：重写。说明这个方法重写了父类的相同方法。

4.5.2　生成 Javadoc

在编码过程中，用“/＊＊被注释语句＊/”注释方式主要有以下好处。

(1) 使用这种方式注释类后，当另外的类要调用这个类时，可以将鼠标放在被调用的类名上，此时会显示该类的注释信息。这样就可以在不返回类文件的情况下，很清楚地了解这个类的作用。

(2) 可以用它来生成 Javadoc。有了 Javadoc 的支持，就可以不必另外花时间来写系统帮助文档了，Javadoc 会帮你做好这个事情的。下面介绍生成 Javadoc 的两种主要方式。

作为十分便捷的 Java 集成开放工具，Eclipse 可以用很简单的操作方式完成 Javadoc 的生成工作。操作方法如下。

在项目列表中单击右键，选择“Export”（导出）选项，然后在 Export（导出）对话框中选择 Java 下的 Javadoc，单击“下一步”按钮，弹出如图 4-12 所示的对话框。在相应的位置输入信息，然后单击“finish”（完成）按钮，即可开始生成文档。

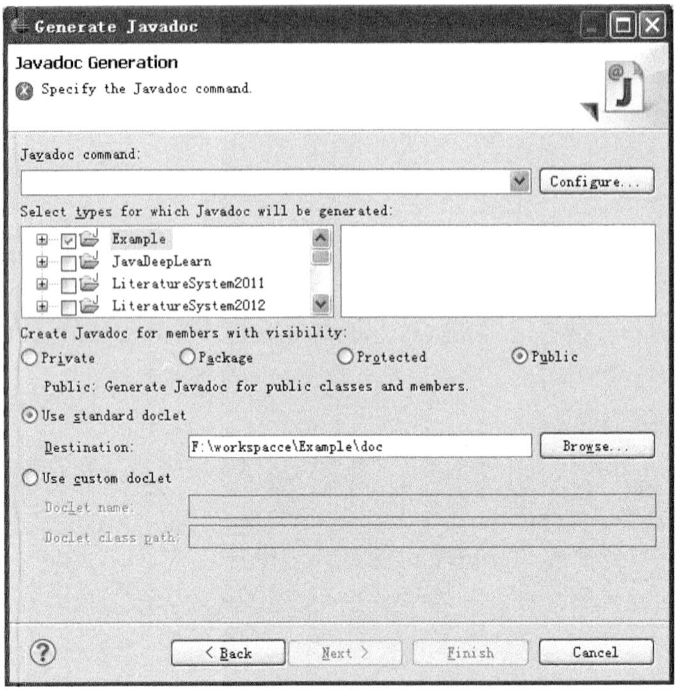

图 4-12 导出生成 Javadoc

注意：

(1) 在 Javadoc Generation 对话框中 Javadoc command 处应该选择 JDK 所在目录的 bin/javadoc. exe 文件路径。

(2) Destination：为生成文档的保存路径，建议新建一个文件夹保存生成的文件，因为生成文件会很多。

4.6 模　　板

模板，是在任何开发过程中都要考虑的一个内容。比较大型的项目往往会划分不同的模块，然后由不同的小组去独立完成。这时，制定一个统一的模板就至关重要了，它能大大缩小不同组之间在代码结构上的差异，从而减少开发时间。模板也代表了一种个人编码风格。制定模板，然后将其保存下来，这样就不会因为更换 Eclipse 而需重新设置，只需将保存的模板导入 Eclipse 即可。

设置模板的核心在控制代码的结构，结构是代码编写的比较核心的东西，一个好的代码结构往往能使代码看上去赏心悦目,代码的可读性也会很高。模板中可以设置的东西很多,由于本书的篇幅有限,本节仅介绍 Eclipse 中模板的三种功能的用法。

4.6.1 缩排

所谓缩排,是指每一行代码的缩进。缩进包括空格缩进和“Tab”键缩进,一般情况下,我们应该使用空格缩进,因为每一种编辑器的“Tab”键缩进数是不一样的,所以使用空格作为缩进符有利于缩进在跨编辑器时保持不变。下面以缩进两个空格为例来演示 Eclipse 中的缩进设置,并说明如何利用 Eclipse 进行自动排版。设置步骤如下。

依次单击“Window”→“Preferences”→“Java”→“Code Style”→“Formatter”选项,显示如图 4-13 所示的界面。由于 Eclipse 自带格式模板不能编辑,必须自己新建一个模板。单击图 4-13 中的“New”按钮,在弹出的对话框中填写模板名,并选择父模板,单击“OK”按钮进入编辑界面,如图 4-14 所示。

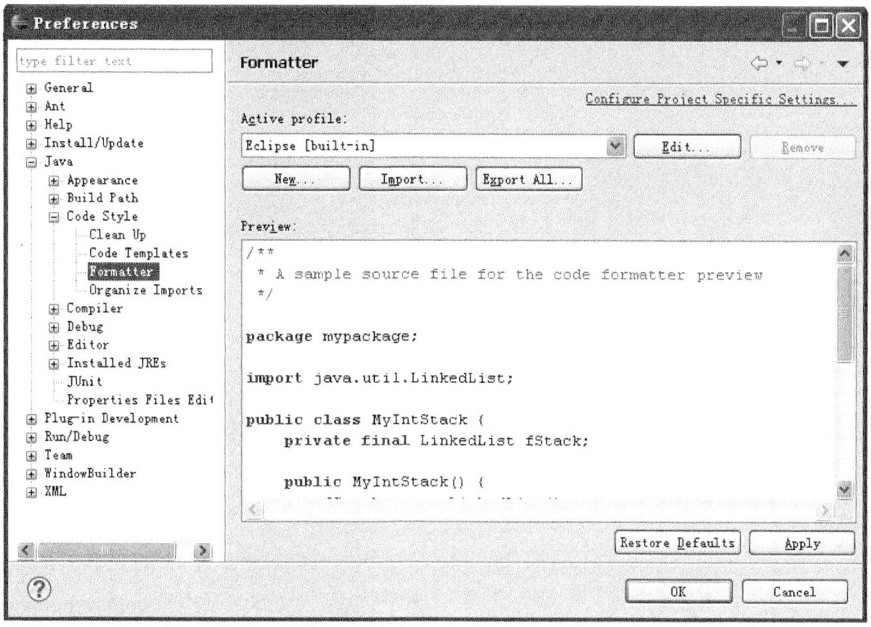

图 4-13 Formatter 界面

在编辑界面中,在 Indentation 选项卡中 General settings 中的 Tab policy 项设置为“Spaces only”,修改 Tab size 为“2”,将 Indent 中 Empty lines 前面的复选框选中,单击“OK”按钮,设置完成。

回到编辑器的主界面,依次单击“Source”→“Formatter”选项(或者使用“Ctrl+Shift+F”快捷键),Eclipse 就会自动排版了。

4.6.2 折行

一行代码的字符数不能超过 80 个,所以在书写长代码或长注释时必须折行。折行策略

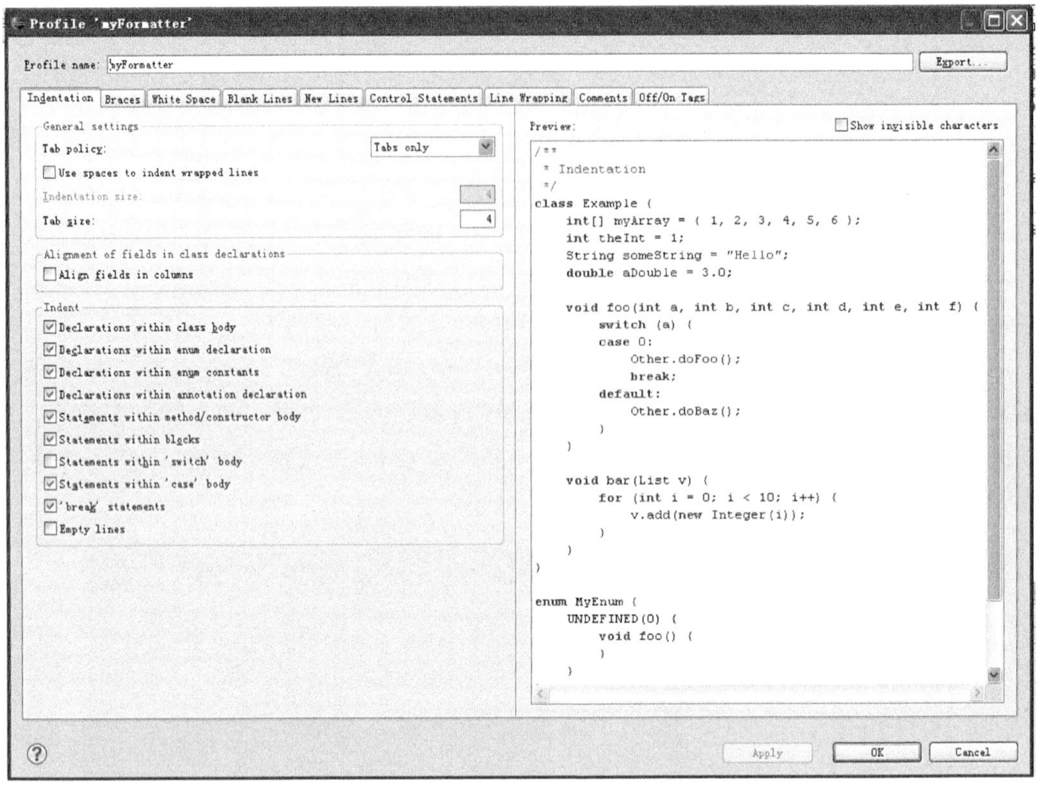

图 4-14　Formatter 编辑窗口

按照 Eclipse 的默认设置即可，下面介绍如何设置每一行的字符数阈值。

(1) 设置有效代码阈值：单击设置图 4-14 窗口中的"Line Wrapping"选项卡，将 General Settings 中 Maximum line width 处的值设为"80"即可。在文本编辑框中按下"Ctrl+Shift+F"快捷键（自动排版的默认快捷方式），则 Eclipse 将大于 80 个字符的行折行。

(2) 设置注释代码阈值：单击设置图 4-14 窗口中的"Comments"选项卡，将 Line width 中 Maximum line width for comments 处的值设为"80"即可。在文本编辑框中按下"Ctrl+Shift+F"快捷键（自动排版的默认快捷方式），则 Eclipse 将大于 80 个字符的行折行。

注意：如果想看得更加清楚，依次单击"Window"→"Preferences"→"General"→"Editors:→"Text Editors"选项，勾选"Show print margin"复选框，并在 Print margin column 中填写"80"，确定后会在文本编辑区域出现一条垂直方向的线，这就是阈值线，会发现自动排版后的代码均会显示在线的左侧。

如果想将订制好的模板导入磁盘上永久保存，单击第一行最后的"Export"按钮，然后选择保存路径保存即可。

4.6.3 注释

注释，顾名思义，就是解释代码的含义，用以提高代码的可阅读性。根据注释所在的位置，可以将注释分为不同的类型：类注释、方法注释和变量注释等。

Eclipse 中可以通过创建注释模板，从而实现对注释进行统一管理。注释体现了程序员的编码风格。下面通过具体的注释实例来说明 Eclipse 中注释模板的使用。注释的模板设置位置与前面的不一样，依次单击“Window”→“Preferences”→“Java”→“Code Style”→“Code Templates”选项，显示如图 4-15 所示。

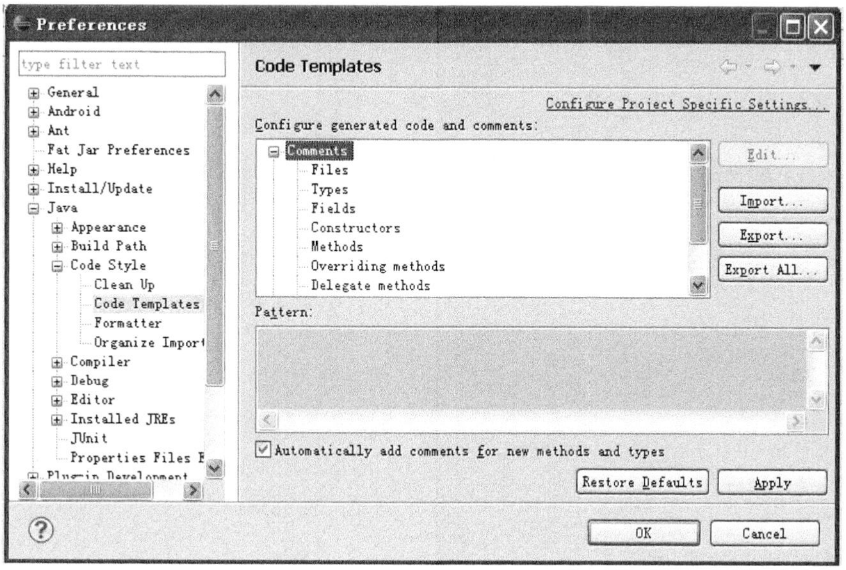

图 4-15　Code Templates 页面

打开“Comments”节点，选择某种类别的注释，单击“Edit”按钮就可弹出注释模板编辑界面，如图 4-16 所示，推荐各种类别的注释如下。

文件(Files)注释标签：

```
/**
@Title: ${file_name}
@Package ${package_name}
@Description: ${todo}(用一句话描述该文件做什么)
@author
@date ${date} / ${time}
@version
*/
```

类型(Types)注释标签(类的注释)：

```
/**
 *
 * ${tags}
 * @author
```

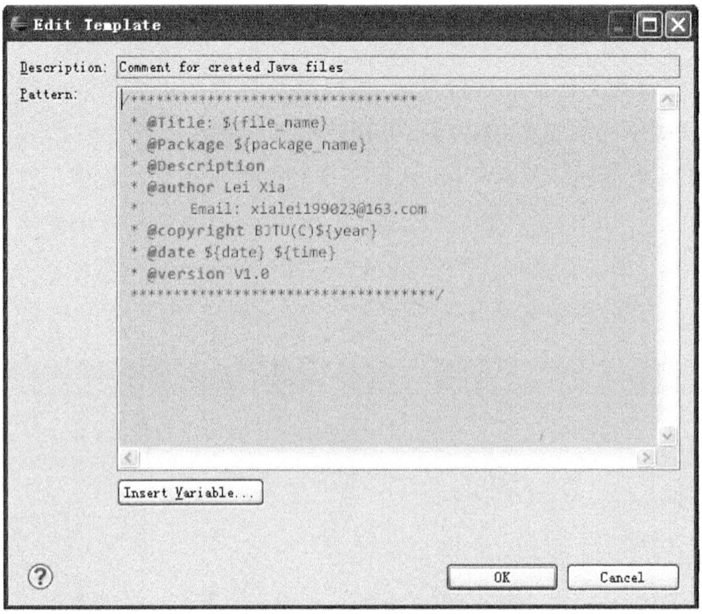

图 4-16　Code Templates 编辑窗口

```
 * @date $ {date} / $ {time}
 * /
```

字段(Fields)注释标签：

```
/ **
 *
 * /
```

构造函数(Constructors)注释标签：

```
/ **
 *
 *  $ {tags}
 *
 * @author
 * @date $ {date} / $ {time}
 * /
```

方法(Methods)注释标签：

```
/ **
 *
 *  $ {tags}
 *
 * @author
 * @date $ {date} / $ {time}
 * /
```

覆盖方法(Overriding Methods)、代表方法(Delegate Methods)、getter 方法、setter 方

法标签均使用系统默认设置。

建议：最好将图 4-15 所示窗口的中“Automatically add comments for new methods and types”复选框选中，这样在新建一个 Java 文件时，系统会自动将注释加入到指定的位置。

可以使用下面两种方法根据已创建注释模板来对代码进行注释。

(1) 在相应位置(如类注释在就类的上面一行处)输入文本“/ ** ”，然后回车，设置好的注释信息就会自动显示在编辑器面板中，这是 Javadoc 的注释格式。如果是非 Javadoc，如覆盖方法注释，则可以使用“/ * ”回车的方式。

(2) 将光标放在相应位置，依次单击“Source”→“Generate Element Comment”选项，会出现如(1)一样的效果，快捷方式为按“Alt+Shift+J”键。

4.7 相关设置

Eclipse 还有起辅助作用的设置，它们可能与代码的运行无关，但是同样能使我们的代码更加美观、出色，也能提高编码质量和效率。

4.7.1 背景颜色

正确地搭配 Eclipse 各部分的颜色，不仅能缓解编码时的疲劳，也能增加代码的可读性。

依次单击“Window”→“Preferences”→“General”→“Editors”→“Text Editors”选项，在如图 4-17 所示的区域内找到 Background color，然后将“System Default”复选框前面的勾选取消。单击 Color 后面带颜色的按钮，在弹出的颜色对话框中选中需要的颜色即可。

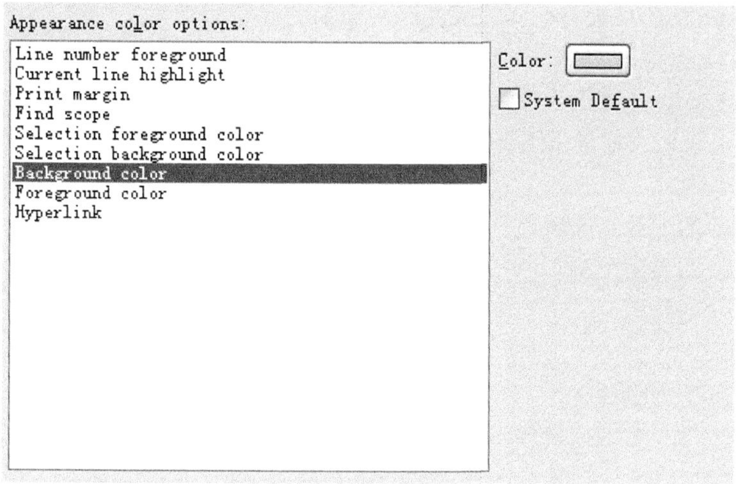

图 4-17 选择背景颜色

背景颜色推荐：色调(85)，饱和度(123)，亮度(205)。文档都不再是刺眼的白底黑字，而是非常柔和的豆沙绿色，这个色调是眼科专家配置的，长时间使用会很有效地缓解眼睛疲劳，保护眼睛。

4.7.2 字体和颜色

依次单击“Window”→“Preferences”→“General”→“Appearance”→“Colors and Fonts”选项，在显示的面板中选择 Basic 下的 Text Font，单击“Edit”按钮弹出字体编辑对话框。将字体设置为“Courier New”，字形设置为“常规”，大小设置为“10”。之所以选择 Courier New，是因为它是等宽字体，同时也是目前公认的适合程序编码的字体。

依次单击“Window”→“Preferences”→“Java”→“Editor”→“Syntax Coloring”选项，就可以设置 Java 有效代码、Javadoc 和普通注释的颜色了。个人的喜好不相同，故不对这一部分提出具体的设置示例了。

4.7.3 行号

行号就是显示在编辑器左侧，为了记录每一行行号的数字列，在默认情况下它处于不显示状态。如果想将它显示出来，可以有下面两种方法。

(1) 右击编辑器左侧空白部分，选择菜单中的“Show Line Numbers”选项。

(2) 依次单击“Window”→“Preferences”→“General”→“Editors”→“Text Editors”选项，在右面出现的面板中勾选“Show line numbers”复选框。

本章小结

本章介绍了当前最流行的 Java 集成开发环境 Eclipse，内容包括基本安装、配置和使用。同时对 Eclipse 的最大特色——插件作了简单的介绍。

Eclipse 除了作为 Java 集成开发环境外，还可以通过插件扩展其他语言开发。作为 Eclipse 的核心，Eclipse 提供了系统的插件开发平台，用户可以在 Eclipse 进行插件的开发，这些插件的开发又极大地丰富了 Eclipse 的功能。本章主要包括以下内容。

(1) Eclipse 简介。

(2) Eclipse 的下载和安装。

(3) Eclipse 的界面分析。

(4) Eclipse 的使用。

(5) Javadoc。

(6) Eclipse 中的模板。

(7) Eclipse 的一些辅助设置。

习 题 4

4.1 将 Eclipse 的编码设置为 UTF-8 编码。

4.2 调整 Eclipse 的视图布局，将控制台视图调整到大纲视图的透视图中。

4.3 设置 Eclipse 的代码颜色，将类、方法和变量的关键词设置成不同的颜色。

4.4 在 Eclipse 上完成一个简单记事本界面。

第 5 章　选择结构

“生存还是灭亡”(To Be or Not To Be),这是一种选择结构的语法。在实际生活中,很多时候我们需要进行选择和判断。例如,如果今天来客人,那么我们午饭吃海鲜,否则吃白菜。通常,我们在选择之前会设定一条判断的准则(是否来客人),当结果满足这条准则时选择一种方案,当结果不满足时选择另一种方案。这就是下面要介绍的选择结构。

5.1　选择结构无处不在

再来看另外一个例子。小明到书店买书,如果他是经管系的学生(判断准则),那么所选择的书籍应该以经济类为主(结果)。此时他选定了一本书,但是他只有 100 元钱,因此如果书的价格小于或等于 100 元(判断准则),那么小明可以买书(结果 1),否则买不起(结果 2)。

综上所述,我们不难发现选择结构的运行原理。首先,我们需要一个初始状态(小明只有 100 元),这个初始状态是既定的事实,不可改变。然后,我们设定一个判断的条件(书的价格是否高于 100 元),此时根据判断结果是否满足条件,可以将结果分为满足(结果 1)和不满足(结果 2)两种情况。

在本章,我们要接触到的选择语句包括:if 语句、if…else…语句、if…else if…else…语句和 switch 语句。

5.2　“如果”有梦就有希望

if 表示如果,是最简单的一种假设情况,如果今天下雨,如果今天来客人,等等。下面我们结合正规的语法格式来举例说明:

```
01:if(今天来客人){
02:    午饭吃海鲜;
03:    海鲜要配红酒;
04:    客人临走要准备礼物;
05:}
```

每一个 if 语句后面必须跟一个(),其中包含的是判断准则,该准则有两个结果,满足时为“真”,不满足时为“假”。{}中的内容叫作“语句块”,可以包含多条语句,这些语句顺次执行。当判断结果为“真”时,语句块有权执行,否则如果判断结果为“假”时,语句块无权执行,直接跳过,执行后面的程序。

还有另外一种情况,例如:

```
01:if(今天来客人)
```

```
02:    午饭吃海鲜;
```

在这个例子中,需要执行的语句块只有一句,此时{}可以省略。

思考下面的例子可以输出什么结果:

```
01:int 客人人数=5 人;
02:if(客人人数>=3 人)
03:    System.out.println("午饭吃海鲜");
04:    System.out.println("午饭吃白菜");
```

一起来分析一下:语句 01 中,首先设定初始条件为“客人的人数=5 人”,这个条件是不可改变的。语句 02 中设定一个判断条件“客人的人数是否多于 3 人”,判断结果有两种情况:“真”和“假”。当结果为“真”时,执行语句 03,否则执行语句 04。根据比较可知,结果输出“午饭吃海鲜”。

下面给出 if 语句的语法:

```
if(布尔表达式){
语句块;
}
```

if 语句可用图 5-1 表示。

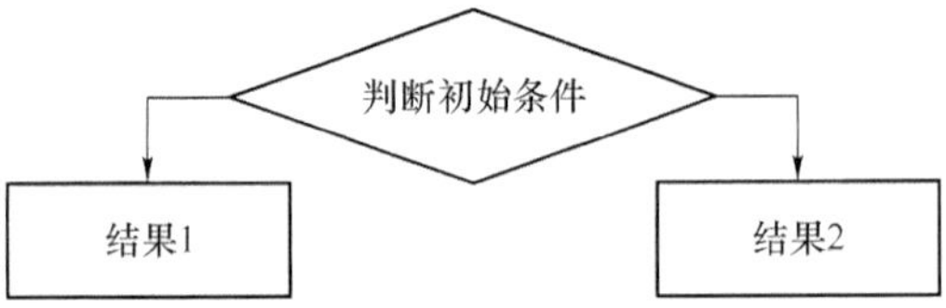

图 5-1 选择结构流程图

【例 5-1】 小明和妈妈买螃蟹,根据螃蟹的价格判断他们购买的情况。

【程序代码】

```
import java.io.InputStream;
public class Example5_1 {
  public static void main(String[] args) {
    System.out.println("小明和妈妈买螃蟹\n 请输入螃蟹的单价");
    InputStream is=System.in;
    try{
      byte[] bs=new byte[1024];
      while(is.read(bs)!=-1){
         String str=new String(bs).trim();
        int price=Integer.parseInt(str);
        if (price>100)
          System.out.println("太贵了");
        if(price<30)
          System.out.println("太便宜了");
        if(price>=30&&price<=100)
          System.out.println("价格合适");
      }
      is.close();
    }catch(Exception e){
```

```
20:         e.printStackTrace();
21:     }
22:  }
23:}
```

【程序运行结果】

```
小明和妈妈买螃蟹
请输入螃蟹的单价
50
价格合适
```

本例第 05 条语句叫作“流文件”，作用是读取用户从屏幕输入的信息，就像水流源源不断地将用户的信息读取进来，我们会在后面的章节详细介绍该部分内容。第 06 条语句的 try 和第 19 条语句的 catch 是配对的，表示异常处理，当进行流式文件的操作时，为了防止出错，所以经常采用这种结构。第 07 条语句设定了一个 byte 类型的数组，因为用户输入的信息可能很大，不能一次性读取，所以分多次，每次只读取 1 024 B。第 08 条语句表示在 is 流中每次读取 bs 个字节，当读取内容不为空时，循环读取。第 09 条和 10 条语句表示将每次读取的 bs 首先转换为字符串，再转换为 int 类型数据。然后通过 if 语句分别比较多种情况。第 18 条语句在流式文件操作结束后，一定要关闭流，否则会出错。流程图如图 5-2 所示。

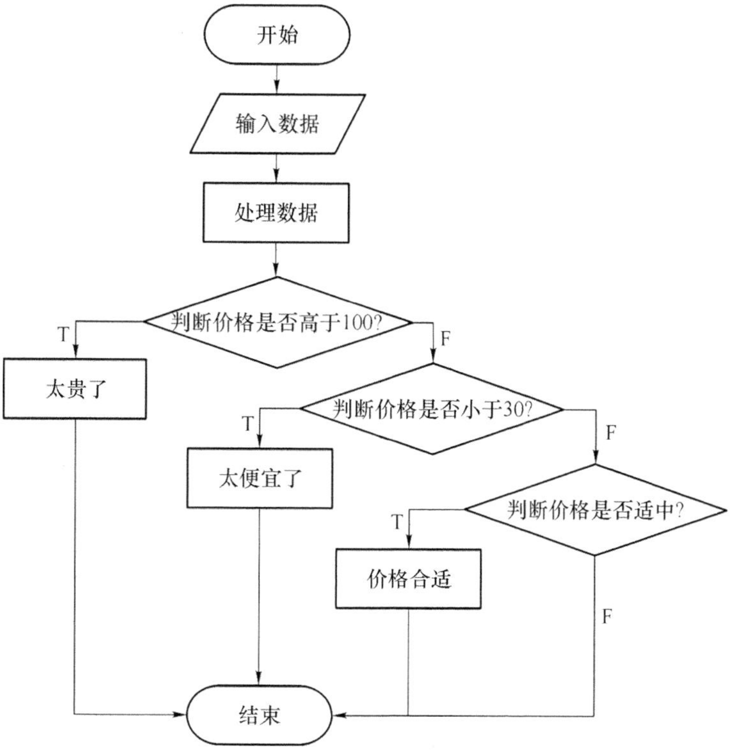

图 5-2 例 5-1 流程图

5.3 如果不行该怎么办

前面我们说了，可以用 if(布尔表达式)判断初始状态是否满足判断条件。如果不满足，我们怎么办呢？此时可以用 else 与 if 搭配，表示否则，语法如下：

```
01:if(布尔表达式){
02:语句块 1;
03:}else{
04:语句块 2;
05:}
```

if 和 else 之间为二选一的关系，某个时刻有且仅有一条路径可选，不满足判断条件的部分自动忽略。每个部分中，如果语句块只有一句代码，则{}可以省略。

【例 5-2】 小明和妈妈去买螃蟹。如果螃蟹的价格可以接受，则购买；否则，购买白菜。

【程序代码】

```
01:public class Example5_2 {
02:   public static void main(String[] args) {
03:      System.out.println("比较螃蟹和白菜的价格");
04:      int price = 100;
05:      if(price < 80)
06:         System.out.println("购买螃蟹");
07:      else
08:         System.out.println("购买白菜");
09:   }
10:}
```

【程序运行结果】

```
比较螃蟹和白菜的价格
购买白菜
```

第 5 条语句首先给定判断条件，如果满足则输出“购买螃蟹”，否则执行 else 部分，输出“购买白菜”。二者必选其一。流程图如图 5-3 所示。

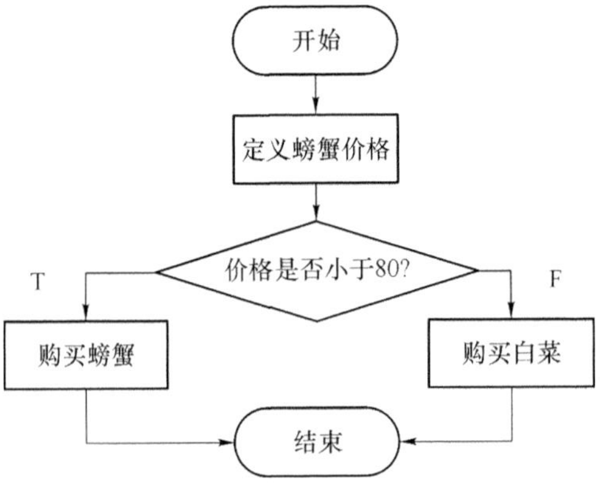

图 5-3　例 5-2 流程图

5.4 如果情况很多，实在不行再说

前面我们讲 if…else…语句时知道，通过给出判断条件，从而选择执行 if 语句块还是 else 语句块，但是在实际生活中，还存在这样的情况：假设条件有很多种，而不是一种。例如：如果今天下雨，我们就去游泳；如果今天下雪，我们就去滑雪；如果今天下冰雹，我们就躲在家里；否则，再议。当这种情况出现时，简单的 if 语句不能全面表达，此时我们介绍 if…else if…else…语句，语法格式如下：

```
if(布尔表达式 1){
语句序列 1;
} else if (布尔表达式 2) {
语句序列 2;
}
...
else if (布尔表达式 n) {
语句序列 n;
}else {
语句序列(n+1);
}
```

【例 5-3】 猜数字，根据生成随机数的大小，确定数字的范围。

【程序代码】

```
01:public class Example5_3 {
02:   public static void main(String[] args) {
03:     char ch=(char)(Math.random()*128);
04:     if(ch<' ')
05:       System.out.println(ch+"是不可显示字符");
06:     else if(ch>='a'&&ch<='z')
07:       System.out.println(ch+"是小写字符");
08:     else if(ch>='A'&&ch<='Z')
09:       System.out.println(ch+"是大写字符");
10:     else if(ch>='0'&&ch<='9')
11:       System.out.println(ch+"是数字");
12:     else
13:       System.out.println(ch+"是其他字符");
14:   }
15:}
```

【程序运行结果】

```
p是小写字符
```

在第 03 条语句中，用随机数方法 random()产生一个随机数，注意该方法的取值范围[0, 1)，然后将产生的随机数强制转换为 char 类型。第 04～14 条语句分多种情况进行讨论。可见，if…else if…else…语句可以包含一个 if 语句，多个 else if…语句，一个 else 语句，所以该语句是多选一的。当前面全部的情况都不能满足时，最后执行 else。流程图如图 5-4 所示。

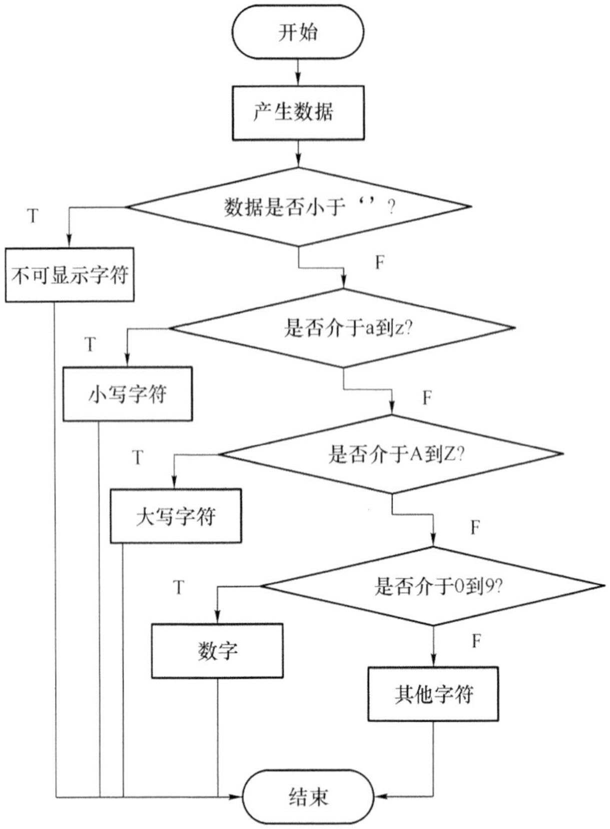

图 5-4　例 5-3 流程图

5.5　60 分算不算高

前面我们介绍了 if 和 else 搭配使用的若干例子，其基本思想是：首先规定一个判定条件，然后用初始状态分别与这些条件比较，从而知道符合哪一个条件。下面我们介绍一种和 if…else if…else…语句的功能非常类似的语句——switch 语句，语法结构如下：

```
switch(表达式) {
  case 值 1:
    语句序列 1;
    [break;]
  case 值 2:
    语句序列 2;
    [break;]
  case 值 3:
    语句序列 3;
    [break;]
    …
  case 值 N:
    语句序列 N;
    [break;]
```

```
    [default:
语句 N+1;
break;]
}
```

switch 语句经常表现出很多“陷阱”，这让一些初学者感到了难度。首先来分析一下语法构成：switch 后面的()中是 int 类型或 char 类型的表达式，表示一个既定的初始状态。每个 case 表示一种可能的情况，case 后的值的数据类型必须和表达式的数据类型一致，如果表达式的值和某个 case 后的值相同(配对)，那么该 case 所携带的语句序列可以执行，注意，此处没有{}。当执行完某个 case 后，可以通过 break 语句退出，此时不管后面还有多少 case 没有执行，一律忽略，所以 switch 语句也是多选一的。

但是一定要注意：break 语句可以省略，当省略时，switch 不会停止，而是继续执行后续的 case，直到遇到 break 语句或 switch 结构彻底执行完毕。当全部可能的情况都不满足时，可以通过 default 语句执行“最终的”代码，default 类似于 if…else if…else…中的 else，当然，default 语句和其中的 break 语句都是可以省略的。

【例 5-4】 通过 switch 语句判断学生分数等级。

【程序代码】

```
public class Example5_4 {
    public static void main(String[] args) {
        int score = 60;
        if(score < 0||score > 100)
            System.out.println("错误数据");
        else{
            int m = score/10;
            switch(m){
                case 10:
                    System.out.println("满分");
                    break;
                case 9:
                    System.out.println("等级 A");
                    break;
                case 8:
                    System.out.println("等级 B");
                    break;
                case 7:
                    System.out.println("等级 C");
                    break;
                case 6:
                    System.out.println("勉强及格");
                    break;
                default:
                    System.out.println("不及格");
                    break;
```

```
27:         }
28:     }
29:  }
30:}
```

【程序运行结果】

```
勉强及格
```

在第 07 条语句中，m 表示分数的等级，例如：90 到 99 分，整除 10 之后都等于 9，所以 m 表示一个以 10 为间隔的分数段。第 08 条语句中，根据 m 的既定等级判断，和后面的每一个 case 顺次比较并配对。因为该程序中每个 case 都携带了 break 语句，所以每个分值只能对应一个等级。流程图如图 5-5 所示。

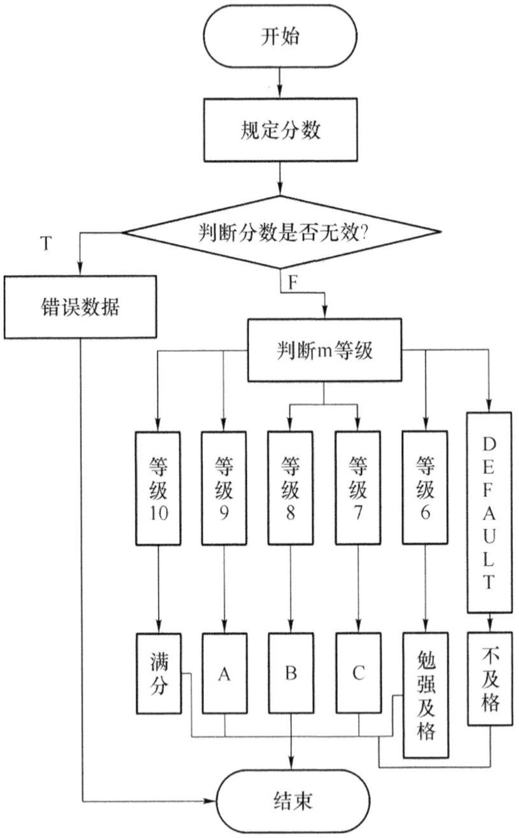

图 5-5　例 5-4 流程图

本 章 小 结

本章主要介绍了选择结构，从最简单的 if 结构，到选择结构，再到多重选择结构，读者需要掌握以下几点：

（1）选择条件的设定，即什么情况下该用什么结构；

（2）分支结构和多分支结构的执行过程。

习 题 5

5.1 试用“如果”“如果…否则…”“如果…否则如果…否则…”列举生活中常见的例子。

5.2 试简述 if 语句、if…else…语句、if…else if…else…语句的语法特点以及运行时需要注意的事项。

5.3 if 语句中的{}什么情况下必须存在，什么情况下可以省略？

5.4 试简述 if…else if…else…语句和 switch 语句的区别。

5.5 switch 语句()中的数据类型有什么要求？该数据和 case 所携带的数据有什么联系？case 中 break 可以省略吗？如果省略了 break 语句有什么情况发生？

第 6 章　循环结构和数组

循环结构的作用是使某一段程序根据需要重复执行多次。循环语句由循环条件和循环体两部分构成，循环条件决定循环能否执行、重复执行的次数以及何时结束循环，循环体是用户需要重复执行的操作。当满足循环条件时，重复执行循环体，在循环过程中，循环变量会发生变化，直到不满足循环条件时，退出循环结构。

6.1　循环结构

一个循环一般包括四个部分。

（1）初始化部分：用来设置循环的一些初始条件，因为任何变量在循环之前都有一个初始状态或初始的值。

（2）循环条件部分：判断当前各个变量是否满足循环的条件，如果满足，则执行循环体部分；否则，直接退出循环。

（3）循环体部分：用户需要实现的具体功能通过循环体来表示，一个循环体可以包含若干条代码，各行代码之间顺序执行。

（4）迭代部分：循环体部分执行以后，若前次循环结束，那么下一次循环是否可以继续执行呢？通过迭代语句，程序从本次循环进入下一次循环。

Java 语言提供三种形式的循环语句：while 循环语句、do…while 循环语句和 for 循环语句。

6.1.1　while 循环语句

【例 6-1】 陈晓燕期末考试未达到自己预定的目标，为了表明自己勤奋学习的决心，她决定写 100 遍“好好学习，争取拿国家奖学金!!”。

对于上述问题编程实现并不复杂，只要用输出语句重复 100 遍即可。

算法如下：

01：顺序输出 100 次“我一定要好好学习，争取拿国家奖学金!!”。

流程图如图 6-1 所示。

【程序代码】

```
public class Example6_1 {
public static void main(String[] args) {
    System.out.println("第 1 遍好好学习，争取拿国家奖学金!!");
    System.out.println("第 2 遍好好学习，争取拿国家奖学金!!");
    ......
    System.out.println("第 99 遍好好学习，争取拿国家奖学金!!");
    System.out.println("第 100 遍好好学习，争取拿国家奖学金!!");
```

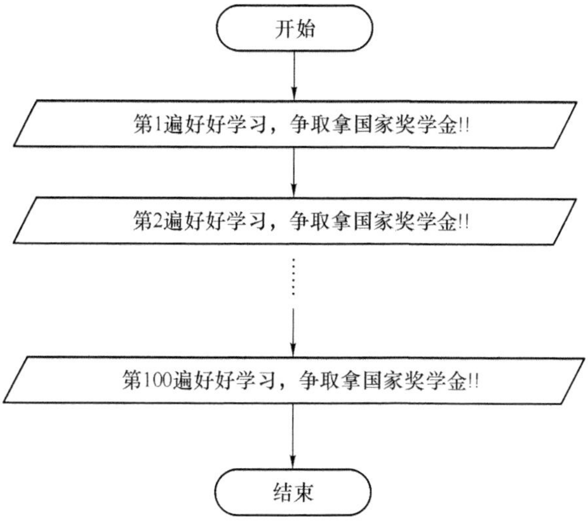

图 6-1　例 6-1 流程图

```
}
    }
```

【程序运行结果】

```
第 1 遍好好学习,争取拿国家奖学金!!
第 2 遍好好学习,争取拿国家奖学金!!
......
第 100 遍好好学习,争取拿国家奖学金!!
```

如果陈晓燕决定写 10 000 遍呢？还用上面解决问题的方法即顺序结果，实现起来就很麻烦，这个时候可以采用循环结构。while 语句的格式为：

```
while(布尔表达式) {
循环体;
}
```

Java 执行 while 循环语句时，先判断布尔表达式的值，若为 true，则执行循环体，当循环体执行完毕后，再次判断布尔表达式的值，反复执行上述操作，直到表达式的值为 false，循环终止。若首次执行 while 语句时，布尔表达式的值为 false，则循环体一次都不能执行，即 while 语句循环体最少执行次数为 0 次。

【例 6-2】 陈晓燕期末考试未达到自己预定的目标，为了表明自己勤奋学习的决心，她决定写 10 000 遍“好好学习，争取拿国家奖学金!!”。采用循环结构实现。

算法如下：

01：定义循环变量 i，i 的初始值为 1；

02：判断 i<=10000 吗？如果小于等于，执行步骤 03；反之，循环结束；

03：输出“好好学习，争取拿国家奖学金!!”，i++，重复执行步骤 02。

实现此问题的流程图如图 6-2 所示。

【程序代码】

```
public class Example6_2 {
public static void main(String[] args) {
    int i=1;
```

```
while(i<=10000) {
System.out.println("第"+i+"遍好好学习,争取拿国家奖学金!!");
i++;
}
   }
    }
```

【程序运行结果】

```
第 1 遍好好学习,争取拿国家奖学金!!
第 2 遍好好学习,争取拿国家奖学金!!
......
第 10000 遍好好学习,争取拿国家奖学金!!
```

相比之下，同一个问题，用循环结构实现的话，可以简化代码量。

【例 6-3】 计算 1+2+3+…+100 的值。

算法如下：

01：先定义一个初始值 i，再定义一个求和的 sum 并给 sum 赋值为 0；

02：当初始值小于 100 时，求初始值 i 和 sum 的和；

03：初始值进行自加运算；

04：直到初始值 i 大于 100 时退出并输出之和。

流程图如图 6-3 所示。

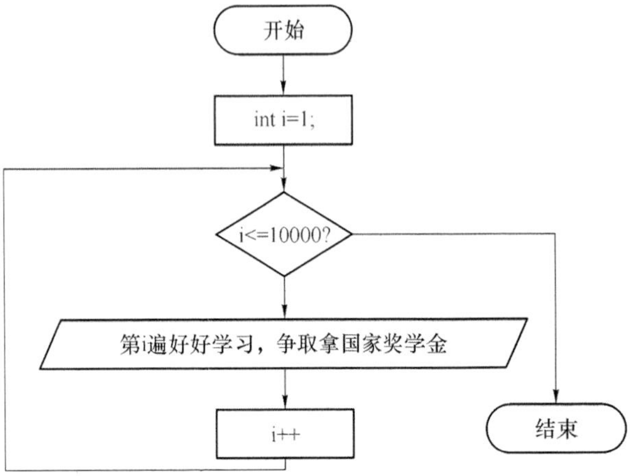

图 6-2　例 6-2 流程图

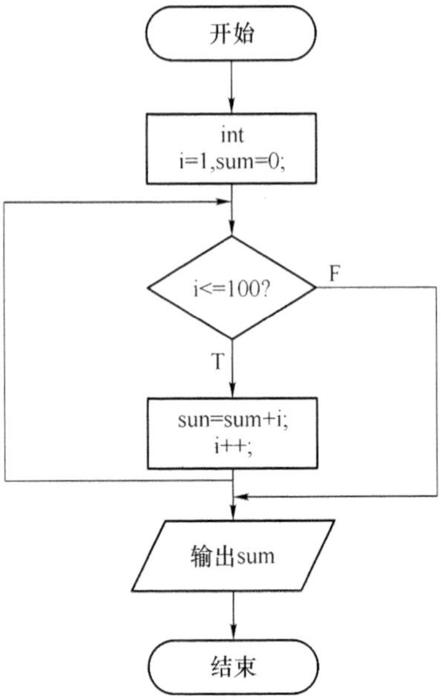

图 6-3　例 6-3 流程图

【程序代码】

```
public class Example6_3 {
public static void main(String[] args) {
  int i=1;
  int sum=0;
  while(i<=100){
```

```
06:     sum = sum + i;
07:     i++;
08:   }
09:   System.out.println(sum);
10:  }
11:}
```

【程序运行结果】

```
5050
```

本例题实现的是 1～100 的累加和。while 循环结构通常将循环初始条件写在循环结构外部，我们将循环次数设定为变量 i 并赋初值 1，表示循环从 1 开始。第 04 条语句中将累加和设定为变量 sum，因为后面的代码要对 sum 进行计算，所以 sum 必须赋初值，在 Java 程序中，一般将加法的初始值设定为 0，而将乘法的初始值设定为 1(如果设定为 0，不管乘多少次，结果都为 0)。第 05 条语句使用 while 循环进入累加过程，我们将累加次数 i 作为循环条件，判断当前次循环 i 是否满足小于等于 100 次，如果满足，则执行第 06 条语句进行累加，然后执行第 07 条语句，将循环次数向后增加一次。当 i > 100 时不满足循环条件，结束循环。

6.1.2　do…while 循环语句

while 语句在执行循环体前先判断循环条件，该条件通常为一条布尔表达式，如果满足，则执行程序，否则如果不满足，则 while 循环不能执行，循环直接退出。但有些情况下用户希望先执行循环体再判断是否满足循环条件，那么使用 do…while 循环结构。

do…while 循环结构的语法结构如下：

```
do{
循环体;
}while(布尔表达式);
```

【例 6-4】 每年 5 月 1 日某高校都要举行春季运动会，以系为单位，系负责人提议：彩排一次，如果很令人满意，以后就不用彩排了；否则每天都要彩排，直到表现让人满意为止。

此问题不适合用 while 循环，因为该问题得先彩排才能知道满意不满意，因此采用 do…while 循环。

算法如下：

01：彩排(方阵、健美操、太极拳等)一次；

02：负责人满意吗？如果满意，则结束彩排，否则，每天重复步骤 01，直到满意为止。

流程图如图 6-4 所示。

【程序代码】

```
import java.util.Scanner;
public class Example6_4 {
public static void main(String[] args) {
  Scanner input = new Scanner(System.in);
  String answer = input.nextLine();
  do {
    System.out.println("方阵 !");
    System.out.println("健美操 !");
```

```
        System.out.println("太极拳 !");
        System.out.print("满意吗 ?(yes/no):");
        answer = input.nextLine();
    } while (!answer.equals("yes") ) ;
    System.out.println("再不用彩排啦吼吼哈哈～～～");
}
}
```

【程序运行结果】

```
方阵 !
健美操 !
太极拳 !
满意吗 ?(yes/no):yes
再也不用彩排啦吼吼哈哈～～～
```

说明：do 循环语句首先执行循环体一次，然后判断循环条件能否满足，若布尔表达式值为 false，则终止循环；否则，重复执行循环体。while 循环为“当型”循环（先判断后执行），do…while 循环为“直到型”循环（先执行后判断，直到条件不满足）。

【例 6-5】 while 和 do…while 语法比较。

流程图如图 6-5 所示。

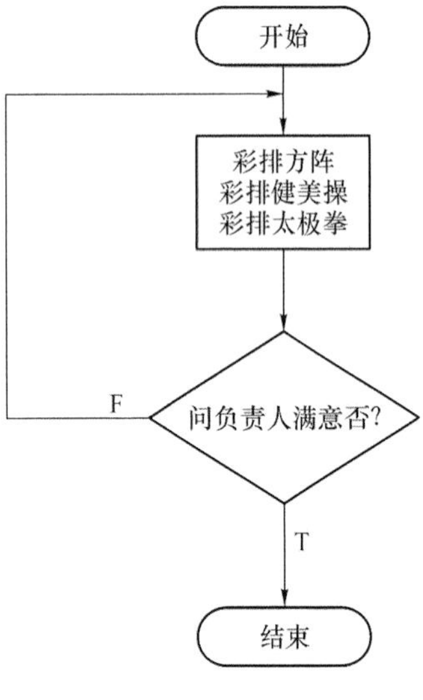

图 6-4　例 6-4 流程图

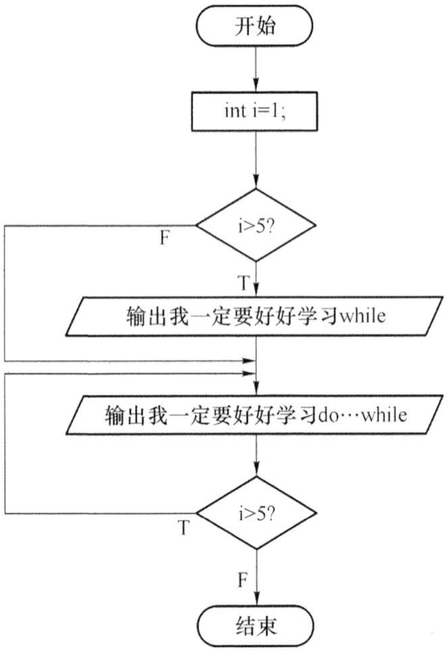

图 6-5　例 6-5 流程图

【程序代码】

```
public class Example6_5 {
public static void main(String[] args) {
  int i = 1;
  while(i > 5) {
      System.out.println("我一定要好好学习 while 循环");
      i++ ;
  }
```

```
08:  do{
09:      System.out.println("我一定要好好学习 do…while 循环");
10:      i++;
11:  }while(i>5);
12:}
13:}
```

【程序运行结果】

```
我一定要好好学习 do…while 循环
```

程序第 04 条语句定义 i 初始值为 1,第 05～08 条语句为 while 循环,第 05 条语句判断 i>5,显然 1 不大于 5,所以布尔表达式值为 F,while 循环不能执行;第 09 条语句进入 do…while 循环,首先执行循环体一次(10～11 行),输出我一定要好好学习 do…while 循环,然后判断此时 i>5 吗?经过计算可知布尔表达式为 F,循环终止,do…while 语句循环执行一次。

说明:do…while 循环与 while 循环最大的区别是:do 语句的循环体至少被执行一次。

6.1.3 for 循环语句

在 Java 程序中,要逐一处理或者说遍历数组中的每一个元素,这个时间一般会使用 for 循环,当然用其他种类的循环也不是不可以,只是 for 循环比其他循环常用的多,并且 for 适合用于循环次数确定时。

for 语句也是几种循环语句中比较常见的,其语法格式为:

```
for([初始条件];[循环条件];[更新循环变量]) {
循环体;
}
```

其中,初始条件指 for 循环变量初始时的状态;循环条件是逻辑表达式,值为 false 时循环结束,值为 true 时执行循环体。

执行 for 语句时的步骤如下。

(1) 先计算初始条件(只计算一次)。

(2) 此时判断初始条件是否满足循环条件,如果不满足,循环终止并退出;如果满足,执行循环体。

(3) 本次循环体执行完后,更新循环变量,使循环从本次进入下一次。

说明:for 循环中定义的变量仅在循环中有效,出了 for 循环,该变量就失效不起作用了。更新循环变量的作用就是通过改变变量的值控制循环,使得循环趋于结束。

【例 6-6】 夏天到,爱美的女士都开始运动减肥了,"五月不减肥,六月徒伤悲!"假设两个学生选择睡前爬楼梯这项运动,每天晚上从宿舍楼 1～6 楼上下 10 趟,编程实现该问题。

算法如下:

01:定义一个整型变量 i,作为计数器,初始值为 1;

02:判断 i<10 吗?如果 i 大于 10,则循环结束;反之,执行步骤 03;

03:从 1 楼爬到 6 楼再从 6 楼爬下 1 楼,然后 i++;重复执行步骤 02;

流程图如图 6-6 所示。

【程序代码】

```
public class Example6_6 {
```

```
    public static void main(String[] args) {
        for(int i=1;i<=10;i++){
            System.out.println("第"+i+"趟爬楼梯运动!");
        }
    }
}
```

【程序运行结果】

```
第 1 趟爬楼梯运动!
第 2 趟爬楼梯运动!
第 3 趟爬楼梯运动!
第 4 趟爬楼梯运动!
第 5 趟爬楼梯运动!
第 6 趟爬楼梯运动!
第 7 趟爬楼梯运动!
第 8 趟爬楼梯运动!
第 9 趟爬楼梯运动!
第 10 趟爬楼梯运动!
```

【例 6-7】 输出 1～20 内可以被 3 整除的数。

算法如下：

01：定义 i=1；

02：判断 i<=20？如果不小于，则执行第 05 步；反之，判断 i%3==0？如果可以，则执行第 03 步，否则执行第 04 步；

03：输出 i；

04：i 自增 1；重复执行第 02 步；

05：循环结束。

流程图如图 6-7 所示。

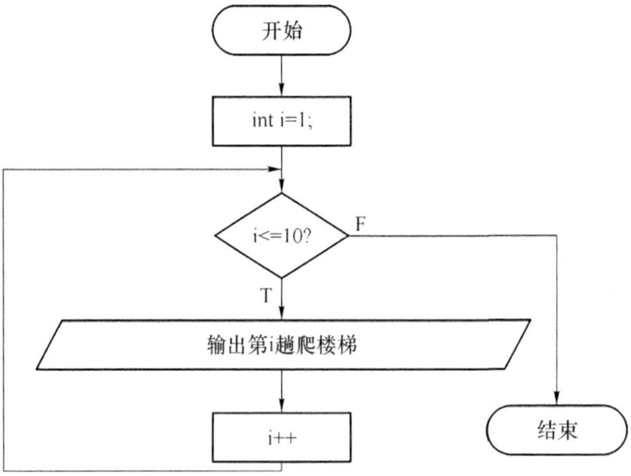

图 6-6　例 6-6 流程图

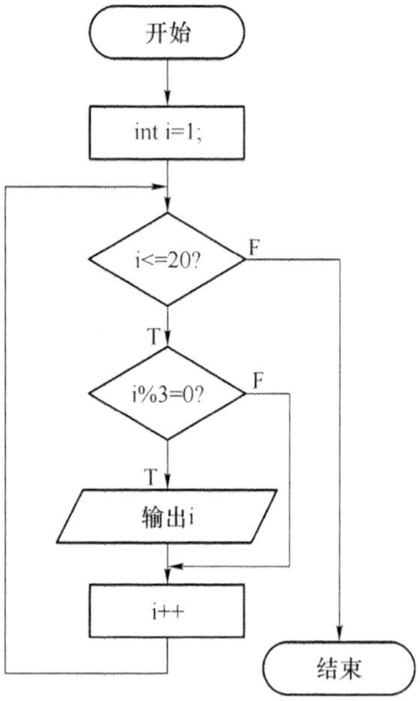

图 6-7　例 6-7 流程图

【程序代码】

```
public class Example6_7 {
  public static void main(String[] args) {
    for(int i=1;i<=20;i++){
      if(i%3==0)
        System.out.println(i+"可以被 3 整除");
    }
  }
}
```

【程序运行结果】

```
3 可以被 3 整除
6 可以被 3 整除
9 可以被 3 整除
12 可以被 3 整除
15 可以被 3 整除
18 可以被 3 整除
```

说明：只需要对 3 进行求余运算，当余数为 0 时则表示可以整除。

6.1.4　循环嵌套语句

循环嵌套是指在某个循环结构的循环体中又包含另一个循环语句，也称多重循环。外面的循环语句称为外层循环，外层循环的循环体中包含的循环称为内层循环。

设计循环嵌套结构时，要注意内层循环语句必须完整地包含在外层循环的循环体中，不得出现内外层循环体交叉的情况。Java 语言中的三种循环语句都可以组成多重循环。

【例 6-8】　输出 9×9 乘法表。

算法如下：用双重循环

01：第一层循环控制行数，从 1～9，表示第二个乘数；

02：第二层循环控制列数，从 1 到外层循环变量，表示第一个乘数；

03：用字符串存储乘法等式然后打印输出，内层循环用 print，外层循环用 println。

流程图如图 6-8 所示。

【程序代码】

```
public class Example6_8 {
  public static void main(String[] args) {
    for(int i=1;i<=9;i++){              //行数
      for(int j=1;j<=i;j++){            //列数
        System.out.print(i+"*"+j+"="+i*j+"\t");
      }
      System.out.println();
    }
  }
}
```

【程序运行结果】

```
1*1=1
2*1=2 2*2=4
3*1=3 3*2=6  3*3=9
4*1=4 4*2=8  4*3=12 4*4=16
5*1=5 5*2=10 5*3=15 5*4=20 5*5=25
```

```
6*1=6  6*2=12  6*3=18  6*4=24  6*5=30  6*6=36
7*1=7  7*2=14  7*3=21  7*4=28  7*5=35  7*6=42  7*7=49
8*1=8  8*2=1   8*3=24  8*4=32  8*5=40  8*6=48  8*7=56  8*8=64
9*1=9  9*2=18  9*3=27  9*4=36  9*5=45  9*6=54  9*7=63  9*8=72  9*9=81
```

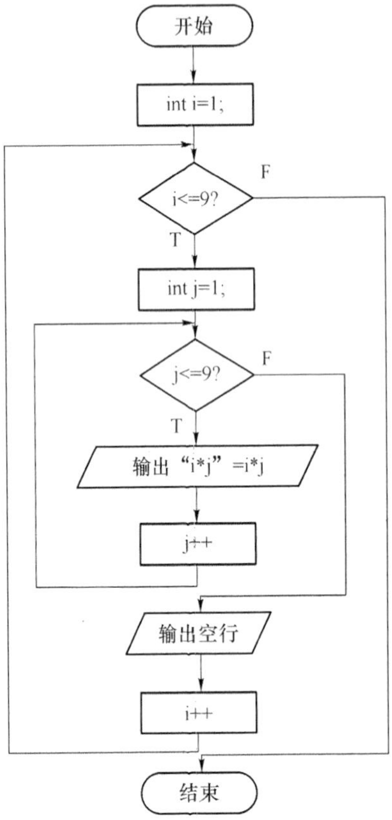

图 6-8　例 6-8 流程图

该程序采用双层 for 循环，外层 for 循环代表行数，内层 for 循环代表列数。程序的执行步骤如下。

(1) 04 行执行 int i=1，表示乘法表以行为基准开始输出。

(2) 判断 i=1 时是否满足 i<=9 这个条件，9 代表行数最多为 9，显然是满足条件的，所以进入外层循环的循环体，而外层循环的循环体包含了内层循环，程序转到 05 行，执行 int j=1，表示乘法表的列数从 1 开始。

(3) 05 行执行 j<=i，判断此循环条件是否成立，此时 j=1，i=1，显然是成立的，程序进入内层循环的循环体。为什么将循环条件设置为 j<=i 而不是j<=9 呢？我们可以观察一下输出结果，每一行中的列数<=行数，例如第 1 行只有 1 列，第 9 行最多只有 9 列。

(4) 执行 06 行，输出结果，\t 为转义字符中的制表符，输出效果为等宽的空格，我们可以发现每一列之间都是有间隔的。

(5) 循环执行内层循环，直到该过程停止，表示当前这一行中所有的列输出完毕，该行已经没有内容可以输出了，此时程序顺序执行 08 行，输出一个回车效果，显示下一行。

(6) 当内层循环结束时，内层循环可能已经重复执行了很多次，但是对于外层循环而言，只执行了一次，此时外层循环还没有停止，程序返回 04 行，执行 i++，进入下一次循环，并判断增长之后的 i 值是否满足 i<=9 这个条件，如果满足，则重复执行(2)～(6)步，否则程序终止。

为了使读者可以更好地理解循环结构，我们在此介绍几个常见的例题。

6.2　循环中的跳转语句

在循环程序执行过程中，有时会遇到这样的情况：例如万米长跑，我们需要在操场上重复跑 25 圈(标准操场一圈 400 米)，循环结构实现该问题的话要从 1 圈到 25 圈循环 25 次，假如跑到第 6 圈时，摔倒把脚崴了不能坚持再跑，此时我们可以对程序进行干预，使后续的循环按照我们希望的步骤执行。此时我们可以使用循环跳转语句完成该功能。

6.2.1　break 语句

break 语句的功能是“整体退出循环”，即如果在当前次循环中使用了 break 语句，那么后续的所有次循环一律终止，循环整体退出。break 语句的格式如下：

```
while( … ) {
…
…
if(条件表达式){
break;
} …
}
```

说明：break 通常在循环中与条件语句一起使用，表示满足某种条件时，强行退出循环。

【例 6-9】 5 位评委给一个候选人打分，采用一票否决制，即只要有一个评委给了零分，此候选人就被淘汰。编写程序，输入评委的分数，计算总分数，对于被淘汰的候选人，显示“抱歉，你被淘汰啦！”

算法如下：

01：定义 i＝1，sum＝0，score＝0；

02：判断 i<＝5 吗？如果条件不成立，循环结束；反之，则输入第 i 个评委的分数 score；

03：判断第 i 个评委的 score＝＝0 吗？如果等于，则执行第 05 步，反之执行第 04 步；

04：总分 sum＝sum＋score，然后 i++；返回到第 02 步重复执行；

05：输出淘汰信息，强行退出循环。

流程图如图 6-9 所示。

【程序代码】

```java
import java.util.Scanner;
public class Example6_9 {
  public static void main(String[] args) {
    int sum = 0, score = 0, i = 1;
    Scanner input = new Scanner(System.in);
    while(i <= 5) {
      score = input.nextInt();          //循环次数 control
      if(score == 0) { sum = 0;
        System.out.println("抱歉，你被淘汰啦！");
      break;
    }
    i++;
    sum += score;
  }
  System.out.println(sum);
}
}
```

说明：程序中每次循环，输入第 i 个评委的打分时，都会判断打分 score 是否等于 0，如果等于 0，则将总分置 0，并输出淘汰信息，break 语句强行退出循环，不管后续还有几个评委没打分，一律忽略不计，并且 break 后面的 sum＋＝score；这条语句也停止执行。

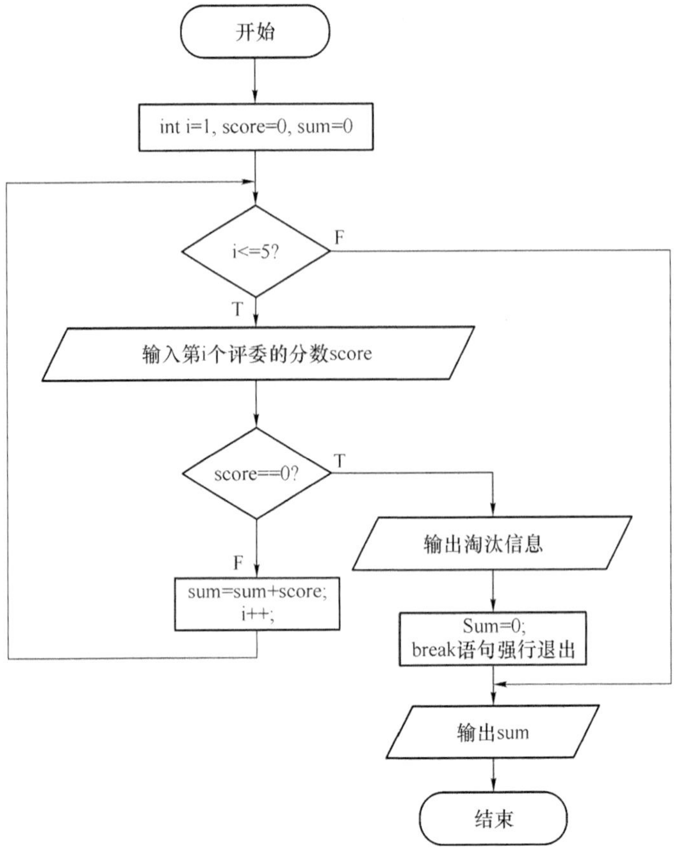

图 6-9　例 6-9 流程图

6.2.2　continue 语句

continue 语句只能用在循环中，它的功能是使程序停止当前次循环，但是后续的循环仍然可以继续。

【例 6-10】　统计班里通过 CET-6 等级考试的人数。假设班里有 10 个学生。

算法如下：

01：定义一个整型变量 i 初始值为 1，count＝0，score＝0；

02：判断 i<＝10 吗？如果不满足条件，循环结束；反之，则问通过 CET-6 考试了吗？如果通过了，则执行步骤 03；反之，则执行步骤 04；

03：count++；执行步骤 04；

04：i++；重复执行步骤 02。

流程图如图 6-10 所示。

【程序代码】

```
import java.util.Scanner;
public class Example6_10 {
    public static void main(String[] args) {
        int count=0, score=0;
```

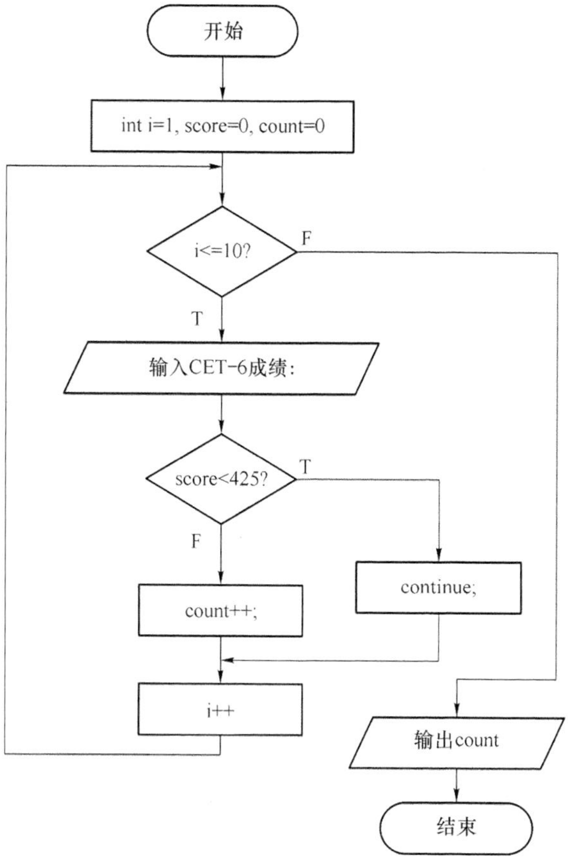

图 6-10　例 6-10 流程图

```
    Scanner input = new Scanner(System.in);
    for(int i = 1;i <= 10;i ++ ){
       System.out.println("请输入你的 CET-6 成绩:");
       score = input.nextInt();
       if(score < 425)
         continue;
      count ++ ;
    }
    System.out.println("班里" + count + "个学生通过了 CET-6 等级考试!!");
}
}
```

【例 6-11】 输出 100 以内的可以被 10 整除的数,采用 continue 语句终止本次循环。

算法如下:

01:定义初始值 i = 1;

02:判断 i <= 100? 如果不小于,则循环结束;反之,判断 i%10 == 0? 如果等于 0,执行第 03 步,不等于 0 则执行第 04 步;

03:输出 i;i 自增 1;重复执行第 02 步;

04:continue 终止本次循环,直接进入下一次循环,即重复执行第 02 步。

流程图如图 6-11 所示。

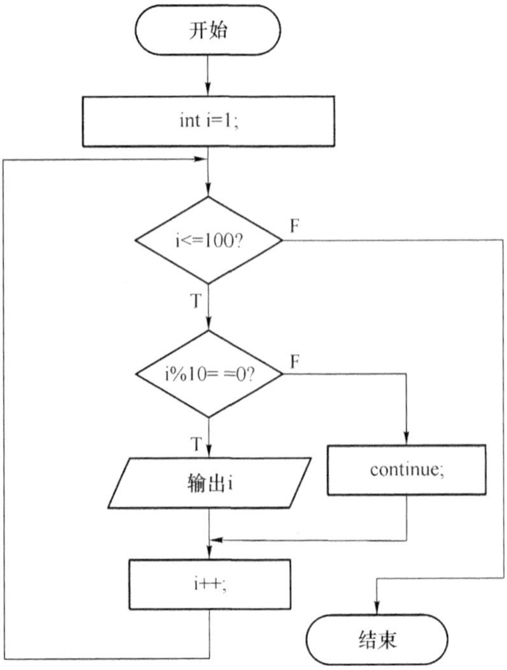

图 6-11　例 6-11 流程图

【程序代码】

```
01:public class Example6_11 {
02:    public static void main(String[] args) {
03:        System.out.println("输出 100 以内可以被 10 整除的数:");
04:        for(int i=1;i<=100;i++){
05:            if(i%10!=0)
06:                continue;
07:            System.out.print(i+",");
08:        }
09:}
10:}
```

【程序运行结果】

```
输出 100 以内可以被 10 整除的数:
10, 20, 30, 40, 50, 60, 70, 80, 90, 100
```

程序中第 06 行判断当前 i 值是否可以被 10 整除，如果求余运算的结果不等于 0，说明不能被 10 整除，那么这样的数字不是我们需要的，于是运行 continue 语句，退出本次循环，因此后面的第 08 行不能输出。直到某个 i 值可以被 10 整除，不符合第 06 行的条件，此时 continue 语句无权执行，因此程序会顺序向后执行第 08 行，输出 i 的值。

6.3　一 维 数 组

本节将通过一个记录学生学期末 Java 成绩的小程序来引入数组的概念。首先我们先尝试不使用数组编程解决问题，然后再通过使用数组处理问题。通过对比，将会发现数组是一种简单好用的定义一组变量的方式。

6.3.1　数组导入：逐个定义变量存储班里学生的 Java 成绩

假设我们要求编程实现记录某班学生的 Java 期末成绩，假设班里只有 6 个人，按照之前学习的知识，虽然有些啰唆，但这个功能可以轻松地实现。

【例 6-12】 编程实现记录某班学生的 Java 期末成绩。

算法如下：

01：定义 6 个变量，分别用来存储班里 6 个学生的成绩；

02：分别把 6 个学生的 Java 期末成绩赋值给步骤 01 定义的 6 个变量，问题得到解决。

流程图如图 6-12 所示。

【程序代码】

```
public class Example6_12 {
public static void main(String[ ] args){
    int stu1, stu2, stu3, stu4, stu5, stu6;
    stu1 = 90;
    stu2 = 80;
    stu3 = 70;
    stu4 = 88;
    stu5 = 60;
    stu6 = 55;
  }
}
```

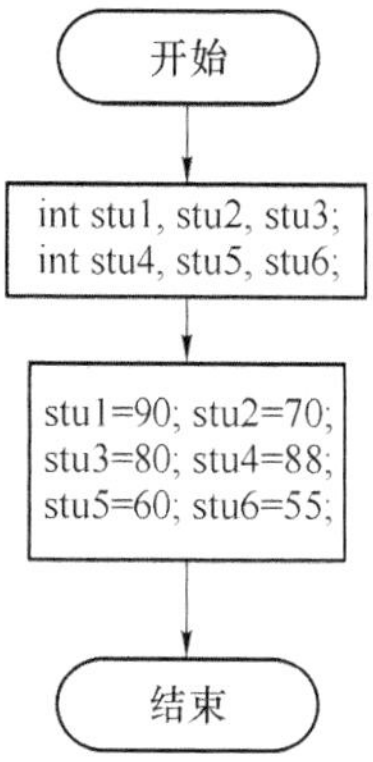

图 6-12　例 6-12 流程图

当然这个程序没有任何输出，仅仅是定义了 6 个变量用来存储 6 个学生的 Java 成绩，虽然稍显啰唆，但还能接受。下面给这个程序添加一个功能，实现找到并输出班里学生的最高分，这个应该也很简单。

【例 6-13】 编程实现记录某班学生的 Java 期末成绩，并求最高分。

算法如下：

01：定义一个变量 max 用来保存最高分；

02：将 max 跟每一个学生的成绩比较，如果成绩高于或等于 max 值，则把学生的成绩赋值给 max，否则，就继续判断下一个学生的成绩。

流程图如图 6-13 所示。

【程序代码】

```
public class Example6_13 {
public static void main(String[ ] args) {
      int stu1, stu2, stu3, stu4, stu5, stu6;
      stu1 = 90;
      stu2 = 80;
      stu3 = 70;
      stu4 = 88;
      stu5 = 60;
      stu6 = 55;
      int max = 0;
      if(stu1 >= max)
          max = stu1;
```

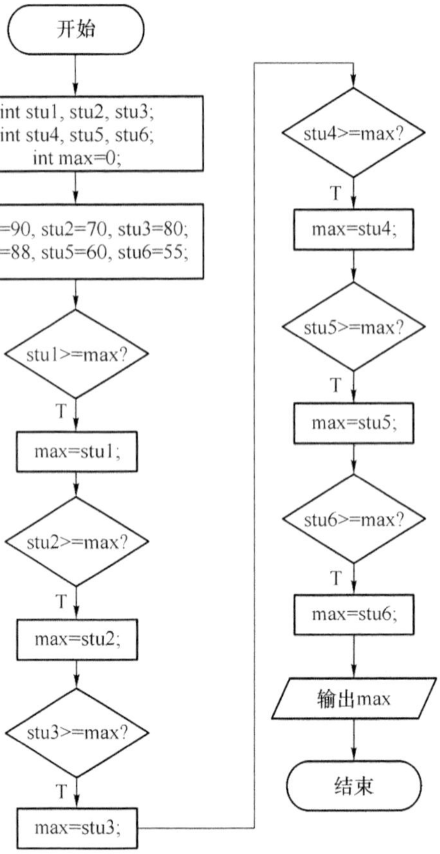

图 6-13　例 6-13 流程图

```
        if(stu2 >= max)
          max = stu2;
        if(stu3 >= max)
          max = stu3;
        if(stu4 >= max)
          max = stu4;
        if(stu5 >= max)
          max = stu5;
        if(stu6 >= max)
          max = stu6;
      System.out.println("班里成绩最高分:" + max);
  }
}
```

【程序运行结果】

```
班里成绩最高分:90
```

结果是对的，幸好只有 6 个学生，如果班里有 80 个学生，按照这个思路实现编程的话，那程序要多长呢？要定义 80 个变量存储 80 个学生的成绩吗？并且要写 80 个 if 语句比较最高分吗？显然，这对于一个成熟的编程语言来说是不可能的，因为这样的处理方式存在两个问题。

（1）需要重复地创建变量，并要为每个变量命名。

（2）需要按照不同的变量名对每个变量进行同样的操作。

下面引入数组的概念，看看使用数组怎么解决这个问题。

6.3.2 数组的声明和创建

数组是一组相同数据类型变量的集合。也就是说，数组至少满足两点要求：第一，在内存中连续存在；第二，必须是同一种数据类型。

数组使用原则跟变量一样，必须是先定义再使用，并且数组的声明方式也类似于变量的声明。数组是由若干项相同类型的数据组成的一个数据集合，数组中的每个数据称为元素。

1. 数组声明

数组声明格式如下：

```
数组元素类型  数组名[];
```

或

```
数组元素类型[]  数组名;
```

例如：

```
int stu1;
int stu[];          //或 int[] stu;
```

上面例子中分别创建了一个 int 变量和一个 int 数组，int stu1；这行代码应该很熟悉，就是数据类型 变量名称；。数组的声明语法跟变量声明几乎一样，唯一不同的地方是类型或数组名后面跟着一对“[]”。这对“[]”就标志着声明的是一个数组而不是一个普通的变量。

int sut[]；语句执行后，告诉系统两个信息：一是声明的是数组而非普通变量，且数组名是 stu；二是数组里的每个变量都是 int 类型的。

2. 创建数组

声明数组仅仅指定了数组的名字和数组元素类型，但此时的数组还没有开辟存储空间，所以还不能存储数据，所以在使用数组前还必须为它分配内存空间，即创建数组。可以使用关键字 new 来创建一个数组，创建时要指明数组容量，即数组长度。

数组创建格式如下：

```
数组名 = new  数组元素类型[数组元素个数];
```

例如：

```
int stu[];
stu = new int[80];
```

为了简洁，声明数组和创建数组可以一起完成，实际应用中，绝大多数情况下都使用这种方式。例如：

```
int stu[] = new int[80];
```

声明并创建数组，需要注意以下几点。

(1) 等号前后的数据类型必须一致。

(2) 等号前面必须有一个[]，或者出现在数据类型后面，或者出现在数组名称后面。

(3) 等号后面的[]必须在数据类型后面，且[]中必须有一个非负整数，表示数组长度。

6.3.3 数组元素

当声明并创建一个数组后，就可以使用数组中的每个元素了，可以利用数组名和下标来实现：

```
数组名[下标]
```

其中，“下标”可以是非负整数或表达式，如 a[i+3]（，n 为数组元素个数）。

在使用数组元素时，要特别注意数组的下标，下面三点需要牢记在心。

(1) 下标是从 0 开始的，也就是说上面例子中，stu[0]代表数组 stu 的第 1 个元素，stu[1]代表第 2 个元素，stu[79]代表第 80 个元素。

(2) 不要访问不存在的数组元素。上面例子中，数组 stu 有 80 个元素，我们知道数组下标从 0 开始，那么数组 stu 合法的下标是 0～79，假如尝试访问 stu[80]这个不存在、超出数组边界的第 81 个数组元素，就会报错。

(3) 数组大小一旦创建后就不可改变。

6.3.4 数组的初始化

创建数组后，如果用户不人为地赋值，系统会给每个数组元素一个默认的值，例如 int 型的数组会被赋值为若干 0。给数组元素赋初值的过程称为数组初始化，通过初始化，数组内的元素具备了自己的值，并可以参与到实际运算中。

初始化可分为动态初始化和静态初始化。

1. 静态初始化

在实际编程过程中，“创建数组”这一步通常是可以省略的，数组元素的初始化值直接由括在大括号“{}”之间的数据给出，就称为静态初始化。其格式如下：

```
数据类型 数组名[]={元素 1[, 元素 2...]};
```

例如：

```
int stu[] = {60, 80, 75, 90, 96} ;
```

注意：静态初始化时，系统如果想知道数组里包含了几个元素，可以直接统计{}里元素的个数。

2. 动态初始化

先用 new 操作符为数组分配内存，然后才为每一个元素分别赋初值。

例如：

```
String names [];
names = new String [3 ];
names [0 ] = "Georgianna";
names [1 ] = "Jen";
names [2 ] = "Simon";
```

【例 6-14】 数组元素的赋值和输出操作。

算法如下：

01：声明并创建一个一维整型数组，数组名为 a，长度为 3；

02：分别为数组的三个元素赋值 0，1，2；

03：输出数组的每个元素的值。

流程图如图 6-14 所示。

【程序代码】

```
01:public class Example6_14{
```

```
    public static void main(String[ ] args) {
        int[ ] a = new int[3];
        a[0] = 0;
        a[1] = 1;
        a[2] = 2;
        System.out.println(a[0] + "," + a[1] + "," + a[2]);
    }
}
```

【程序运行结果】

0, 1, 2

【例 6-15】 使用数组实现数组导入时的问题，即求班里 Java 期末成绩的最高分。

算法：

01：定义数组 stu，定义变量 i=0，表示第 i+1 个学生；定义变量 max 存储最高分；

02：判断 i<=5? 如果不小于，则执行第 04 步；反之判断 stu[i]>=max 吗? 如果大于，则执行第 03 步；

03：stu[i]赋值给 max；i++；重复执行第 02 步；

04：输出最高分。

流程图如图 6-15 所示。

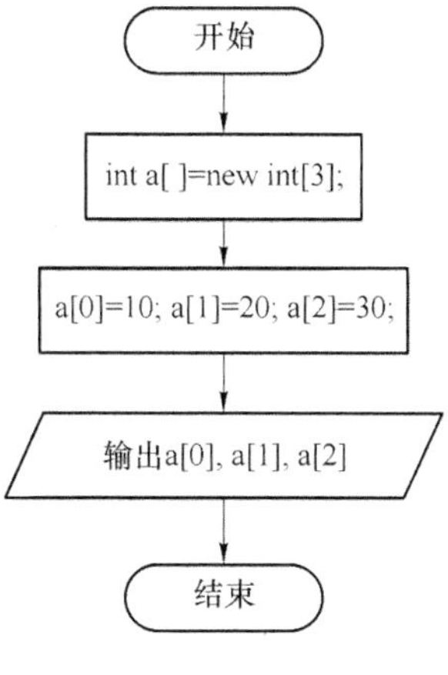

图 6-14　例 6-14 流程图

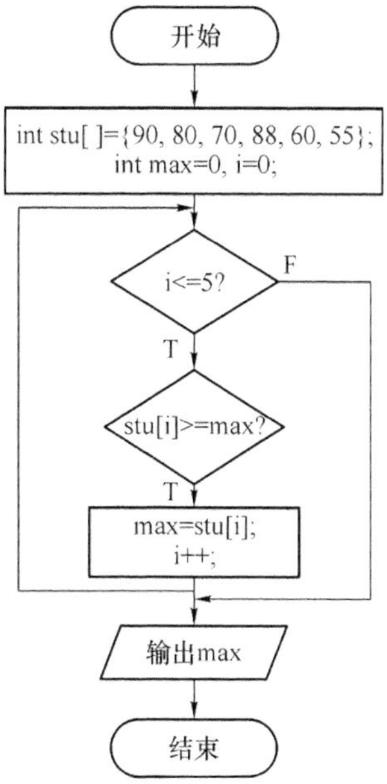

图 6-15　例 6-15 流程图

【程序代码】

```
public class Example6_15{
    public static void main(String[ ] args) {
        int max = 0;
        int stu[ ] = {90, 80, 70, 88, 60, 55};
        for(int i = 0; i < stu.length; i++ ) {
            if(stu[i]> = max)
```

```
            max = stu[i];
        }
    System.out.println("班里成绩最高分:" + max);
  }
}
```

【程序运行结果】

```
班里成绩最高分:90
```

说明：编程实现求班里 Java 成绩最高分这个问题，例 6-15 和例 6-13 两种方法都可以解决，但相比之下，利用数组结合循环结构这种方法更精练。而且利用数组，可以解决不用再重复定义变量的问题，也可以利用循环结构不再对每个变量进行同样的操作。

【例 6-16】 使用数组实现求某公司员工的平均工资。

算法如下：

01：定义一个 int 类型数组 salary 存储某公司员工的工资；定义一个变量 i=1，表示第 i 个员工；定义变量 avgS 存储平均工资；定义 totalS 代表总工资；

02：判断 i<=5 吗？如果不小于，则执行步骤 04；反之，则输入第 i 个员工的工资，并累加；

03：i++；重复执行步骤 02；

04：输出平均分：totalS/人数。

流程图如图 6-16 所示。

【程序代码】

```
import java.util.Scanner;
public class Example6_16{
public static void main(String[] args) {
  int i = 1, totalS = 0;
  int salary[] = new int[6];
  Scanner inputS = new Scanner(System.in);
  for(int i = 1;i < 6;i++){
     salary[i] = inputS.nextInt();
     totalS = totalS + salary[i];
      }
  System.out.println("公司员工平均工资:" + (totalS/5));
  }
}
```

【程序运行结果】

```
3000
2500
6000
1500
4000
公司员工平均工资:3400
```

【例 6-17】 利用数组实现输出斐波那契数列的前 20 项。

算法如下：

01：定义一个整型的一维数组 a[]，用来存储斐波那契数列的前 20 项的值，定义整型变量 i，用来表示斐波那契数列的第 i 项；

02:给 a[1]=1;a[2]=1;i=3;

03:判断 i<=20 吗？如果不小于，执行步骤 05;反之，a[i]=a[i-1]+a[i-2]，输出 a[i];

04:i++;反复执行步骤 03;

05:循环结束。

流程图如图 6-17 所示。

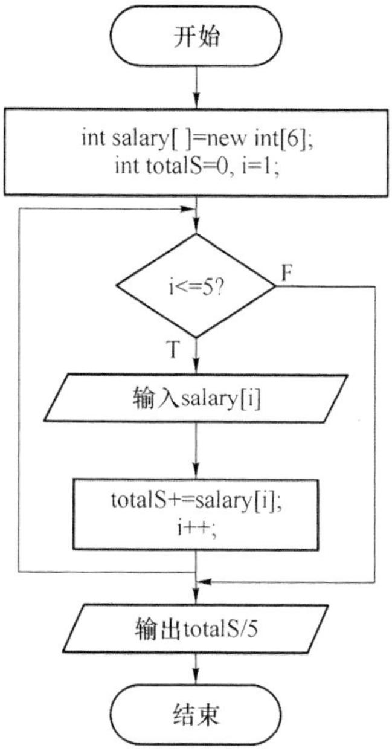

图 6-16 例 6-16 流程图

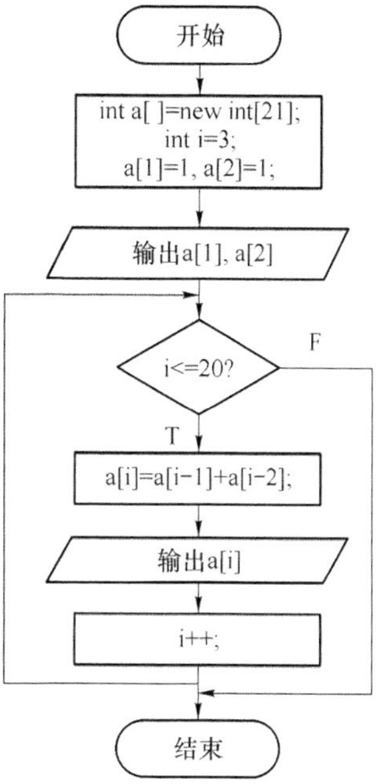

图 6-17 例 6-17 流程图

【程序代码】

```
public class Example6_17{
public static void main(String[] args) {
   int a[] = new int[21];
   a[1] = 1;
   a[2] = 1;
   System.out.print (a[1] + ", " + a[2] + ", ");
   for(int i = 3;i <= 20;i++ ){
      a[i] = a[i-1] + a[i-2];
       System.out.print (a[i] + ", ");
       }
   }
}
```

【程序运行结果】

1, 1, 2, 3, 5, 8, 13, 21, 34, 55, 89, 144, 233, 377, 610, 987, 1597, 2584, 4181, 6765,

【例 6-18】 利用数组实现对某公司员工的工资进行排序。

【程序代码】

```
01:public class Example6_18{
02:   public static void main(String[] args) {
03:      int[] arr = {3000, 4500, 1500, 2000, 3600};
04:      System.out.println("排序前公司员工的工资分别为:");
05:      for(int i = 0;i <= 4;i++){
06:         System.out.print(arr[i] + ",");
07:      }
08:      System.out.println();
09:      for(int i = 0;i < arr.length - 1;i++){
10:         for(int j = 0; j < arr.length - i - 1;j++){
11:            if(arr[j]< arr[j + 1]){
12:               int temp = arr[j];
13:               arr[j] = arr[j + 1];
14:               arr[j + 1] = temp;
15:            }
16:         }
17:      }
18:      System.out.println("排序后公司员工的工资分别为:");
19:      for(int i = 0;i <= arr.length - 1;i++){
20:         System.out.print(arr[i] + ",");
21:      }
22:   }
23: }
```

【程序运行结果】

```
排序前公司员工的工资分别为:
3000, 4500, 1500, 2000, 3600
排序后公司员工的工资分别为:
4500, 3600, 3000, 2000, 1500
```

说明：

(1) 执行第 10 行中的 i<=10−1，我们知道，为什么这里要将 i 的范围上限选定在倒数第二个位置而不是最后呢？我们必须保证 i 的后面始终有另一个变量 j 和它比较，然后将较小的值放到前面，但是如果此时 i 已经是最后的位置，那么它的后面就不可能有 j 与其比较。

(2) 第 11 行也是一个 for 循环，按照语法的规则，首先执行 int j=0，salary.length−1 下标即为数组的最后位置，我们需要判断 j < arr.length−1−i 这个条件，满足条件，我们每趟要寻找当前最小的元素是从数组的最前位置开始，逐一向后比较。

(3) 第 12 行设置了一个判断条件 if(arr[j]< arr[j+1])，如果后面的元素比前面的元素还要大，那么交换 arr[j]与 arr[j+1]，注意两变量交换必须借助中间变量，就像一瓶醋和一瓶酱油交换的话，必须借助第三个空的容器一样的道理。

这个问题的解决用的就是冒泡排序的思想。

6.4 多维数组

虽然一维数组可以处理一般简单的数据，但是在实际应用中，很多时候需要处理多维数组的情况，此时一维数组的功能就不能满足条件了。例如，如何存储全年级学生的 Java 成绩，假设一个年级有两个班，每个班有 5 个人。所以 Java 语言提供了多维数组的运算形式。下面我们来重点看一下二维数组。

二维数组和一维数组除了下标个数不同外，在很多理念上都是很相似的。二维数组在内存中先分配行号，当行号确定以后，再分配列号，所以我们可以将二维数组想象成是由两个一维数组“交叉”而成，如图 6-18 所示。

a[0]	a[0][0]	a[0][1]	a[0][2]
a[1]	a[1][0]	a[1][1]	a[1][2]

图 6-18　二维数组内存分布

（1）声明二维数组的语法如下：

```
数据类型[][]  数组名;
数据类型  数组名[][];
```

例如：声明 int 型的二维数组变量 gradeStudents

```
int[][]gradeStudents; 或 int  gradeStudents[][];
```

（2）创建二维数组语法如下：

```
数组名=new 数据类型[行数][列数];
```

例如：创建 stu 数组来存储一个年级两个班学生的 Java 成绩。

```
gradeStudents=new int[2][5];
```

（3）数组元素赋值：

```
gradeStudents[1][2]=75;
```

可以使用静态初始化来声明、创建和初始化二维数组。

```
int[][]  array= {{1,2,3},{4,5,6}};
```

等价于动态初始化：

```
int[][] array=new int[2][3];
array[0][0]=1;
array[0][1]=2;
array[0][2]=3;
array[1][0]=4;
array[1][1]=5;
array[1][2]=6;
```

【例 6-19】　二维数组的应用。双重循环输出全年级两个班的每个学生的 Java 成绩。

算法如下：

01：定义整型二维数组 gradeStudents[ ][ ]，存储两个班学生的成绩。定义变量 i，j 分别代表第 i 班和第 j 个学生；

02：判断 i<=1 吗？如果不小于，则执行步骤 06；反之，执行步骤 03；

03：判断 j<=4 吗？如果不小于，则执行步骤 05，反之，输出 gradeStudents[i][j]；

04：j++；重复执行步骤 03；

05：i++；重复执行步骤 02；

06：循环结束。

流程图如图 6-19 所示。

【程序代码】

```
01:public class Example6_19{
02:    public static void main(String[ ] args) {
03:        int gradeStudents[ ][ ] = {{90, 85, 96, 88, 75}, {99, 95, 84, 79, 60}};
04:        for(int i = 0;i <= 1;i ++ ){
05:            for(int j = 0;j <= 4;j ++ ){
06:                System.out.print(gradeStudents[i][j] + ",");
07:            }
08:        }
09:    }
10:}
```

【程序运行结果】

90, 85, 96, 88, 75, 99, 95, 84, 79, 60

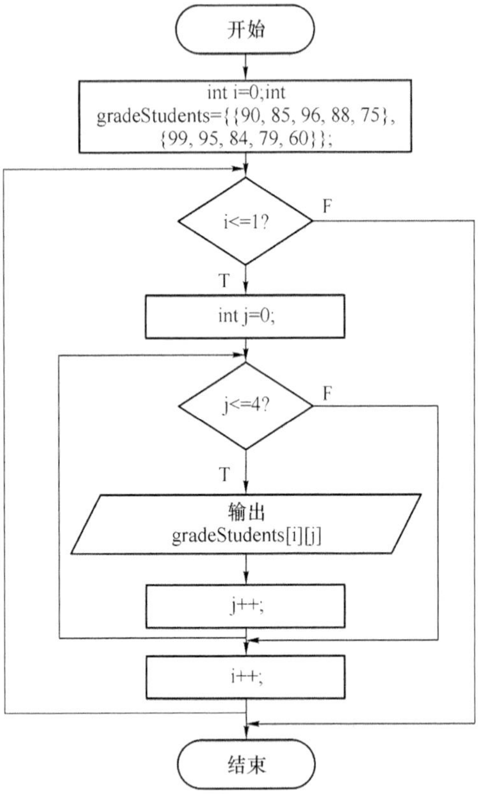

图 6-19　例 6-19 流程图

说明：程序第 04 行定义了一个二维数组并赋值，第 05 行的 for 循环叫作外层循环，表示二维数组中的行，它的范围从第 05 行到第 09 行；第 06 行的 for 循环叫作内层循环，表示二维数组中的列，它的范围从第 06 行到第 08 行。程序执行过程如下。

(1) 首先执行第 05 行中的 int i=0，下标从 0 开始，表示从二维数组的第一行开始执行。

(2) 判断此时的 i 值是否满足 i<=1，如果不满足，直接退出 for 循环，否则如果满足，程序向下顺次执行。

(3) 执行第 06 行中的 int j=0，j=0 表示开始执行该行中的第一列。

(4) 判断当前的 j 值是否满足 j<=4，如果 j 不满足条件，内层循环停止执行，程序到达第 09 行，否则如果 j 满足条件，则执行第 07 行，将当前的元素值输出。

(5) 执行第 06 行中的 j++，此时外层循环中行号 i 始终不变，是固定的，但是该行中列号的值 j 增加一个，表示进入下一列循环，此时需要再次判断 j<=4 是否满足，如果不满足，程序到达第 09 行，否则重复执行步骤(3)～(5)，直到不满足条件。

(6) 当 j<=4 这个条件不再满足时，内层循环结束，表示当前第 i 行中全部的列号都已经得到循环。

(7) 内层循环结束，但外层的循环相当于只执行了一次，执行第 05 行中的 i++，使行号增加 1 个，从而使行号进入下一次循环，此时需要再次判断 i<=1 这个条件是否满足，如果不满足，则外层 for 循环停止，否则如果满足，重复执行步骤(2)～(7)，直到程序不满足条

件，程序停止执行并退出。

【例 6-20】 二维数组的应用。二维数组存储两个班的学生成绩，假设每个班里 5 个人，并输出每个班的最高分。

算法如下：

01：定义整型二维数组 gradeStudents[][]，存储两个班学生的成绩。定义变量 i，j 分别代表第 i 班和第 j 个学生；

02：判断 i<=1 吗？如果不小于，则执行步骤 06；反之，定义 max 表示最高分执行步骤 03；

03：判断 j<=4？如果不小于，则执行步骤 05；反之，判断 gradeStudents[i][j]>=max；如果满足条件，则 max= gradeStudents[i][j]；

04：j++；重复执行步骤 03；

05：输出 max；i++；重复执行步骤 02；

06：循环结束。

流程图如图 6-20 所示。

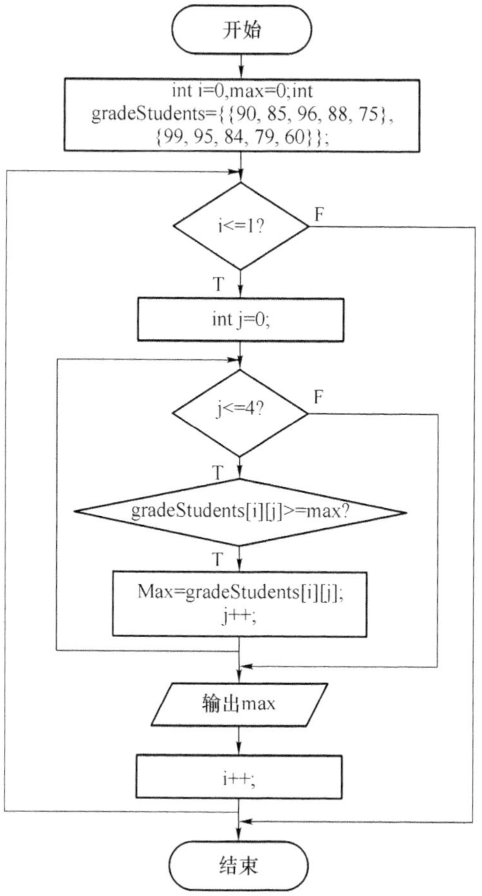

图 6-20　例 6-20 流程图

【程序代码】

```
public class Example6_20{
  public static void main(String[ ] args) {
    int gradeStudents[ ][ ] = {{90, 85, 96, 88, 75}, {99, 95, 84, 79, 60}};
    for(int i = 0;i <= 1;i ++ ){
      int max = 0;
      for(int j = 0;j <= 4;j ++ ){
        if(gradeStudents[i][j]> = max)
          max = gradeStudents[i][j];
      }
      System.out.println("第" + i + "班的 Java 成绩最高分为:" + max);
    }
  }
}
```

【程序运行结果】

```
第 1 班的 Java 成绩最高分为:96
第 2 班的 Java 成绩最高分为:99
```

本章小结

（1）Java 程序都是由语句组成的，单条语句以分号“;”结尾，多条语句可以构成语句块，用一对花括号“{}”括起来。

（2）Java 语言的流程控制语句有三种，即顺序、选择（分支）和循环。

（3）分支语句包括 if 相关语句和 switch 语句。其中，if 语句有三种形式：if 语句、if…else 语句和 if…else if…else…语句。

（4）当某一段程序根据需要重复执行多次，使用循环语句是最好的选择，Java 语言提供三种形式的循环语句：while 循环语句、do…while 循环语句和 for 循环语句。

（5）while 语句和 do…while 语句的区别是，当条件不满足时，do…while 语句比 while 语句多执行一次。

（6）break 语句可以使程序强制跳出 switch 语句或循环语句。如果 break 出现在嵌套循环中的内层循环，则 break 语句只会终止内层循环。

（7）continue 语句可以强制程序结束本次循环，但是下一次循环不受影响，当程序运行 continue 语句时，循环体中该语句后面剩余的语句当次一律不执行。

（8）数组是相同类型的数据元素按顺序组成的一种数据集合，数组属于引用数据类型。

习　题　6

6.1　选择题

（1）关于 while 和 do…while 循环，下列说法正确的是（　　）。

A. 两种循环除了格式不同外，功能完全相同

B. 与 do…while 语句不同的是，while 语句的循环至少执行一次

C. do…while 语句首先计算终止条件，当条件满足时，再执行循环体

D. 以上都不对

(2) 对于一个数组 a[5]，第一个元素表示为(　　)。

A. a[0]　　B. a[1]　　C. a[4]　　D. a[5]

(3) 下列数组定义形式正确的是(　　)。

A. int[] a=new int;　　B. char b[]=new char[80];

C. i nt[] c=new char[10];　　D. int[] d[3]=new int[3][3];

(4) 语句 for(int i=1;i<=100;i++);可以执行(　　)次。

A. 1　　B. 2　　C. 100　　D. 7

(5) do…while 语句至少运行(　　)次。

A. 0　　B. 1　　C. 2　　D. 3

(6) 循环跳转语句中，结束本次循环的是(　　)。

A. continue　　B. break　　C. this　　D. length

6.2　判断题

基本数据类型的数组在创建时系统将指定默认值。(　　)

6.3　填空题

(1) 循环跳转语句中强制退出循环的是________。

(2) 循环语句包括________、________和________。

(3) 下列循环语句的循环次数是________。

```
int i=5;
do {
  System.out.println(i--);
  i--;
}while(i!=0);
```

(4) 下面程序的运行结果是：________。

```
public class Test{
public static void main(String[] args){
        for(int i=1;i<=10;i++){
        if(i%3==0){
        break;
        }
        System.out.print(i+",");
        }
}
}
```

6.4　编程题

(1) 设 $s=1\times2\times3\times\cdots\times n$，求 s 不大于 400 000 时最大的 n。

(2) 求水仙花数。水仙花数是三位数，它的个、十、百位数字的立方和等于该数本身，例如：371=27+343+1。

(3) 编程实现输出 9×9 乘法表。

(4) 编程实现输出如下所示的结果：

```
a b c d e f g
  a b c d e
    a b c
      a
```

(5) 编程实现输出如下所示的结果：

```
*
* *
* * *
* * * *
* * * * *
```

(6) 编程实现以下功能:求输入的整数各位数字之和,如输入 123 则输出 6,输入 412 则输出 7。

(7) 编程实现以下功能:将一个整数首尾倒置,若程序输入 12345,则输出 54321。

(8) 计算 1! +2! +3! +…+10!,其中阶乘的计算用方法实现。

第 7 章　面向对象的程序设计

算法是解题过程中的一种思维方法，是解决问题准确而完整的描述。大多数人学习程序设计即是学习如何编写程序，程序是算法描述的代码表示形式，编写程序也就是编写算法描述。编写小明从北京站到天安门广场的方法的描述——从北京站坐 2 号线地铁，在建国门站下车换乘 1 号线，在天安门西站下车，步行 730 米即到。小丽的描述和小明不同——从北京站口东站坐 1 路公交车在天安门西站下车，步行 480 米即到。两个人的描述不同，但最终的目相同，即都到达了天安门广场。解决问题的方法不同，算法的描述不同，编写的程序也是不同的，算法的不同又会直接影响解决问题的效率。

学习编程的目的不只是为了学习如何编写代码，更重要的是建立起解决问题的思想。好的编程思想编出的程序条理分明，可维护性高；差的编程思想编出的程序晦涩难懂，可维护性低。这也体现出了编程思想的重要性。我们学习 Java 程序设计语言的目的就是使读者建立起面向对象的程序设计思想。

7.1　理解面向对象

"面向对象"程序设计（Object Oriented Programming，OOP）是当今主流的程序设计思想，它凭借多种优势取代了 20 世纪 70 年代早期的"面向过程"程序设计。Java 语言是完全面向对象的。

7.1.1　无处不在的对象

要理解面向对象，首先我们来看对象是什么。观察我们生活的周围，会看到人、汽车、空调、电视机、手机、咖啡壶、桌子以及其他很多东西，它们组成了全世界。在面向对象技术中，把客观世界中的每一个个体看作一个对象。每个对象都有自己的属性和方法。

所谓属性就是用来描述该对象特征的一些数据，例如，如果我们将一本书作为对象，那么书的名字、作者等数据就是它的属性，如果我们将一条鱼作为一个对象，那么鱼的颜色、长度等数据就是它的属性。

所谓方法就是用来描述该对象行为的一些动作，例如，如果我们将一个人作为对象，那么人可以吃饭、走路、唱歌等，如果我们将一只鸟作为一个对象，那么鸟可以飞翔、跳跃等。

可见，对象的属性反映的是静态的范畴，而对象的方法反映的是动态的范畴，它可以对属性进行操作，并改变属性的值。例如小明今年的年龄是 10 岁，年龄是小明的属性，我们可以定义一个"成长"方法，在该方法中，定义"age＝age＋1;"，于是小明的年龄增长了一岁。

现实生活中的对象一般不是孤立存在的，许多对象共同作用在同一个系统中。比如空调和电视是共同作用于名为卧室的系统。显示器、主机、键盘和鼠标共同作用于名为计算机的系统。学习面向对象的编程和面向对象的程序设计即是开发一个系统的过程，这个系统中用到了组成系统各部分的对象。

类是某些对象的集合，这些对象一般具有相同的特征，因此我们可以将这些对象归类。简单地说，类是一个集合，对象是集合中的个体。

7.1.2　物以类聚

我们周围每一个个体都是一个对象，而每一个对象都具有自己的属性和行为，将具备相同特性的对象进行汇总，从而形成了类。比如猫是动物，狗也是动物，它们都具有动物的属性和行为，它们都属于动物类；小明是学生，小丽也是学生，他们都具有学生的属性和行为，都属于学生类；数学课本是书，英语课本也是书，它们都具有书的属性和行为，都属于书类。

在面向对象世界里，类不仅起到分类的作用，类还是用来创建对象的模板。以手机为例，手机类（Handphone）具有品牌（brandName）、颜色（color）、主屏尺寸大小（size）、内存容量（capacity）等属性，还有打电话（call()）、发短信（sendMessage()）、玩游戏（playGame()）等操作。按照类创建对象的机制，基于手机这个类创建新的手机对象。手机类的代码如下：

```
01:class Handphone {
02:   String brandName;
03:   String color;
04:   int size;
05:   int capacity;
06:
07:   public void call() {
08:      System.out.println("可以打电话");
09:   }
10:
11:   public void sendMessagae() {
12:      System.out.println("可以发短信");
13:   }
14:
15:   public void playGame() {
16:      System.out.println("可以玩游戏");
17:   }
18:}
```

其中，第 01 行是定义一个手机类 Handphone，第 02 行到第 05 行定义了该类的属性，第 07 行到第 17 行定义了该类的方法。

面向对象的目标是对现实世界进行“建模”，开发出能够反映现实世界的软件。当考虑到的属性和行为越多时，所建立的模型就越符合实际。比如在手机的例子中，如果再增加摄像头的像素（pixel）、操作系统（os）等属性的话，手机模型就更精确。同样，如果增加播放音乐（playSong）、视频聊天（videoChat）等操作，也会使得手机模型更加精确。

类是 Java 程序设计中的基本要素，是 Java 中的一种重要的复合数据类型。它封装了一类对象的属性和方法。一个类包括两个部分：“类声明”部分和“类体”部分。在 Java 中类的定义格式如下：

```
[修饰符] class 类名 {
    类体部分
}
```

其中,[修饰符]可以是 public、abstract 等,也可以省略。类体部分包括类的属性和方法(行为)。

张大力和王小丽作为人(Person)这个类的对象,都具有一些共同的属性:姓名(name)、性别(sex)和年龄(age)等。每个人之所以独一无二,是因为每个人的这些属性都有一个特定的值。他们都能执行一些共同的行为(方法):吃饭(eat())、学习(study())、工作(work())等。

【例 7-1】 Person 类的定义。

【程序代码】

```
01:classPerson {
02:   String name;
03:   char sex;
04:   int age;
05:
06:   public void eat(){
07:      System.out.println(name+"吃饭");
08:   }
09:
10:   public void study(){
11:      System.out.println(name+"学习");
12:   }
13:
14:   public voidwork(){
15:      System.out.println(name+"工作");
16:   }
17:}
```

第 01 行为类的定义,Person 为类的名字,第 02 行到第 04 行为 Person 类的属性定义,第 06 行到第 16 行为 Person 类的方法。Person 类对所有的人对象的属性和方法进行了汇总,张大力也好,王小丽也好,都具有该 Person 的属性和方法,方法中{}内的内容为具体方法的实现。

如果要开发一个工资发放系统,需要对员工工资进行统计、发放,那么在软件中需要包括员工对象,员工也属于人类,即可能会用到该 Person 类。

【例 7-2】 在图书管理系统中,需要对图书对象进行管理操作,编写图书类。

【程序代码】

```
class Book {
   //图书名称
   String bookName;
   //图书作者
   String author;
   //图书价格
   double price;

   //图书的带参数的构造方法
   public Book(String bookName, String author, double price){
      this.bookName=bookName;
      this.author=author;
      this.price=price;
   }
```

```
15:
16:  //打印图书信息
17:  public void showBook(){
18:     System.out.println("图书名称:" + bookName);
19:     System.out.println("图书作者:" + author);
20:     System.out.println("图书价格:" + price);
21:  }
22:}
```

第 01 行为类的定义，Book 为类的名字。第 02 行、第 04 行、第 09 行、第 16 行为程序的注释内容。Book 类中包含的属性有 4 个：第 03 行图书名称 bookName、第 05 行图书作者 author、第 07 行图书价格 price，包含的方法有两个：第 10 行到第 14 行，为 Book 类的带参数的构造方法，作用是为各个属性赋值操作。第 17 行到第 21 行是 showBook()方法，用来显示图书的信息，其中方法中{}内为方法的具体实现。

7.1.3 你是你，我是我

每一个对象是类的一个实例，张大力和王小丽都是 Person 类的实例，程序设计书和账务管理书都是 Book 类的实例。世界上没有两个完全一样的东西，即是说每个对象都是唯一的。下面介绍在 Java 语言中如何创建一个对象。

【例 7-3】 创建“张大力”和“王小丽”对象并进行属性赋值和方法调用。

【程序代码】

```
public class Example7_1 {

  public static void main(String[] args) {
     //实例化一个 Person 对象 p1,p1 对象具有 Person 类的所有属性和方法
     Person p1 = new Person();
     p1.name = "王大力";
     p1.sex = '男';
     p1.age = 20;
     System.out.println("姓名:" + p1.name);
     System.out.println("性别:" + p1.sex);
     System.out.println("年龄:" + p1.age);
     p1.eat();
     p1.study();
     p1.work();
     System.out.println("-------------");
     //实例化一个 Person 对象 p2,p2 对象具有 Person 类的所有属性和方法
     Person p2 = new Person();
     p2.name = "王小丽";
     p2.sex = '女';
     p2.age = 21;
     System.out.println("姓名:" + p2.name);
     System.out.println("性别:" + p2.sex);
     System.out.println("年龄:" + p2.age);
     p2.eat();
     p2.study();
     p2.work();
  }
}
```

【程序运行结果】

```
姓名:王大力
性别:男
年龄:20
王大力吃饭
王大力学习
王大力工作
------------
姓名:王小丽
性别:女
年龄:21
王小丽吃饭
王小丽学习
王小丽工作
```

本例中，第05行和第17行用到的Person为例7-1中的Person类。第05行和第17行分别实例化了两个对象p1、p2，其中第06行到第08行通过使用“对象.”的形式为p1对象的姓名、性别、年龄属性进行赋值操作；第18行到第20行为p2对象进行赋值操作；第12行到第14行通过使用“对象.”的形式为对象p1进行方法的调用，第24行到第26行为对象p2调用方法。由Person类实例化对象的过程如图7-1所示。

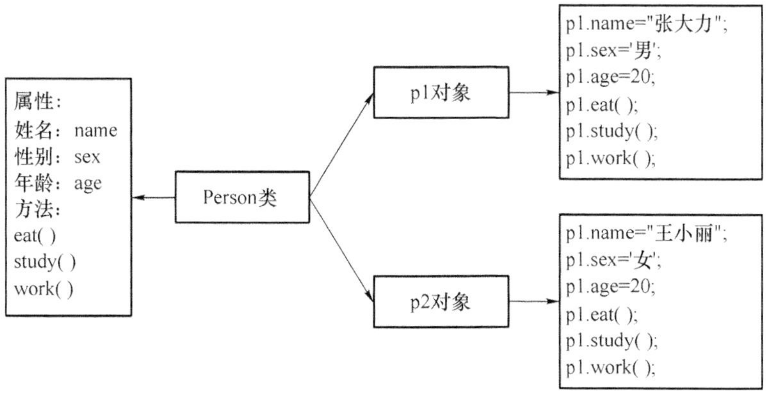

图7-1　Person实例化“张大力”和“王小丽”对象的过程

注意：

（1）指出当前要创建的对象是什么数据类型的，并为该对象指定一个名称，该名称符合标识符构成规则；如果创建Person类型的对象p1，则使用Person p1；如果创建Book类型的对象b1时，则使用Book b1。

（2）使用new关键字加类的构造方法为声明的对象分配内存空间，即创建对象，也称实例化对象，如Person p1=new Person()；其中Person()为Person的不带参数的构造方法。构造方法是一种特殊的方法。Java中的每个类要想运行，都要有构造方法，前面我们写过的类都没有手动添加构造方法，因为在执行过程中，程序会自动添加一个不带参数的构造方法。构造方法名必须和类名一致，包括大小写规则，不带返回值，如Person()就是一个不带参数的构造方法。

(3) 通过使用运算符“.”，对象可以实现对自己的变量的访问，如为对象 p1 的变量赋值，则使用 p1. name="王大力"。

(4) 通过运算符“.”调用创建它的类中的方法，如对象 p1 调用 eat()方法为 p1. eat()。

【例 7-4】 创建“平凡的世界”与“财务管理”两本书对象并进行属性赋值和方法调用。

【程序代码】

```
01:public class Example7_2 {
02:
03:   public static void main(String[] args) {
04:      //实例化一个图书对象 b1,b1 对象具有 Book 类的所有属性和方法
05:      Book b1 = new Book("平凡的世界","路遥",79.8);
06:      b1.showBook();
07:      System.out.println("---------------");
08:      //实例化一个图书对象 b2,b2 对象具有 Book 类的所有属性和方法
09:      Book b2 = new Book("财务管理","王化成",35.0);
10:      b2.showBook();
11:   }
12:}
```

【程序运行结果】

```
图书名称:平凡的世界
图书作者:路遥
图书价格:79.8
---------------
图书名称:财务管理
图书作者:王化成
图书价格:35.0
```

本例中，第 05 行和第 09 行用到的 Book 为例 7-2 中的 Book 类。第 05 行和第 09 行通过使用带参数的构造方法，实例化两个 Book 对象 b1 和 b2，通过带参数的构造方法进行对象的初始化，即赋值操作。由于类中的变量，如 bookName 和方法中的参数变量 bookName 名字相同，为了区分，使用“this.”的形式来代表类中的变量。第 06 行和第 10 行通过使用“对象.”的形式调用方法，输出图书的信息。由 Book 类实例化对象的过程如图 7-2 所示。

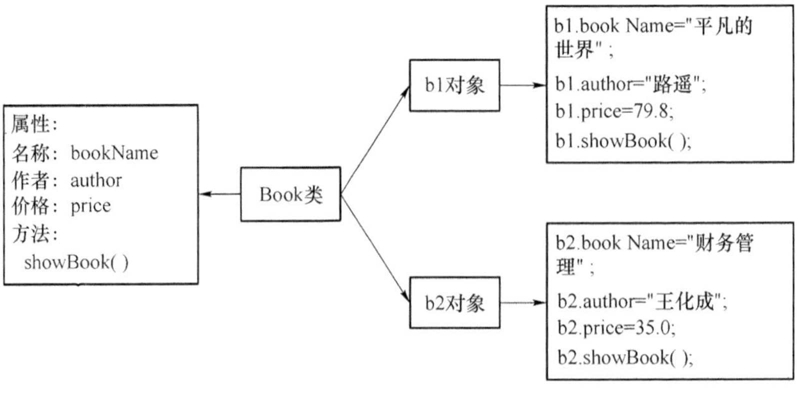

图 7-2　Book 类实例化“平凡的世界”和“财务管理”对象的过程

图 7-2 和图 7-1 虽然看来来大体相同，但是构造的过程是不同的，图 7-2 中虽然看起来

和图 7-1 赋值是相同的，但实际图 7-1 中，直接通过“对象.”的形式进行赋值操作，而图 7-2 中是通过构造方法进行的赋值操作。

通过例 7-3 和例 7-4 可以看出，要想构造出对象，首先要有类，即类是模板，按照模板制造出不同的对象，而每一个对象又是唯一的，张大力是张大力，王小丽是王小丽，他们都具有 People 的属性和行为，但他们的属性值却不相同。按照例 7-1 和例 7-2，我们可以写出不同的类，按照例 7-3 和例 7-4 也可创建出不同的对象。

7.2　面向对象的程序设计思想

“面向对象”程序设计(Object Oriented Programming，OOP)是当今主流的程序设计思想。Java 语言是完全面向对象的。

面向对象并不仅仅是对对象的属性和行为进行建模归类，它还包含其他方面，即面向对象编程的四个原则：抽象(Abstraction)、封装(Encapsulation)、继承(Inheritance)和多态(Polymorphism)。

7.2.1　现实世界的体现

计算机是由 CPU、主板、内存、显卡、声卡、网卡、显示器、键盘、鼠标等组成，要想使用计算机，不需要知道 CPU 如何从存储器或高速缓冲存储器中取出指令，放入指令寄存器，并对指令译码，然后把指令分解成一系列的微操作，然后发出各种控制命令，执行微操作系列，从而完成一条指令的执行。也不需要知道上网发送数据时，计算机把要传输的数据并行写到网卡的缓存中，网卡对要传输的数据进行编码等。我们只要会基本的操作并会使用键盘、鼠标，就可以打开计算机，然后进行上网操作或 Word 编辑操作等。计算机的那些内在的细节是不可见的，也并不是要知道所有的计算机技术才能使用计算机，每个人都可以使用。如果把计算机当成一个对象的话，在设计时计算机被隐藏了其复杂性。

同样对于编写工资管理系统，需要建立员工(Employee)对象，而员工的属性有很多，包括家庭住址、兴趣爱好等，但对于工资管理系统来说，其功能为统计和发放员工的工资，只需要知道员工的工号、姓名、职位属性即可，其他属性与该系统没有关系。所以在设计员工类时，只需要设计与系统相关的属性即可，这就是抽象。

简单地讲，抽象是过滤掉对象的一部分特性和操作直到只剩下所需要的属性和操作。在面向对象程序设计中，通过抽象隐藏了对象的复杂性。抽象的过程也就是根据系统的需求确定对象的重要属性和行为，去掉冗余的细节部分。

不同的系统中抽象出来的内容不同，如在工资管理系统中抽象出来的员工在人事管理系统中则不一定适用，人事管理系统中对员工的管理需要对员工详细信息的管理，包括员工的年龄、电话、学历等。

抽象是对对象的抽象，把对象中相同的或相似的地方抽象出来，从特殊到一般的过程，对象经过抽象得到类。

7.2.2　我不关心那么多

如果我们有一台电视机，那么可以直接打开找到想看的电视台和喜爱的节目，而不必关心其内部的构造。如果我们有一辆汽车，那么可以直接更换档位驾驶着去上班、去旅游，而不必关心其内部的传动原理。电视机和汽车做了自己该做的事，并对我们隐藏了它们的工作过程，这就是封装。

封装就是隐藏实现的细节。面向对象的程序设计是基于封装的，在软件系统中，包含多个对象，而对象之间是相互作用、相互依赖的。封装的作用使一个对象执行自己的操作时，对外界隐藏了操作细节，如果一个对象出现问题需要修改时，对其他对象隐藏这个对象的操作，只需要修改有问题的对象，而不需要修改其他对象。比如，计算机显示器的作用是用来输出数据的，它不会对外显示它工作的原理，当显示器坏了，只需要修显示器，或换一个新的显示器，而计算机主板是不需要更改的。

封装给对象提供了隐藏内部特征和行为的能力，对象提供一些能被其他对象访问的方法来改变它的属性。使用封装有如下好处。

（1）通过隐藏对象的属性来保护对象的内部状态。

（2）由于对象的行为可以被单独改变或扩展，可提高程序的可用性和可维护性。

（3）禁止对象之间的不良交互，提高模块化。

封装也经常和抽象混淆，这两个概念是紧密相关的，是互补的。抽象是一个过程，它关注对象的行为。封装是实现抽象的机制，关注对象行为的细节。一般通过隐藏对象内部状态信息实现封装，因此封装可以看作用来提供抽象的一种策略。

7.2.3 你的是我的，我的还是我的

在现实生活中，可以把牛（Cow）、羊（Sheep）、老虎（Tiger）、狮子（Lion）都看成类，但它们都属于另一个类——动物类（Animal）。在面向对象的世界中，把牛、羊、老虎、狮子称作动物类的子类（Subclass），把动物类称作这些类的超类（Superclass），也叫作父类。它们的关系如图 7-3 所示。

子类和父类不是绝对，它们是相对的。比如，牛和羊都属于食草动物类（Herbivores），老虎和狮子都属于食肉动物类（Carnivorous）。食草动物和食肉动物都属于动物类。食草动物对于牛和羊是父类，但对于动物类是子类；食肉动物是老虎和狮子的父类，但对于动物类来说是子类，所以说父类和子类是相对的。它们的关系如图 7-4 所示。

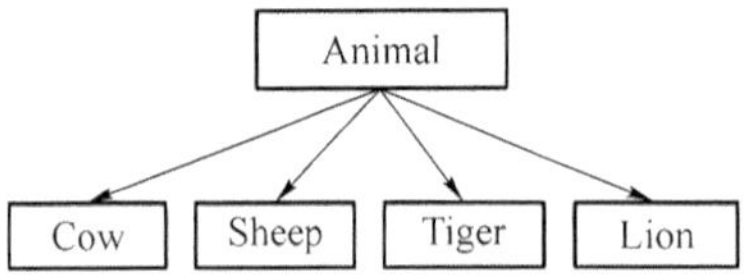

图 7-3　子类与父类的关系

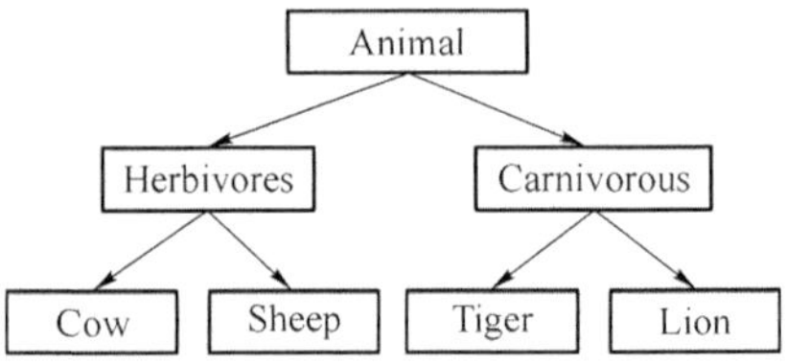

图 7-4　子类与父类的相对关系

动物类具有的属性有：身高（hight）、体重（weight），具有的行为有叫（cry()）、呼吸（breath()）。那么我们所知道的任一动物，都具有动物类的属性和行为。

在面向对象程序设计中，这种关系叫作继承。继承是面向对象程序设计的一个重要特点，采用继承机制来组织、设计系统中的类，可以提高程序的抽象程度，使之更能接近于人类的思维方式，同时通过继承也能较好地实现代码重用，提高程序开发效率，降低维护工作量。

和真实生活中的父子关系类似，子类可以继承父类中的一些内容。继承可以提高代码的可重用性，从而降低用户在编程过程中的书写任务。我们以学生类为例来对比使用继承的好处。学生类具有学号（num）、姓名（name）、性别（sex）、年龄（age）等属性，具有吃饭（eat()）、学习（study()）、考试（exam()）等行为。学生类的定义如下：

```
class Student {
    //学生学号
    int num;
    //学生姓名
    String name;
    //学生性别
    char sex;
    //学生年龄
    int age;

    public void eat(){
        System.out.println(name+"吃饭");
    }

    public void study(){
        System.out.println(name+"学习");
    }

    public void exam(){
        System.out.println(name+"考试");
    }
}
```

通过本例与例 7-1 中定义 Person 类进行对比发现：Student 类中的一些属性（包括姓名、性别、年龄）和一些方法（如吃饭、学习）与 Person 类中的一样。如果这样定义两个类的话，会有大量代码重复定义，造成代码大量冗余。如果引入了继承的概念，那么这些重复的部分就不用二次定义了。因为子类可以无条件继承父类的非 private 属性和方法。通过继承子类可以直接使用父类的属性和方法，也可以产生自己的属性和方法。子类继承了父类的属性和方法并具有自己的属性和方法，如图 7-5 所示。

使用继承修改 Student 类（如图 7-6 所示），得到例 7-5 的 Student 类的代码。

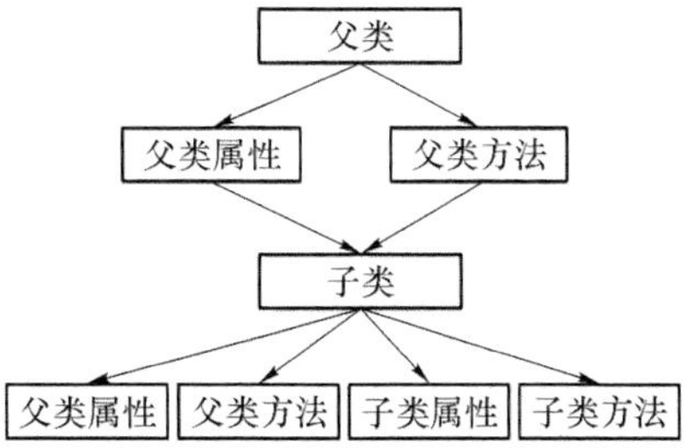

图 7-5　子类继承了父类的属性和方法并具有自己的属性和方法

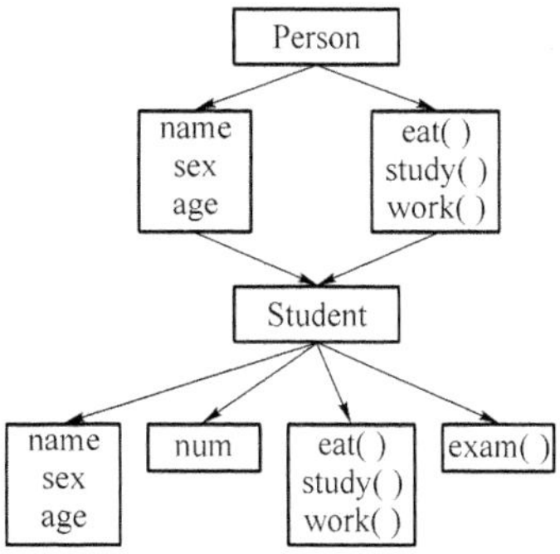

图 7-6　Student 类继承了 Person 类

【例 7-5】 Student 类继承了 Person 类。

【程序代码】

```
01:class Student extends Person{
02:    //学生学号
03:    int num;
04:    public void exam(){
05:        System.out.println(name+"考试");
06:    }
07:}
```

第 01 行 Student 类通过使用关键字 extends 继承了 Person 类。Person 类为例 7-1 中定义的 Person 类。通过继承，Student 类具有父类的 name、sex、age 属性，具有父类的 eat()、study()、work()方法。同时 Student 类除了父类的属性和方法外还具有自己的属性学号(num)，具有自己的方法考试(exam())。

通过继承，代码得到了重用，当父类的某些属性或方法不想被子类继承时，只需要加上 private 修饰即可。比如把方法 work()前加的 public 修改为 private，则 work()方法不会被子类继承。代码如下：

```
private void work(){
        System.out.println(name+"工作");
    }
```

在有了类、继承的思想后，下面通过继承实例化一名学生对象“张明”来体会继承的体现。

【例 7-6】 通过 Student 类实例化“张明”。

【程序代码】

```
public class Example8_3 {

    public static void main(String[] args) {
     Student s=new Student();
     s.num=1001;
     s.name="张明";
     s.sex='男';
     s.age=22;
     System.out.println("学号:"+s.num);
     System.out.println("姓名:"+s.name);
     System.out.println("性别:"+s.sex);
     System.out.println("年龄:"+s.age);
     s.eat();
     s.study();
     s.work();
     s.exam();
    }
}
```

【程序运行结果】

```
学号:1001
姓名:张明
性别:男
年龄:22
```

```
张明吃饭
张明学习
张明工作
张明考试
```

本例是在例 7-1 和例 7-5 基础上进行的。第 04 行实例化了一个 Student 对象 s，虽然在 Student 中没有定义 name、sex、age 属性，及 eat()、study()、work()方法，但因为 Student 类继承了 Person 类，所以可以直接使用“s.”的形式进行调用。如果 Person 类中 work()方法修改为 private 修饰，则程序中第 15 行会出错，因为用 private 修饰的变量为私有变量，修饰的方法为私有方法，不能被继承。

Java 出于安全性和可靠性的考虑，仅支持单重继承，即一个子类只能继承一个父类，但从一个父类可以派生出多个子类，这和我们的家谱图是一致的，一个孩子只能有一个父亲，但一个父亲可以有多个孩子，为了弥补单继承的缺点通过使用接口机制来实现多重继承。

7.2.4　鸟会飞，鱼会游，它们都是动物

在理解了继承以后，我们再看一个例子。鸟类是动物类的子类，鱼类也是动物类的子类，动物有很多本领的行为(play())，鸟的本领是飞，鱼的本领是游泳。

【例 7-7】 编写动物类、鸟类和鱼类并进行实例化测试。

【程序代码】

```
class Animal{

   public void play(){
      System.out.println("我是动物，我有很多本领！");
   }
}

class Bird extends Animal{

   public void play(){
      System.out.println("我是小鸟，我会飞！");
   }
}
class Fish extends Animal{

   public void play(){
      System.out.println("我是鱼，我会游！");
   }
}

public class Example7_4 {

   public static void main(String[] args) {
      //实例化一个对象 a,a 对象具有 Animal 类的属性和方法
      Animal a = new Animal();
      a.play();
      //实例化一个对象 b,b 对象具有 Bird 类的属性和方法
      Bird b = new Bird();
      b.play();
```

```
30:     //实例化一个对象 f,f 对象具有 Fish 类的属性和方法
31:     Fish f = new Fish();
32:     f.play();
33:   }
34:}
```

【程序运行结果】

```
我是动物,我有很多本领!
我是小鸟,我会飞!
我是鱼,我会游!
```

在本例中,包括 4 个类:动物类 Animal、鸟类 Bird、鱼类 Fish、测试类 Example7_4,其中 Animal 是 Bird 和 Fish 的父类,Animal 具有 play()方法,因为 Bird 和 Fish 继承了 Animal 类,则 Bird 和 Fish 也继承了 Animal 的 play()方法,但是因为鸟和鱼又呈现出各自不同的本领,它们对 Animal 的 play()方法进行了修改,这种子类和父类方法相同但内容不同的形式在 Java 中称为覆盖或重写,即子类重写了父类的方法。

在测试类 Example7_4 中,实例化了 3 个对象,第 25 行实例化了 Animal 对象 a,第 28 行实例化了对象 b,第 31 行实例化了 Fish 对象 f,第 26 行、第 29 行和第 32 行分别通过“对象.”的形式进行了方法的调用,各自输出自己的信息。

我们对例 7-7 中的 Example7_4 的类进行修改,修改后的代码如下:

```
01:public class Example7_4 {
02:
03:  public static void main(String[] args) {
04:     //实例化一个对象 a,a 对象具有 Animal 类的属性和方法
05:     Animal a = new Animal();
06:     a.play();
07:     //实例化一个对象 b,b 对象具有 Bird 类的属性和方法
08:     Animal b = new Bird();
09:     b.play();
10:     //实例化一个对象 f,f 对象具有 Fish 类的属性和方法
11:     Animal f = new Fish();
12:     f.play();
13:  }
14:}
```

程序中修改第 08 行,由原来的 Bird b=new Bird();改为 Animal b=new Bird();,第 11 行由原来的 Fish f=new Fish();改为 Animal f=new Fish();,这种形式在 Java 中称为上转型。所谓上转型是指 b 和 f 被定义为 Animal 类型,但实际却指向了 Brid 和 Fish 类型。这个上转型对象在调用重写后的方法时就可能具有多种形态,因为不同的子类在重写父类时,产生了不同的行为。比如,小鸟的上转型对象 b 调用 play()方法产生的行为是“我会飞!”,鱼的上转型对象 f 调用 play()方法产生的行为是“我会游!”,这就是多态性。

多态性就是父类的某个方法被其子类重写时,可以各自产生自己的功能行为。

重写是父子类之间多态的体现,它的好处就是可以屏蔽不同子类对象之间的差异,写出通用的代码,作出通用的编程,以适应需求的不断变化。多态的另一种体现是重载,在此不再介绍。面向对象程序设计过程中,多态性维护了对象交互的稳定性,降低了代码耦合度,增加了代码的扩展性。

本章小节

在本章主要介绍了面向对象的程序设计思想，介绍了什么是对象，什么是类，如何抽象出类，创建对象，并重点介绍了面向对象的三大特征：封装、继承和多态。

(1) 类是把事物的属性与相关的方法封装在一起，形成的一种数据结构。

(2) 创建对象通过 new 关键字加构造方法的形式创建对象。

(3) 通过“对象.”的形式访问成员变量和成员方法。

(4) 抽象是对对象的抽象，把对象中相同的或相似的地方抽象出来，从特殊到一般的过程。对象经过抽象得到类。

(5) 封装给对象提供了隐藏内部特征和行为的能力，对象提供一些能被其他对象访问的方法来改变它的属性。

(6) 继承是从一个现有的类(父类)派生出一个新类(子类)的过程，要使用关键字 extends，继承可以达到代码重用的目的，使程序更易于扩展。

(7) 多态性是指父类的某个方法被其子类重写时，可以各自产生自己的功能行为。

习 题 7

7.1 列举出一些生活中常见的对象，并试把具有相同属性和行为的对象进行分类。

7.2 网上购物已经成了大家生活必不可少的部分，相信大家都在淘宝、天猫、京东、当当等电商平台进行过购物，这里面有衣服、鞋子、生活用品、电子产品、图书等，通过对任一电商平台进行分析，抽象任一个类的属性和方法，并试编写代码。

7.3 我们在任何旅游网站上都可以看到全国各地的旅游线路及景点等信息内容，方便我们旅游出行，通过对旅游网站分析，抽象旅游线路类。

7.4 根据例 7.3 编写的旅游线路类实例化两个旅游线路对象“故宫—天坛—颐和园”和“八达岭长城—明十三陵”，并分别输出这两个对象的信息。

7.5 房间是由各种家具组成的，家具类(Furniture)具有颜色(color)、宽度(width)和高度(hight)属性，具有显示家具信息的方法 show()。桌子(Table)也是家具，继承了家具类的属性和方法，是家具类的子类。桌子除了具有家具的属性和方法外还有自己的属性：腿数(legCount)，具有自己的方法：显示功能 showFunction()。试编写家具类和桌子类，并实例化一个桌子对象进行测试。

7.6 有的人喜欢打篮球，有的人喜欢踢足球，篮球和足球都属于球类(Ball)。球类具有一个方法 play()用来显示“我是球，我有多种玩法”。篮球(Basketball)继承了父类球的方法，但显示的却是“我是篮球，我是用来打的”。足球(Football)也继承了父类球的方法，显示的是“我是足球，我是用来踢的”。试编写球类、篮球类、足球类，并分别实例化一个对象进行测试。

7.7 总结生活中常见的具有父子关系的类，思考如果父类的属性不想被子类继承，该怎么办？如果子类的属性和父类的属性重名了，要想使用父类的属性怎么办？

第 8 章　Java 编程规范

一名程序员义不容辞的职责就是编写高质量的代码。规范的代码形式是质量保证的前提。这里，我们阐述 Java 程序员应该遵循的代码规范。规范的代码形式可以提高代码的可读性与可维护性；节省开发时间，统一规范代码可使程序员集中精力于其语义，而不必太多顾及具体格式；可以提高代码的共享使用效率，有效提高代码评审效率；为可格式化源代码的开发工具提供格式化规范等。

本章所阐述的规范是依据以下几个方面确定的。

(1) 一些相关教材的范例或规范。

(2) 某些软件开发公司的规范。

(3) 常用的开发工具所默认的规范形式。

所以，下面的规范不是标准，也未必涵盖所有情形，但可以作为一种普遍接受的规范。

8.1　源代码文件

首先，说明与一个 Java 源代码文件有关的一些规范，包括 Java 文件的命名、源文件组织结构等。

8.1.1　源文件命名

一般 Java 源代码文件的命名是根据其本身的功能或意义，采用相应英文单词、英文单词缩写或词组进行命名的，其中每个单词的首字母都采用大写形式且其他字母采用小写形式，单词之间不使用任何符号。例如，Classifier. java，SingleClassifierEnhancer. java，InfoGainAttributeEval. java 都可以作为定义 Java 的 public 类或接口的源代码文件的名称。其他文件也应该采取这种方式进行命名。

8.1.2　源文件的内部组织形式

一般 Java 源代码文件的内部是按版权信息部分、包结构定义部分、import 定义部分、类和接口定义部分的顺序进行组织的，各部分之间至少有一空行作为分隔。

1. 版权信息

每个源代码文件都应以一段包含版本信息和标准版权声明的注释开始。版本信息应按如下格式定义：

```
01: /*
02:  *   Title: AODE.java
03:  *   Version: 1.0
04:  *   Date: October, 2003
```

```
 *  Copyright (C) Monash University
 *  Author(s): Geoff Webb, Janice Boughton, and Zhihai Wang
 *  Description: AODE achieves highly accurate classification by
 *  averaging over all of a small space of alternative
 *  naive-Bayes-like models that have weaker (and hence less
 *  detrimental) independence assumptions than naive Bayes.
 */
```

2. 包定义

一般在已建立的工程中创建包，在包中创建类文件，包提供了类的访问权限与命名管理机制。在新建的类文件中对该类文件所在包的说明一般会出现在文件的第一行。在关键字 package 与包名之间以一个空格分隔。包名的命名规则请参照 8.2.1 节。

示例：

```
package java.util;
```

3. 类导入的定义

import 的申明应在包的申明之后，以一个空格行分隔。在关键字 import 与引入的类型名之间以一个空格分隔。import 声明应按照包名组织分组。在不同分组之间以一空行分隔。导入的类应按其相关联的程度进行分组。相同类型的导入类放在一起，并且与其他分组以一空行分隔。各个导入的包在分组之后应按字母顺序进行排序。

尽量不要使用通配符形式的引入声明(import java. util. *)；使用完整的类型名(import java. util. Vector)。

以上建议基于如下几个原因。

(1) 最重要的原因是其他人可以在你引入的包中添加你不可预知的新类，这个新类可能会与你正在使用的其他包中的某个类型发生冲突。虽然没有改变你的任何代码，却可以导致以前正常运行的程序发生错误。

(2) 清晰的类引用可以让代码读者很容易地知道哪些类被用到，哪些类没有被用到。

(3) 清晰的类引用可以提高编译性能。

javac 的-verbose 参数可以用来找到哪些类型实际被引用，用以辅助将含有通配符的引用定义修改为准确清晰的类型引用。

4. 类和接口的定义

导入类的定义段之后是一个或多个类和(或)接口的定义，在每个文件中定义的类型个数应限制在很小的范围内。一个源文件中只能有一个类型被定义为 public(公有)类型。公有类型(如果存在)应该作为文件中的第一个类型定义。每个公有类型定义前都应立即添加函数及其参数的说明注释(使用@param 标签)，且说明要简练。非公有类型前也要添加说明注释，但不需要用 Java 文档(Java Document)注释。关于 Java 文档注释信息请参照段落 8.4.3 节。

8.2 命名约定

Java 程序编写中需要对各类变量、包、类/接口、方法、标签进行命名。较好的命名方式有助于对变量、方法等具体含义的理解，规范程序设计。

Java 中有保留字(Java 语言标准版中定义了 53 个保留字，其中包括 50 个关键字，3 个常量，例如 abstract、continue、for），用户不能将保留字定义为标识符。标识符用来对变量、方法、对象和类进行命名。

8.2.1 包名

通常包名应该只使用小写字母和数字，不使用下划线。

示例：

```
java.lang
java.awt.image
```

8.2.2 类名/接口名

所有的类型名(类名和接口名)采用骆驼命名法。以大写字母开始，命名中的其他单词的首字母大写，其他所有字母小写。不要使用下划线分隔单词。类名使用意义完整的英文描述，一般是名词或名词短语。接口命名依赖于接口的主要目的而定。如果接口的主要目的是赋予一个对象某种特定能力，那么名字就应该是一个描述特定能力的形容词(如果可能，则以-able 或者-ible 结束，例如 Searchable、Sortable、NetworkAccessible)。否则，使用名词或名词短语。

示例：

```
//好的类型名：
LayoutManager, AWTException, ArrayIndexOutOfBoundsException
//不好的类型名：
ManageLayout                          //动词短语
awtException                          //首字母为小写
array_index_out_of_bound_exception    //下划线
```

8.2.3 变量名

非常量的变量名(引用类型和非 final 的原始数据类型(int、byte、boolean 等))使用骆驼命名法。若名称是多个单词的组合，则第一个单词小写，后面单词的第一个字母大写，后面的字母小写。不要使用下划线来分隔单词。名字使用意义完整的英文描述，一般是名词或名词短语。

示例：

```
boolean resizable;
char recordDelimiter;
```

常量名应全部使用大写字母，使用下划线分隔单词。下列情况被认为是常量。

(1) 所有的 static final 原始数据类型(所有的接口的成员变量一定是 static final 的)。

(2) 所有的 static final 对象引用类型。

(3) 所有的 static final 数组。

示例：

```
MINI_VALUE, MAX_BUFFER_SIZE, OPTIONS_FILE_NAME
```

不要使用单个字母的变量名，除非此变量为临时变量或循环变量。

变量命名约定：可以参照 8.2.6 节 Java 命名建议部分，也可以参考使用匈牙利前缀，下面是部分匈牙利前缀：

a 数组（复合类型）
ch 字符型
cb 字节计数
dw 无符号长整型
h 句柄
i 索引
l 长整型
lp 32 位的长整数指针
n 整型
np 短指针
pt 点(x，y)
r 对象参考
sz 以 0 字节终止的字符串
w 无符号整型
b 布尔型（TRUE or FALSE）

也可以根据项目需要自定义命名规范。

尽量避免使用字母 l(“el”)作为变量名，因为在一些打印机和显示器上很难辨别它和数字 1。

8.2.4 方法名

方法名应使用骆驼命名法。若名称是多个单词的组合，则第一个单词小写，后面单词的第一个字母大写，后面的字母小写。不要使用下划线来分隔单词。这与非常量字段名的命名规则相同，但在上下文中这两者很容易区分。方法名使用意义完整的英文描述，一般是动词或动词短语。

示例：

```
//好的方法名：
showStatus(), drawCircle(), addLayoutComponent()
//不好的方法名：
mouseButton()                //名词短语：没有说明功能
DrawCircle()                 //首字母大写
add_layout_componet()        //使用了下划线
serverRunning()              //是动词短语，但此函数名语意不清。
//如果是启动 Server 最好使用 startServer()，
//如果是测试 Server 是否正在运行最好使用 isServerRunning()。
```

用来设置或获得某个类的属性(property)的方法应使用 getProperty()或 setProperty()，其中 Property 是属性名。

示例：

```
getHeight(), setHeight()
```

用来测试某个类的布尔型属性的方法名应使用 isProperty()，其中 Property 是布尔型属性的名字。

示例：

isResizable()，isVisible()

本地变量命名规则同 8.2.3 节中的变量命名规则。

8.2.5 标签名

标签可以作为中断或继续的目的。标签名应全部使用小写字母，使用下划线分隔单词。

示例：

```
for (int i = 0; i<n; i++){
search:
{
for (int j = 0; j<n/2; j++){
if (node[j].name == name){
break search;
}
}
for (int j = n/2; j<n; j++){
if (node[j].name == name){
break search;
}
}
} //search
}
```

8.2.6 Java 命名建议

Java 命名的建议如下。

(1) 实参/参数：使用传递值/对象的完整的英文描述符，可能要在名字之前加上 a 或 an 前缀。重要的是选择一种并坚持用它。

示例：

customer，account，//或者 aCustomer，anAccount

(2) 字段/属性：字段采用完整的英文描述，第一个字母小写，任何中间单词的首字母大写。

示例：

firstName，lastName，warpSpeed

(3) 布尔型的获取成员函数：所有的布尔型获取函数必须用单词 is 作前缀。如果遵守前文所说的布尔字段的命名标准，那么只需将字段名赋给它即可。

示例：

isPersistent()，isString()，isCharacter()

(4) 类：采用完整的英文描述符，所有单词的第一个字母大写。

示例：

Customer，SavingsAccount

(5) 编译单元文件:使用类或接口的名字,或者如果文件中除了主类之外还有多个类时,加上后缀 java 来说明它是一个源码文件。

示例:

Customer. java, SavingsAccount. java, Singleton. java

(6) 组件/部件:使用完整的英文描述来说明组件的用途,末端应接上组件类型。

示例:

okButton, customerList, fileMenu

(7) 构造函数:使用类名。

示例:

Customer(), SavingsAccount()

(8) 析构函数:Java 没有析构函数,但一个对象在垃圾收集时,调用成员函数 finalize() 。

示例:

finalize()

(9) 异常:通常采用字母 e 表示异常。

示例:

e

(10) 静态常量字段(常量):全部采用大写字母,单词之间用下划线分隔。一个较好的方法是采用静态常量获取成员函数,因为它大大提高了灵活性。

示例:

MIN_BALANCE, DEFAULT_DATE

(11) 获取成员函数:被访问字段名的前面加上前缀 get。

示例:

getFirstName(), getLastName(), getWarpSpeeed()

(12) 接口:采用完整的英文描述符说明接口封装,所有单词的第一个字母大写。习惯上,名字后面加上后缀 able、ible 或者 er,但这不是必需的。

示例:

Runnable, Contactable, Prompter, Singleton

(13) 局部变量:采用完整的英文描述符,第一个字母小写,但不要隐藏已有字段。例如,如果有一个字段叫 firstName,不要让一个局部变量叫 firstName。

示例:

grandTotal, customer, newAccount

(14) 循环计数器:通常采用字母 i、j、k 或者 counter 都可。

示例:

i, j, k, counter

(15) 包:采用完整的英文描述符,大小写混合,所有单词的第一个字母大写,其他都小写。对于全局包,将 Internet 域名反转并接上包名。

示例:

java. awt, com. ambysoft. www. persistence. mapping

(16) 成员函数:采用完整的英文描述说明成员函数功能,第一个单词尽可能采用一个生动的动词,第一个字母小写。

示例：

```
openFile(), addAccount()
```

（17）设置成员函数：被访问字段名的前面加上前缀 set。

示例：

```
setFirstName(), setLastName(),setWarpSpeed()
```

8.3 空白的使用

本节说明编程中空白的使用。

8.3.1 空白行

使用空白行可以通过将逻辑相关的代码组织到一起以提高代码可读性。空行在下列情况中使用。

（1）在版权信息之后，在包声明之后，在 import 声明之后。

（2）在类声明之间。

（3）在方法声明之间。

（4）在成员变量声明与方法声明之间。

（5）在块注释或单行注释之前。

8.3.2 空格

在如下情况中应使用一个空格（非制表符“Tab”）。

（1）关键字与起始括号之间，此规则适用于如下关键字：catch、for、if、switch、synchronized、while。不适用于关键字 super 和 this，它们后面不应添加空格。

（2）后面有参数的关键字后应添加一个空格，例如：

```
return true
```

（3）在关键字或结束括号与起始括号之间。

（4）在二进制操作符的前后，点“.”除外，注意 instanceof 是二进制操作符。

```
if (obj instanceof Button) {          //正确
if (obj instanceof(Button)) {          //错误
```

（5）列表中的逗号后。

（6）语句中的分号后，例如：

```
for (expr1; expr2; expr3) {
```

如下情况中不应使用空格。

（1）在方法名和它的起始括号之间。

（2）点“.”操作符的前后。

（3）一元操作符和它的操作数之间。

（4）类型转换符和被转换的表达式之间。

（5）起始括号后或结束括号前。

（6）起始方括号后或结束方括号前。

示例：

```
a += c[i + j] + (int)d + foo(bar(i + j), e);
a = (a + b) / (c * d);
if (((x + y) > (z + w)) || (a ! = (b + 3))) {
    return foo.distance(x, y);
}
```

8.3.3 缩进

对于所有级别的缩进，都使用 4 个空格。

可以使用制表符“Tab”进行缩进，不要空格与制表符“Tab”同时使用作为缩进字符。

8.3.4 续行

一行代码应限制在 80 列以内。超过 80 列的行应根据需要使用续行。所有的续行应以第一行为基准进行缩进。缩进量取决于语句的类型。

如果语句必须从语句中括号中的部分分行(例如从复合语句、方法调用或方法声明中的参数列表中间分行)，那么新的行应与第一行的第一个未匹配的左括号的右面对齐。其他情况下，续行应与第一行保持一个标准的缩进(4 个空格)。如果紧接下来的语句与续行有相同的缩进，则需要在两者之间加一个空行以防止代码混乱。如果将一条长语句分行有利于提高代码可读性，就可以采取分行。

示例：

```
//正确
01:foo(long_expression1, long_expression2, long_expression3,
02:long_expression4);

//正确
01:foo(long_expression1,
02:long_expression2,
03:long_expression3,
04:long_expression4);

//正确
01:if (long_logical_test_1 || long_logical_test_2 ||
02:long_logical_test_3) {
03:statements;
04:}
```

续行不能以二进制操作符开始。不要从没有空格出现的地方打断一行，例如从方法名与起始括号之间打断或数组名和起始方括号之间打断。不要从起始大括号“{”前打断一行。

示例：

```
//错误
01:while (long_expression1 || long_expression2 || long_expression3)
02:{
```

```
}
//正确
while (long_expression1 || long_expression2 ||
long_expression3) {
}
```

8.4 注　　释

Java 语言支持三种类型的注释：Java 文档注释、注释块、单行注释。注释使用的指导方针如下。

（1）注释被用以帮助读者了解代码的用途。注释要为读者提供贯穿整个程序流程的指南，尤其应关注那些容易引起混乱或者模糊的地方。

（2）应避免代码的直接引用作为注释，例如下面的注释不好。

示例：

```
i = i + 1; //i 加 1
```

（3）添加容易误解的注释比没有注释更糟糕。

（4）应避免在注释中添加容易过期的信息。

（5）应避免用星号（*）或其他符号构成的框包围注释。

（6）临时注释（随后将被修改或者删除的注释）应以特殊的标记开始“×××：”这样当要修改或删除它们的时候可以很容易地找到。

8.4.1 单行注释

单行注释是以“//”开始的文本行。在“//”与注释文本间一般要加一个空格。单行注释要与随后的代码保持相同的缩进。多个单行注释可以组成一个注释段落。单行注释或注释段落前都应添加一个空行。如果注释是对接下来的一组语句的说明，则注释后应添加一个空行。如果注释只是对接下来的一个语句（可以是复合语句）的说明，那么就不必在其后添加一个空行了。

示例：

```
//Traverse the linked list, searching for a match
for (Node node = head; node.next ! = null; node = node.next){
//for loop body
}
```

单行注释也可以添加在语句后。在语句的最后一个非空格字符之后必须有至少一个空格来分隔语句与注释。如果在一段代码中有多个添加到语句后的注释，则这些注释应该从同一列开始。

示例：

```
if (! isVisible())
return;            //nothing to do
length++ ;         //reserve space for null terminator
```

8.4.2 块注释

标准的注释块是传统的 C 风格的注释。它以“/ *”开始以“* /”结束。注释块常用来在源代码文件的开始部分作 copyright/ID 注释(参见 8.1.1 节)。

8.4.3 Javadoc 注释

Java 语言为类型、变量、构造函数、方法提供了特殊的注释描述方式,代码完成后 Javadoc 可以按照这些注释生成标准格式的 HTML Java Document。在已定义的实体前应添加 Javadoc 注释,注释的第一行应只包含“/ **”,且与已定义的实体开始于同一列。接下来的每行为星号空格开始,后面跟随注释文本,行首与第一行对齐。注释文本的第一个句子应为摘要文本。一个句子是第一段以空格(Space)、制表符(Tab)或换行(Enter)结束的文本段。注释中的其他文本更详细地描述已定义的实体。

注释文本可以包含嵌入的 HTML 标签用以对文本进行格式化。以下的标签不能在注释中使用:<H1>, <H2>, <H3>, <H4>, <H5>, <H6>, <HR>。

注释文本之后是文档标签行。文档注释应包含所有的适用于已定义的实体的标签。类和接口的注释可以按如下顺序使用:@version, @author 和@see 标签。如果存在多个作者,则对每个作者分别建立@author 标签。构造函数的注释可以按如下顺序使用:@param, @exception 和@see 标签。对于每个参数都要建立一个@param 标签,对于每个被抛出的 Exception 都要建立一个@exception 标签。方法的注释可以按如下顺序使用:@param, @return, @exception 和@see 标签。如果方法的返回值不为 void,则需要建立一个@return 标签说明返回值类型。

变量的注释可以使用@see 标签。

以上的所有实体都可以使用@deprecated 标签,以表明此项目在将来的版本中可能不再提供,建议不要再继续使用。

文档注释以“* /”结束,也可以以“** /”结束用来方便读者辨识文档注释。下面是一个方法的注释示例:

```
/ ** Checks a object for “coolness”. Performs a comprehensive
coolness analysis on the object. An object is cool if it
inherited coolness from its parent; however, an object can
also establish coolness in its own right.
@param obj the object to check for coolness
@param name the name of the object
@return true if the object is cool; false otherwise.
@exception OutOfMemoryError If there is not enough memory to
determine coolness.
@exception SecurityException If the security manager cannot
be created
@see isUncool
@see isHip ** /
public boolean isCool(Object obj, String name)
```

```
throws OutOfMemoryError, SecurityException {
//method body
}
```

8.5 类

本节介绍有关类的相关信息。

8.5.1 类的声明

类的声明格式如下([]中的元素是可选的)：

```
[ClassModifiers] class ClassName [Inheritances]{
    ClassBody
}
```

ClassModifiers 是按照如下顺序的下列关键字的任意组合：

```
    public abstract final
```

Inheritances 是按照如下顺序的下列短语的组合：

```
    extends SuperClass
    implements Interfaces
```

SuperClass 为父类名，Interfaces 是接口名或以逗号分隔的接口名。如果多个接口被实现，则这些接口名按照字母顺序排列。类的声明总是从第一列开始。所有的上述类声明元素，包括大括号“{”，应出现在同一行内，除非语句长度超过了每行允许的长度。类定义体部分应与类声明部分有标准的四个空格的缩进。

示例：

```
//Long class declaration that requires 2 continuation lines.
//Notice the opening brace is immediately followed by a blank line.
public abstract class VeryLongNameOfTheClassBeingDefined
extends Very Long Name Of The Super Class Being Extended
implements Interface1, Interface2, Interface3, Interface4 {
static private String buf[256];
//...
}
```

8.5.2 类体的组织结构

类的定义体应按如下顺序组织：

- 静态变量声明
- 实例变量的声明
- 静态初始化
- 静态成员内部类声明
- 静态方法声明
- 实例初始化
- 构造函数声明

- 实例员内部类声明
- 实例方法声明

成员变量、构造函数、方法都被称为“成员”，在每个成员组中，各成员按字母顺序排列。

8.5.3 访问级别

Java 语言中有四个访问级别：public、protected、default、private。通常，成员应被给予可以完成正常功能的最低访问级别。例如，如果一个成员只需要被同一包内的其他类访问，则它的访问级别应设置为 default。另外，使用 private 访问级别使子类扩展父类时比较困难，如果有确切的理由确定类将被继承，则可能被子类需要的成员应设置为 protected 而非 private。

8.5.4 文档注释

所有的公有(public)成员声明前都必须有文档注释。受保护(protected)的和默认(default)访问成员声明前可以根据需要添加注释。私有(private)成员不必添加文档注释。无论如何，所有的没有文档注释的成员如果它们的名称不能准确明显地说明它们的功能，就必须在其前添加单行注释。

8.5.5 成员变量

如果存在类变量声明，则类变量声明应在最开始。类变量是指类成员变量中有 static 修饰符的变量。如果存在实例变量声明，则实例变量声明应紧随类变量声明。实例变量声明是指类成员变量中没有 static 修饰符的变量。变量声明格式如下([]中的元素是可选的)：

```
[FieldModifiers] Type FieldName [ = Initializer];
```

FieldModifiers 是按照如下顺序的关键字的任意合法组合：

```
public protected private static final transient volatile
```

不要在一行中声明多个成员变量，将它们分布到各行中：

```
static private int useCount, index;      //错误
static private int useCount;             //正确
static private long index;               //正确
```

如果一个变量在初始化后就不再改变，那就应该声明为 final。

8.5.6 构造函数

(1) 构造函数声明

所有的构造函数声明元素，包括大括号“{”应出现在同一行内除非语句长度超过了每行允许的长度。示例：

```
01:/**
02:Constructs new empty FooBar
03:*/
04:public FooBar(){
05://constructure body
06:}
```

如果有多个构造函数，则按照形参列表的字母顺序排列这些构造函数。参数少的构造函数排在参数多的构造函数前面。如果存在没有参数的构造函数，则排在第一个。

(2) 实例方法声明

实例方法声明是指那些没有 static 修饰的方法声明。参照 8.5.7 节中的方法命名格式。

8.5.7 成员方法

方法声明中的所有元素包括大括号“{”都应写在同一行中，除非语句长度超过了每行允许的长度。方法的声明格式如下([]中的元素是可选的)：

```
[ MethodModifiers] Type MethodName( Parameters) [ throws Exceptions] {
```

MethodModifiers 是按照如下顺序的短语的任意合法组合：

```
public protected private abstract static final synchronized native
```

Exceptions 是以逗号分隔的异常列表。如果方法抛出多个异常，则异常列表中的异常名应以字母顺序排列。Parameters 是形参声明列表。如果希望编译器确认一个形参在方法中不会被改变，则应以 final 修饰形参声明。如果希望本地内部类可以访问到方法的参数，则参数必须以 final 修饰。

如果一个方法不希望被子类重载，则此方法应被声明为 final。类中的方法声明按照字母顺序排列，如果存在 finalize()方法声明，则 finalize()方法声明应被放置在最后。这样可以使读者很容易地判断类定义中是否存在 finalize()方法定义。如果方法声明有多行，则方法声明后应跟随一个空行。

示例：

```
//方法声明占用多行的情况
public static final synchronized long methodName()
throws ArithmeticException, InterruptedException{

//method body
}

//方法声明在参数列表中换行时，下一行首列与括号对齐
public boolean imageUpdate( Image img, int infoflags,
int x, int y, int w, int h){

//method body
}
```

8.5.8 初始化

1. 静态初始化

静态初始化在类首次被引用时被执行，它们在所有的构造函数之前执行。它的结构如下：

```
static{
    statements;            //语句
}
```

接下来是静态内部(嵌套)类定义。

示例：

```
public class Outer{
static class Inner{          //static inner class
//Class Body
}
}
```

2. 静态方法声明

静态方法声明与实例方法声明规则相同。请参照8.5.7节方法声明格式。注意main()方法是一个静态方法。

3. 实例初始化声明

实例初始化可以用于初始化那些在声明时未初始化的final类型的变量，也可以用于初始化匿名内部类，因为它们不能声明构造函数。在一个类中只能有一个实例初始化声明：

```
//Instance initializer
{
statements;
}
```

4. 匿名数组和数组初始化

匿名数组可以在任何需要数组值时使用。如果匿名数组的定义可以在一行中写完，则可以将其写在一行中；否则，每行只能写一个初始值。与匿名内部类相似，匿名内部类的声明规则也同样适用于数组声明中的初始化部分。

示例：

```
//可以在一行中完成数组声明的情况:
Polygon p = new Polygon( new int[](0, 1, 2),
new int[](10, 11,7),
3);

//每一行一个初始值的情况:
String errorMessages[] = {
"No such file or directory",
"Unable to open file",
"Unmatched parentheses in expression"
}

//匿名数组声明的情况
createMenuItem( new menuItemLabels[]{
"Open",
"Save",
"Save As … ",
"Quit"
}
```

8.5.9 内部类

1. 本地内部类

本地内部类声明在一个方法中，这使得这个类不能被除此方法之外与此方法处于同一类中的其他方法访问。它们的声明格式与顶层类的声明相同。

示例：

```
Enumeration enumerate(){
class Enum implements Enumeration{

}
return new Enum();
}
```

2. 匿名内部类

当符合如下条件时，可以使用匿名内部类。

(1) 一个类只在一个地方被直接引用。

(2) 一个类的定义很简单，只包含几行的定义。

在其他情况下，使用命名类。

AWT 监听器是匿名内部类应用的一个典型实例。在很多此类情况下，一个类的唯一目的就是简单地调用其他方法去处理一个事件。

匿名内部类遵从命名类的声明规则，另外，还有一些针对匿名内部类声明的规则。

(1) 如果可能，整个 new 声明部分，包括 new 操作符，类型名和大括号应在同一行。如果一行中不能容纳，则整个 new 声明部分应作为一个整体另起一行。

(2) 匿名内部类的类定义体部分应按照缩进规则以 new 声明为基准进行缩进。

(3) 右大括号（结束大括号）不应单独占一行，其后应紧随语句的其他部分。通常，右大括号后会至少跟随一个分号、右括号或逗号。右大括号与 new 声明部分的缩进对齐。右大括号后不需跟随空格。

示例：

```
//返回语句中的匿名内部类
Enumeration myEnumerate( final Object array[]){
return new Enumeration(){
int count = 0;
public boolean hasMoreElements(){
return count < array.length;
}
public Object nextElement(){
return array[count++];
}
};
}

//参数中的匿名内部类
```

```
helpButton.addActionListener( new ActionListener(){
public void actionPerformed( ActionEvent e){
showHelp();
}
});
```

8.6 接　　口

1. 接口的声明

接口的声明与类的声明格式类似，一个接口的声明格式如下([]中的元素是可选的)：

```
[public] interface InterfaceName [ extends SuperInterfaces]{
    //InterfaceBody
}
```

SuperInterfaces 是接口名或以逗号分隔的接口名列表，如果有多个接口名，则它们按字母顺序排列。

接口声明总是从第一列开始。接口声明中的所有元素包括大括号"{"都应写在同一行中，除非语句长度超过了每行允许的长度。接口定义体保持标准的四个空格的缩进。右大括号(结束大括号)应单独占一行从第一列开始。

所有的接口都是公有的、抽象的，不需要在接口声明中显式地包含 public、abstract 关键字。

接口的其他声明规则同类的声明规则参照 8.5.1 节。

2. 接口体组织结构

接口按如下顺序组织：

接口常量声明

接口方法声明

接口中的成员变量和方法的声明格式同类的成员变量和方法声明。

8.7 语　　句

8.7.1 简单语句

1. 赋值和表达式语句

每一行只能写一条语句。

示例：

```
a = b + c; count++;          //错误的写法
a = b + c;                   //正确的写法
count++;                     //正确的写法
```

2. 本地变量声明

通常，本地变量声明应分行书写，但是对于不需要初始化的临时变量可以例外。例如：

```
int i, j = 4, k;             //错误的写法
```

```
int i, k;                    //可接受的写法
int j = 4;                   //正确的写法
```

3. 数组声明

数组声明中的方括号“[]”应写在数组名后面，不要写在类型后面。在方法返回值中的数组，没有数组名，所以可以将方括号紧随在类型后面。

示例：

```
char[] buf;                  //不建议使用
char buf[];                  //正确
String[] getNames(){}        //正确
```

方括号之前不要写空格。

4. 返回语句

如果返回值不是复杂表达式，则不要用括号包围返回值。

示例：

```
return (true);               //错误
return true;                 //正确
return (a + b);              //正确
```

8.7.2 复合语句

1. 括号格式

复合语句以大括号“{}”包围。

起始括号“左括号”紧随声明语句，或者另起一行与声明语句的第一列保持缩进对齐。

结束括号“右括号”单独占一行，与声明语句的第一列保持缩进对齐。

括号中的语句与声明语句保持一级的缩进。

2. 允许不使用括号的情况

当如下情况都符合时可以省略括号。

(1) 复合语句段只包含空语句“;”，或者只有简单的一个语句。

(2) 没有后继的语句。

不论什么情况，都推荐使用括号。各种具体情况中复合语句的格式在下面将会具体叙述。

3. if 语句

```
if (condition) {
statements;
}

if (condition) {
statements;
} else {
statements;
}

if (condition) {
statements;
} else if (condition) {
```

```
statements;
} else {
statements;
}
```

4. for 语句

```
for (initialization; condition; update) {
statements;
}
```

5. while 语句

```
while (condition) {
statements;
}
```

对于无穷循环，不要使用“for (;;) {…”，使用如下循环语句：

```
while (true) {
statements;
}
```

6. do…while 语句

```
do {
statements;
} while (condition);
```

7. switch 语句

```
switch (condition) {
case 1:
case 2:
statements;
break;
case 3:
statements;
break;
default:
statements;
break;
}
```

8. try 语句

```
try {
statements;
} catch (exception-declaration) {
statements;
}

try {
statements;
} finally {
statements;
}

try {
statements;
```

```
} catch (exception-declaration) {
statements;
} finally {
statements;
}
```

9. synchronized 语句

```
synchronized (expression) {
statements;
}
```

10. 标签语句

被打标签的语句应以大括号“{}”包含。标签应按照正常缩进，后面紧随冒号和大括号。结束括号“}”后应跟随一个与标签名相同的注释。

示例：

```
statement-label: {
}        //statement-label
```

8.8 代码编写惯例规则

8.8.1 禁止的情况

禁止显式的无限循环，例如：for(;;)或者 while(true)这种使用 break 退出的循环。这种情况中下通常可以以更好的方式组织代码来解决问题。

8.8.2 使用“done”标志退出循环

在跳出循环时使用“done”标志，而不要在循环中使用多个“break”。这样可以在调试时更容易地看到循环的退出条件。

8.8.3 自增运算符

在对字符串进行遍历的时候应当使用前置和后置的自增运算符。不要认为它们含义模糊就不使用它们，在这种情况下并非如此。在一些表达式中使用它们导致了代码意义模糊，也就那是说，使用前置和后置的自增运算符会影响程序可读性的时候，应避免使用它们。

在大多数的程序架构中，这样做将帮助你写出更加紧凑和高效的代码，而且程序的读者会立即理解代码的含义。

8.8.4 不要使用意义不明的数字

任何程序中都不应出现不明数字的直接引用，所有的数字常量都应定义为常量后再使用。

所有的常量名都全部为大写字母，以下划线分隔。

常量名应表达出常量的意义。

本 章 小 结

本章主要介绍了Java程序员应该遵循的代码编写规范，在编写程序过程中遵循相应的编程规范，可以提高程序的可读性与可维护性、代码的共享使用效率。本章主要包括以下内容：

(1) 源代码的命名和组织形式。

(2) 包名、类名/接口名、变量名、方法名、标签名的约定及命名建议。

(3) 空白行、空格、缩进及续行的使用。

(4) 单行注释、块注释及Javadoc文档注释的使用。

(5) 类的声明及类体的组织结构。

(6) 成员变量声明及初始化、成员方法的声明。

(7) 接口的声明及组织结构。

(8) 简单语句及复合语句的使用。

(9) 代码编写的惯例规则。

第 9 章　简单应用实例

实例是对知识点最好的总结和体现，通过实例可以更直观地理解理论知识。本章通过多个与生活和专业相关的综合实例对 Java 语言程序设计知识点进行综合应用，目的是加强读者对面向对象编程思想的理解，加深对程序设计要解决的问题的认识。

9.1　趣味性实例

【例 9-1】　中国有句俗语叫“三天打鱼，两天晒网”，某人从 2015 年 1 月 1 日开始三天打鱼，两天晒网，问这个人在以后的某一天中是打鱼还是晒网。

问题描述的算法如下：

01：计算从 2015 年 1 月 1 日开始至今天共有多少天；

02：由于打鱼和晒网的周期为 5 天，所以将计算出来的天数整除 5；

03：根据余数判断他是在打鱼还是在晒网，若余数为 1、2、3 则是在打鱼；否则，是在晒网。

流程图如图 9-1 所示。

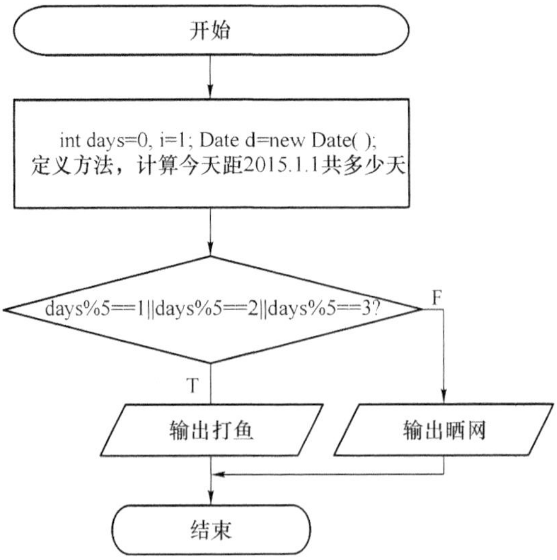

图 9-1　例 9-1 流程图

【程序代码】

```
import java.util.Date;
public class Exemple9_1 {
    Date d = new Date();
```

```
04:  int getDays() {
05:     int d[] = {0,31,28,31,30,31,30,31,31,30,31,30,31};
06:     int day = 0;
07:     for(int i = 1;i < this.d.getMonth();i++)
08:        day = day + d[i];
09:     day = day + this.d.getDay();
10:     return day;
11:  }
12:  public static void main(String[] args) {
13:     int days = new Example9_1().getDays();
14:     if(days%5 == 1||days%5 == 2||days%5 == 3) {
15:        System.out.println("打鱼");
16:     }
17:     else {
18:        System.out.println("晒网");
19:     }
20:}
21:}
```

【程序运行结果】

打鱼

本例中第 01 行为 Date 类的引入，第 03 行要想使用 Date 进行实例化一个对象 date，即第 01 行不可缺少。第 04 行到第 11 行定义了一个方法 getDays()，其功能是计算从 2015 年 1 月 1 日到现在一共有多少天。第 05 行定义整型数组 d[]存放一年 12 月份的天数，其中 1 月、3 月、5 月、7 月、8 月、10 月、12 月为 31 天，2 月份为 28 天，其他月份为 30 天。从第 11 行开始为 main()主方法，第 12 行调用 getDays()方法求出从 2015 年 1 月 1 日到今天一共有多少天。第 13 行中使用选择结构判断天数与 5 求余数，如果余数为 1、2、3 则是打鱼，如果余数为 4、0 则为晒网。

【例 9-2】 在井字形的格局中(只能是奇数格局)，放入数字(数字从 1～总的格数)，使每行每列以及斜角线的和都相等。

例如，三行三列的九宫格，放入 1～9 的数字，结果为：

8 1 6
3 5 7
4 9 2

再如，五行五列的九宫格，放入 1～25 的数字，结果为：

17 24 1 8 15
23 5 7 14 16
4 6 13 20 22
10 12 19 21 3
11 18 25 2 9

问题描述的算法如下：

01:输入九宫格的行数或者列数，用 hls 代表九宫格的行数或者列数；

02:判断 hls 是否为大于等于 3 的奇数；

03:如果不为大于等于 3 的奇数，请从第 01 步开始执行；

04:如果为大于等于 3 的奇数，则执行第 05 步；

05：将 1 填写在行标为 0、列标为 hls/2 的位置；
06：下一个数往右上角 45 度处填写；
07：如果单边越界，则按头尾相接地填；
08：继续从第 06 步开始执行；
09：如果不是单边越界，而是两边越界，则填到刚才位置的底下一格；
10：继续从第 06 步开始执行；
11：如果不是单边（或两边）越界，而是填写冲突，则填到刚才位置的底下一格；
12：继续从第 06 步开始执行；
13：直至九宫格的所有格子填满数字为止。

流程图如图 9-2 所示。

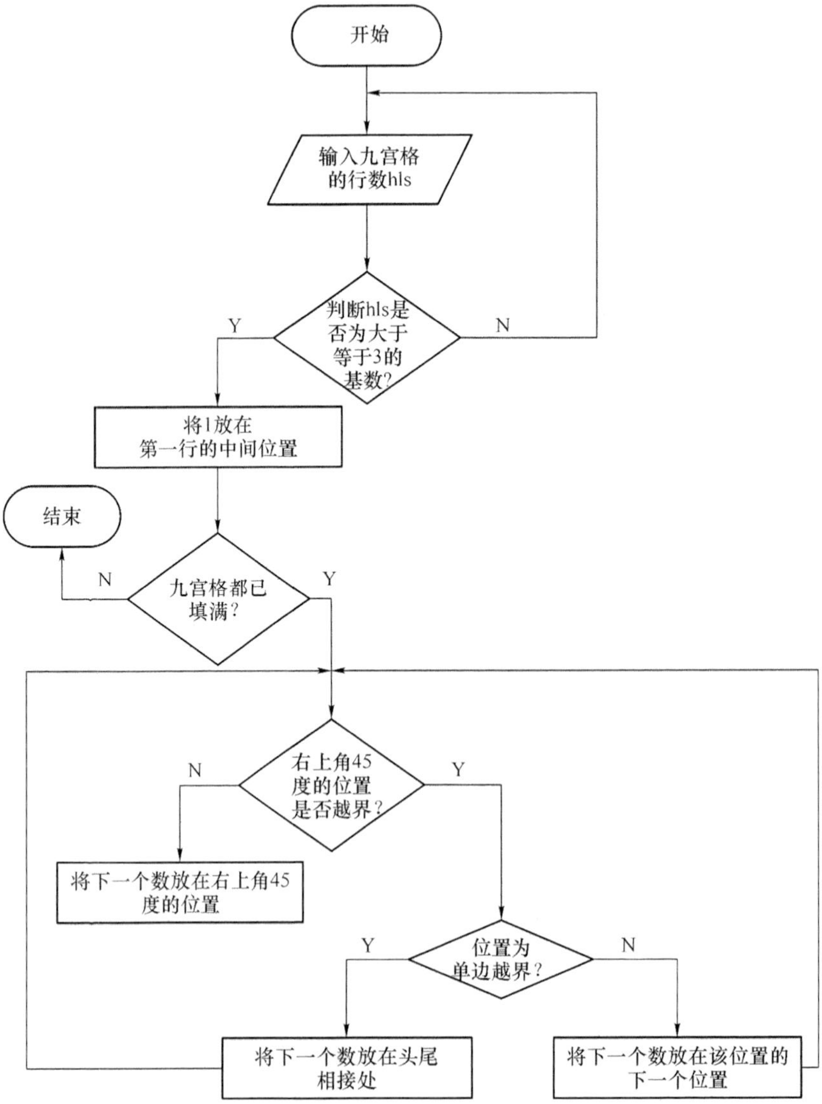

图 9-2　例 9-2 流程图

【程序代码】

```
import java.util.Scanner;
public class Example9_2{
    public static void main(String[] args){
        System.out.println("请输入九宫格的行列规模");
        Scanner in = new Scanner(System.in);
        //hls为九宫格的行列数,需要输入
        int hls = in.nextInt();
        //用循环语句判断N是否是大于等于3的基数
        while(true){
            if(!(hls >= 3 && hls%2 == 1)){
                System.out.println("您输入行列规模有误,请重新输入");
                hls = in.nextInt();
                continue;
            }else{
                break;
            }
        }
        //填写九宫格的方法
        //定义保存九宫格的数组
        int[][] jgg = new int[hls][hls];
        //行标的初始位置为0
        int hb = 0;
        //因为列由0开始,故hls/2是中间位
        int lb = hls/2;
        for(int i = 1;i <= hls * hls;i++){
            jgg[hb][lb] = i;
            hb--;
            lb++;
            //行列越界
            if(hb < 0 && lb >= hls){
                lb--;
                hb += 2;
            }else if(hb < 0){
                hb = hls - 1;
            }else if(lb >= hls){
                lb = 0;
            }else if(jgg[hb][lb] != 0){
                lb--;
                hb += 2;
            }
        }
        //打印九宫格
        for(int i = 0;i < hls;i++){
            for(int j = 0;j < hls;j++){
                System.out.print(jgg[i][j] + "\t");
            }
            System.out.println();
        }
    }
}
```

【程序执行结果】

请输入九宫格的行列规模

```
3
8    1    6
3    5    7
4    9    2
```

从 1 开始按顺序逐个填写，1 放在第一行的中间位置，下一个数往右上角 45 度处填写。如果单边越界，则按头尾相接地填。如果有填写冲突，则填到刚才位置的底下一格。如果有两边越界，则填到刚才位置的底下一格。

【例 9-3】 有一对兔子，从出生后 3 个月起，每个月都生一对兔子，小兔子长到第三个月后，每个月又生一对兔子，假如兔子都不死，问一年内的每个月兔子的总数为多少？

问题描述的算法如下：

01：输出第一个月的兔子对数为 1；

02：输出第二个月的兔子对数为 1；

03：从第三个月开始，每个月的兔子对数为前两个月的兔子对数之和，求出此和并输出；

04：直至输出第 12 个月的兔子对数为止。

流程图如图 9-3 所示。

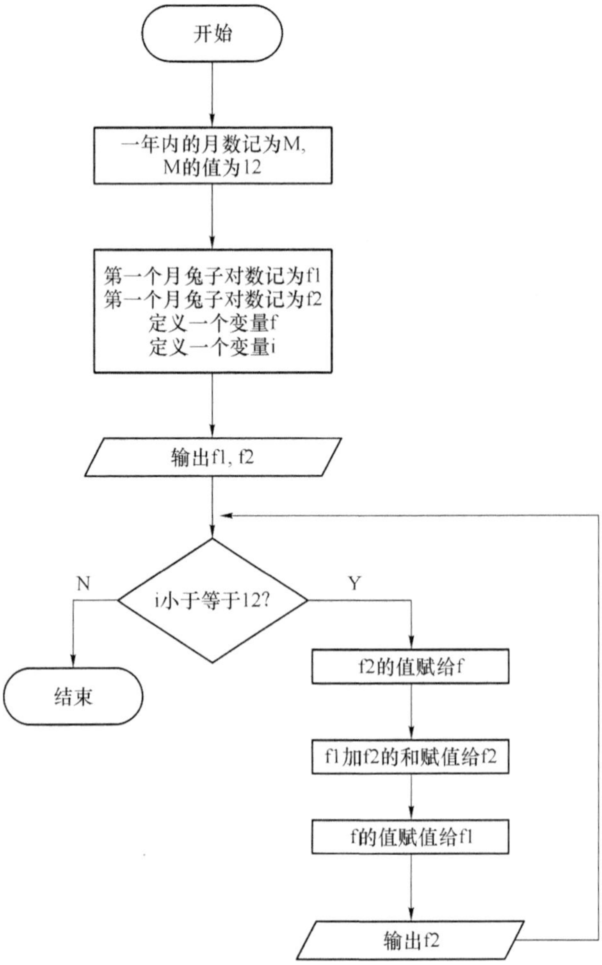

图 9-3　例 9-3 流程图

【程序代码】

```java
import java.util.Scanner;
public class Example9_3{
  public static void main(String[] args){
    System.out.println("第 1 个月的兔子对数:1");
    System.out.println("第 2 个月的兔子对数:1");
    int f1 = 1, f2 = 1, f, M = 12;
    for(int i = 3;i <= M;i++){
      f = f2;
      f2 = f1 + f2;
      f1 = f;
      System.out.println("第" + i + "个月的兔子对数:" + f2);
    }
  }
}
```

【程序执行结果】

```
第 1 个月的兔子对数:1
第 2 个月的兔子对数:1
第 3 个月的兔子对数:2
第 4 个月的兔子对数:3
第 5 个月的兔子对数:5
第 6 个月的兔子对数:8
第 7 个月的兔子对数:13
第 8 个月的兔子对数:21
第 9 个月的兔子对数:34
第 10 个月的兔子对数:55
第 11 个月的兔子对数:89
第 12 个月的兔子对数:144
```

第一个月有 1 对兔子，第二个月有 1 对兔子，第三个月就有 1+1=2 对兔子，第四个月就有 1+1+1=3 对兔子，第五个月就有 1+1+1+1+1=5 对兔子。第三个月的兔子对数是第一个月和第二个月之和，第四个月兔子对数是第二个月和第三个月兔子对数之和，第五个月是第四个月和第三个月兔子对数之和。由此，我们可以得到一个规律：从第三个月开始，每个月的兔子对数等于前两月兔子对数之和。

【例 9-4】 在歌手大奖赛中，有 5 个评委为参赛选手打分，分数为 1～100 分。选手最后得分为去掉一个最高分和一个最低分，其余 3 个分数的平均值。请编写一个程序实现该问题。

问题描述的算法如下：

01：定义变量 max = -100，min = 100，sum = 0，score = 0，分别表示选手得分的最高分，总

02：分和每个评委的打分；

03：判断 i <= 5 吗？如果不小于，循环结束执行步骤 08；如果小于，则输入第 i 个评委

04：的打分 score；执行步骤 05；

05：判断 score > max 吗？如果大于，则 max = score；反之，执行步骤 06；

06：判断 score < min 吗？如果小于，则 min = score；反之，执行步骤 07；

07：sum + = score，i + +，重复执行步骤 03；

08：输出 max，min，(sum - max - min)/3。

流程图如图 9-4 所示。

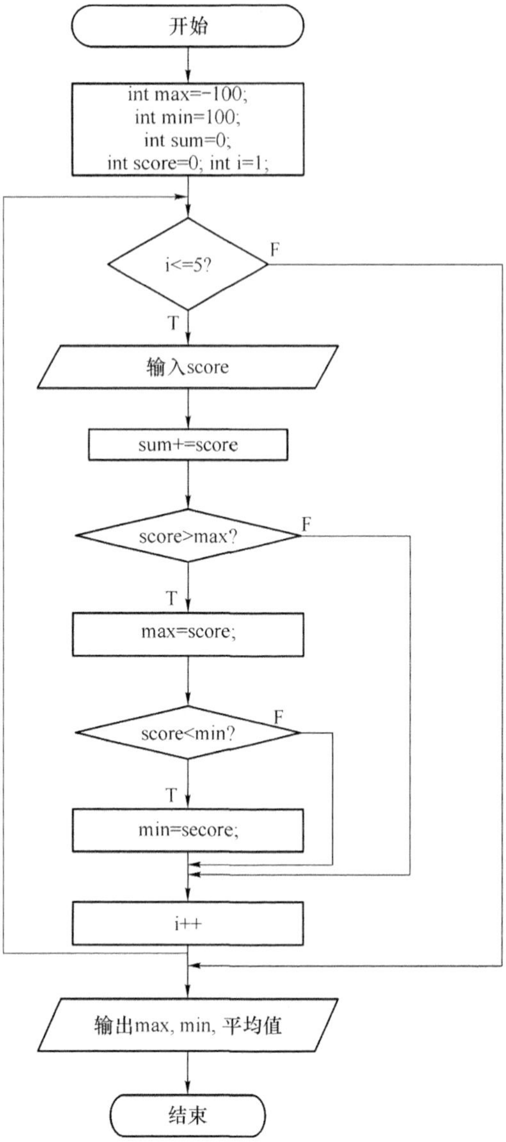

图 9-4　例 9-4 流程图

【程序代码】

```
import java.util.Scanner;
public class Exemple9_4{
public static void main(String[] args){
    int score=0,max,min,sum=0;
    max=-100;
    min=100;
    Scanner in=new Scanner(System.in);
    for(int i=1;i<=5;i++){
       System.out.println("请输入分数:");
       score=in.nextInt();
       sum=sum+score;
       if(score>max)
```

```
13:          max = score;
14:        if(score < min)
15:          min = score;
16:        }
17:    System.out.println("最高分:" + max);
18:    System.out.println("最低分:" + min);
19:    System.out.println("平均分:" + ((sum - max - min)/3));
20:    }
21:}
```

【程序运行结果】

```
请输入分数:
99
80
90
90
90
最高分:99
最低分:80
平均分:90
```

本例中第 01 行为 Scanner 类的引入，第 10 行要想使用 Scanner 进行键盘输入则必须要引入 Scanner 类，即第 01 行不可缺少。第 04 行定义了 score 存放每位评委给该歌手的打分；min 表示最低分；max 表示最高分；sum 表示 5 位评委给歌手打分的总分。第 08 行采用 for 循环结构循环输入 5 位评委为选手的打分。第 11 行对每位评委的打分进行累加；第 12 行和第 13 行每位评委的打分都跟 max 进行比较，如果评委打分大于 max，则将该评委的打分赋值给 max，确保 max 里存放的永远是最高分；第 14 行和第 15 行功能类似，确保 min 里存放的永远是最低分。第 17 行、第 18 行和第 19 行输出该选手的最高分、最低分和平均分。

9.2　实用性实例

【例 9-5】 某企业根据员工的利润提成发放奖金。利润低于或等于 10 万元时，奖金可提 10%；利润高于 10 万元，低于 20 万元时，低于 10 万元的部分按 10%提成，高于 10 万元的部分可按 7.5%提成；20 万到 40 万之间时，高于 20 万元的部分可提成 5%；40 万元到 60 万元之间时高于 40 万元的部分，可提成 3%；高于 100 万元的，超过 100 万元的部分按 1%提成；从键盘输入当月利润，计算机发放奖金总数。

问题描述的算法如下：

01：定义 bon1，bon2，bon4，bon10 分别表示利润为 10 万、20 万、40 万、100 万的提成；

02：定义 bonus 表示奖金；输入利润 profit；

03：判断 profit <= 10 万吗？如果小于，输出 bonus = profit * 0.1；反之，执行步骤 04；

04：判断 profit > 10 且 profit <= 20 万吗？如果小于，输出

05：bonus = bon1 + (profit - 10) * 0.07

06：反之，则执行步骤 05；

07：判断 profit > 20 且 profit <= 40 万吗？如果满足，输出

08：bonus = bon2 + (profit - 20) * 0.05

09：反之，则执行步骤 06；

10：判断 profit＞40 且 profit＜＝100 万吗？如果满足，输出

11：bonus＝bon4＋（profit－40）＊0.03

12：反之，则执行步骤 07；

13：判断 profit＞100 万吗？如果大于，输出 bonus＝bon10＋（profit－100）＊0.015。

流程图如图 9-5 所示。

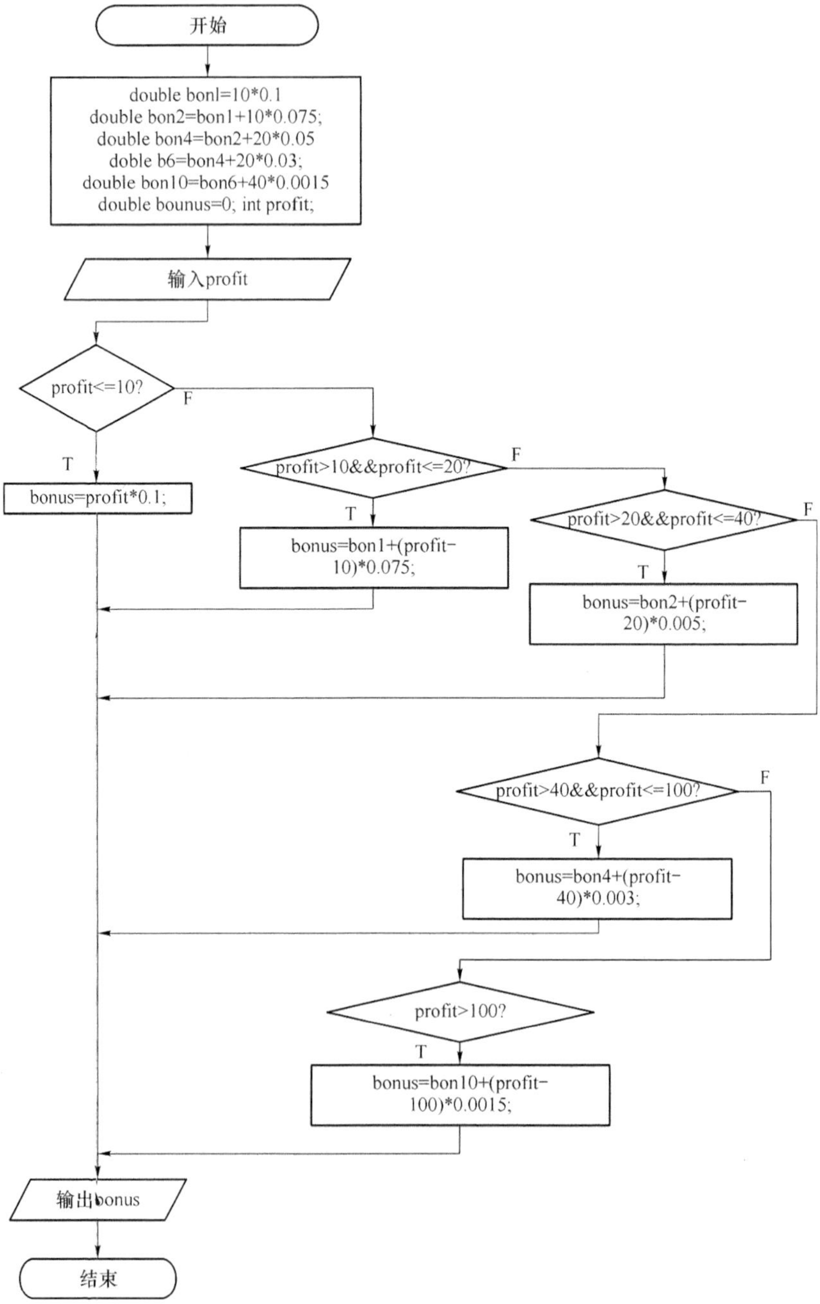

图 9-5　例 9-5 流程图

【程序代码】

```
01:import java.util.Scanner;
02:public class Exemple9_5 {
03:    public static void main(String[] args) {
04:        double bon1 = 10 * 0.1;
05:        double bon2 = bon1 + 10 * 0.075;
06:        double bon4 = bon2 + 20 * 0.05;
07:        double bon10 = bon4 + 40 * 0.0015;
08:        double bonus = 0;
09:        Scanner in = new Scanner(System.in);
10:        System.out.println("请输入利润:");
11:        int profit = in.nextInt();
12:        if(profit <= 10)
13:            bonus = profit * 0.1;
14:        else if(profit > 10 && profit <= 20)
15:            bonus = bon1 + (profit - 10) * 0.075;
16:        else if(profit > 20 && profit <= 40)
17:            bonus = bon2 + (profit - 20) * 0.05;
18:        else if(profit > 40 && profit <= 100)
19:            bonus = bon4 + (profit - 40) * 0.03;
20:        else if(profit > 100)
21:            bonus = bon10 + (profit - 100) * 0.015;
22:        System.out.println("奖金 = " + bonus);
23:    }
24:}
```

【程序运行结果】

```
请输入利润:
8
奖金=0.8
```

本例中第01行为Scanner类的引入，第09行要想使用Scanner进行键盘输入则必须要引入Scanner类，即第01行不可缺少。第04行定义了bon1表示员工为公司创造的月利润是10万时的提成；第05行定义了bon2表示员工为公司创造的月利润是20万时的提成；第06行定义了bon4表示员工为公司创造的月利润是40万时的提成；第07行定义了bon10表示员工为公司创造的月利润是100万时的提成；第08行定义了bonus表示员工最终可以得到的奖金提成；第11行定义了要输入的利润profit，并通过键盘输入，使程序变得灵活。第12行到第21行使用if…else if多分支选择结构，针对员工为公司创造的利润，分情况计算出该员工可得到的奖金。第22行为输出员工最终可以拿到的奖金。

【例9-6】 王老师是小学一年级数学老师，在讲到两个个位数加法时，王老师要给学生出练习题，请帮助王老师用程序设计来解决此问题，让程序自动随机地给学生出好练习题来减轻王老师的工作量。

问题分析的算法描述如下：

01：王老师输入要出题目的数量n，比如可以出5道，也可以出10道；
02：定义一个变量i=1；
03：判断i是否小于等于n，如果小于等于，则进行第04步，否则进行第08步；
04：产生一个0到9随机数，用作一个加数a；
05：产生另一个0到9的随机数，用作另一个加数b；
06：输出0到9之间的两个数的加法a+b；

07：变量 i 进行加 1 操作，进行第 03 步操作；

08：程序结束。

流程图如图 9-6 所示。

【程序代码】

```
01:import java.util.Scanner;
02:
03:public class Example9_6 {
04:    public static void main(String[] args) {
05:        Scanner in = new Scanner(System.in);
06:        System.out.print("输入题目数:");
07:        //n 为要输入题目的个数
08:        int n = in.nextInt();
09:        //通过 for 循环实现输出 n 个个位数加法
10:        for(int i = 1;i <= n;i ++){
11:            int a = (int)(Math.random() * 10);
12:            int b = (int)(Math.random() * 10);
13:            System.out.println("(" + i + ") " + a + " + " + b + " = ");
14:        }
15:    }
16:}
```

【程序运行结果】

```
输入题目数:5
(1) 8 + 4 =
(2) 9 + 8 =
(3) 2 + 1 =
(4) 1 + 7 =
(5) 8 + 2 =
```

本例中第 01 行为 Scanner 类的引入，第 05 行要想使用 Scanner 进行键盘输入则必须要引入 Scanner 类，即第 01 行不可缺少。第 08 行定义了要输入的题目数 n 并通过键盘输入，之所以采用键盘输入，方便王老师出题，比如这次出 5 道题，下次可能出 10 道题目，键盘的输入使程序变得灵活。第 10 行为使用 for 循环进行输出，当 i <= n 时则进行循环内的内容。第 11 行和第 12 行分别使用 Math 类的 random()方法产生两个 0 到 9 之间的随机数，Math.random()产生的是 0～1 之间的所有小数(不包括 1)，乘以 10 后，则产生的是 0～10 之间的所有小数(不包括 10)，然后把小数通过强制转换，即通过在前面加(int)实现，则(int)(Math.random() * 10)；产生的是 0～9 之间的整数。第 13 行为输出两个 0～9 之间的两个随机数相加。其中 i 的初始值设为从 1 开始，目的也是为了输出时输出 i，使输出的题目前面带有编号。

思考：

(1) 王老师在讲完个位数加法后，又要进一步加深题目测试，现在要实现 100 以内的两个数加法，需要修改哪个地方？

(2) 要实现三个数加法，又需要修改哪些地方？

(3) 若学习减法、乘法、除法运算，又分别需要修改哪些地方？

【例 9-7】 王老师通过程序出题解决了出题的工作量，减轻了工作压力，但是学生在做完题目后，王老师要给每个同学进行阅卷，工作量还是很大，请在例 9-6 的基础上通过修改程序实现自动阅卷来实现对学生的测试。

问题分析的算法描述如下：

01：王老师输入要出题目的数量 n，比如可以出 5 道，也可以出 10 道；
02：定义一个变量 i=1；
03：判断 i 是否小于等于 n，如果小于等于，则进行第 04 步，否则进行第 12 步；
04：产生一个 0 到 9 随机数，用作一个加数 a；
05：产生另一个 0 到 9 的随机数，用作另一个加数 b；
06：输出 0 到 9 之间的两个数的加法 a+b；
07：定义一个变量 count=0 用来计对的个数；
08：输入计算结果 result；
09：判断 result 是否等于 a+b 的值，如果等于则进行第 10 步，否则进行第 11 步；
10：count 进行加 1 操作；
11：变量 i 进行加 1 操作，进行第 03 步；
12：程序结束。

流程图如图 9-7 所示。

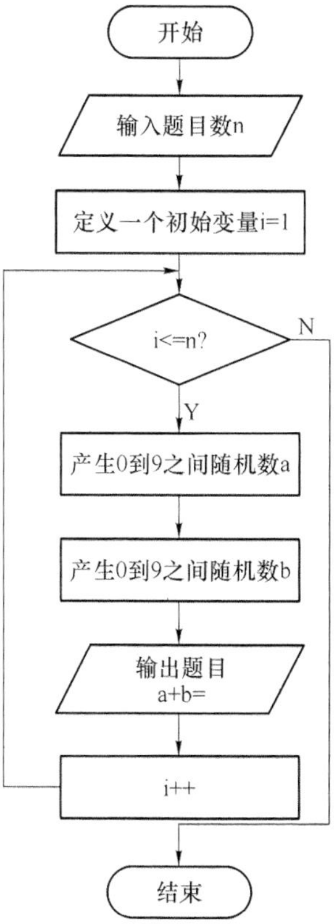

图 9-6　例 9-6 流程图

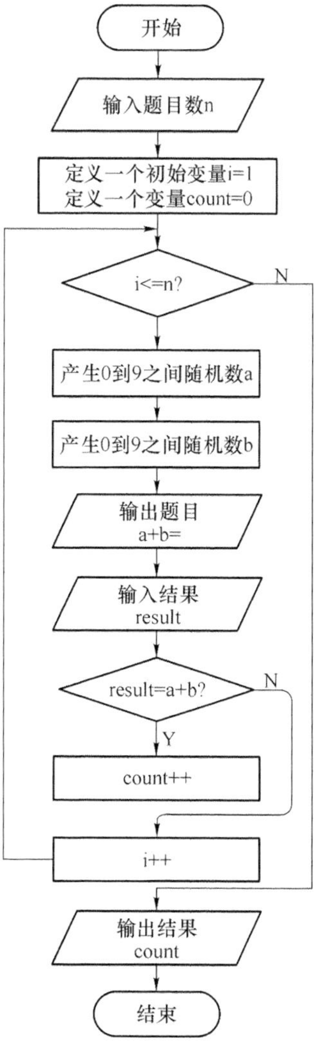

图 9-7　例 9-7 流程图

【程序代码】

```
01:import java.util.Scanner;
02:
03:public class Example9_7 {
04:   public static void main(String[] args) {
05:      Scanner in = new Scanner(System.in);
06:      System.out.print("输入题目数:");
07:      //n 为要输入题目的个数
08:      int n = in.nextInt();
09:      //count 用来对正确的题目进行计数
10:      int count = 0;
11:      System.out.println("请输入计算结果:");
12:      for(int i = 1;i <= n;i++){
13:         int a = (int)(Math.random() * 10);
14:         int b = (int)(Math.random() * 10);
15:         System.out.print("(" + i + ") " + a + " + " + b + " = ");
16:         //result 为输入计算结果
17:         int result = in.nextInt();
18:         //对输入的结果进行判断,如果正确则进行 count 累计
19:         if(result == (a + b)){
20:            count++;
21:         }
22:      }
23:      System.out.println("你答对了" + count + "道!");
24:   }
25:}
```

【程序运行结果】

```
输入题目数:5
请输入计算结果:
(1) 4 + 4 = 8
(2) 4 + 2 = 6
(3) 3 + 7 = 10
(4) 0 + 1 = 1
(5) 4 + 3 = 2
你答对了 4 道!
```

本例中，在程序运行时需要输入题目数 5，当然也可以输入 10 或其他数。当出现请输入计算结果时，需要输入自己计算的结果，直到 5 道题目都完成，最后会显示对的数目。与例 9-6 不同的是，多了第 10 行，定义一个变量 count = 0 用来累加对的题目数，多了第 16 行到第 21 行，第 17 行定义了输入结果的变量 result，第 19 行通过 if 语句进行判断，当输入的结果正确时，则 count 进行累加，即 count ++ 操作，当错误时则继续下一道题目的计算。

本例中只是对正确的题目进行了累加计算，比如对了 4 道题，错了 1 道，但是哪几道对哪一道不对并没有指出，其实对于本例的程序只需要稍作改变，就可以对每道题目进行判断。代码对第 19 行到第 21 行进行修改如下：

```
if(result == (a + b)){
   System.out.println("√");
   count++;
}
else{
```

```
06:    System.out.println("×");
07:}
```

【程序运行结果】

```
输入题目数:6
请输入计算结果:
(1) 5+9=14
√
(2) 7+8=14
×
(3) 9+2=11
√
(4) 2+4=6
√
(5) 3+2=6
×
(6) 7+3=10
√
你答对了 4 道!
```

例 9-6 和例 9-7 通过随机数、循环结构和选择结构实现了个位数加法出题及测试的功能，由此扩展，通过程序设计还可以实现多位数的加、减、乘、除以及混合运算，在此不再一一介绍，大家根据这两个程序，思考如何实现。

【例 9-8】 我们每个人都和银行打过交道，进行过办银行卡、存款、取款、转账等操作。假设你是银行员工，来了一个客户要进行办卡业务，办卡成功后，他可能进行的操作有取款和存款，用程序设计来模拟这个过程。

问题分析的算法描述分为三个部分：客户开户、客户选择取款操作、客户选择存款操作。

客户开户算法描述如下：

01：客户要想办卡，即开户操作，需要抽象出账户类 Account，Account 类具有的属性有：卡号(id)、账户密码(password)、姓名(name)、身份证号(personId)、电子邮箱(email)、账户余额(balance)，具有的方法有：存款方法(deposit())、取款方法(withdraw())、显示用户信息方法(showMessage())；

02：实例化一个客户对象，完成开户操作；

03：输出客户账户信息。

客户开户流程图如图 9-8 所示，示意图如图 9-9 所示。

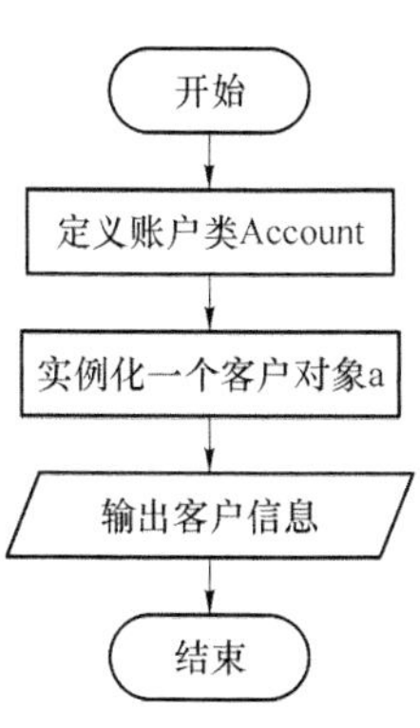

图 9-8　例 9-8 客户开户流程图

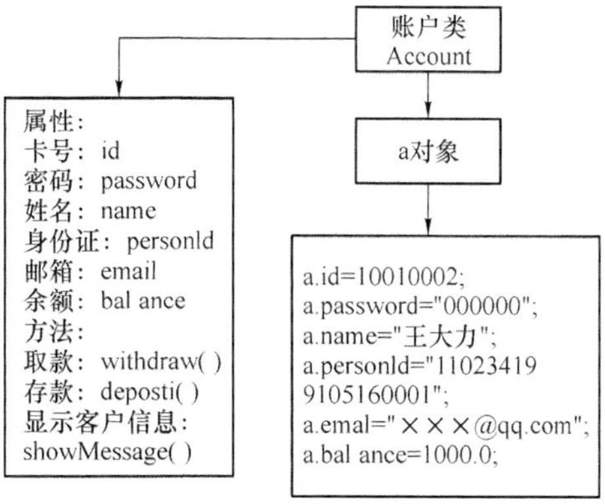

图 9-9　例 9-8 实例化客户对象示意图

客户选择取款操作算法如下：

01：输入取款操作；

02：输入取款金额 money，如果账户余额大于输入的取款金额(balance > money)，则进行第 03 步，否则进行第 04 步；

03：使账户余额减去取款金额即 balance = balane − money；

04：输出“余额不足！”。

客户选择取款操作流程图如图 9-10 所示。

客户选择存款操作算法如下：

01：输入存款操作；

02：输入存款金额 money，使用账户余额加上存入的金额即 balance = balance + money；

03：输出账户余额。

客户选择取款操作流程图如图 9-11 所示。

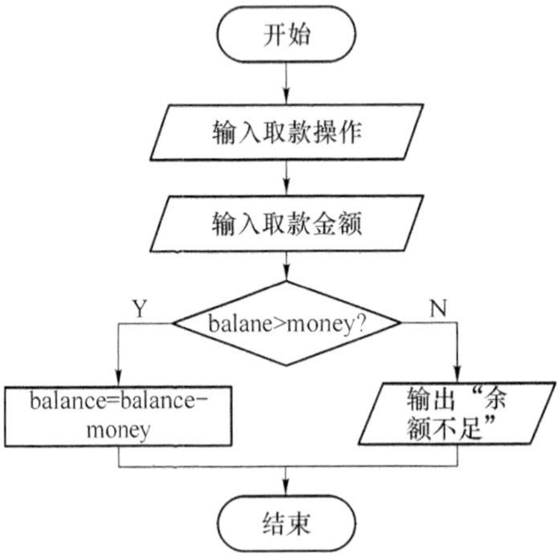

图 9-10　例 9-8 客户选择取款操作流程图

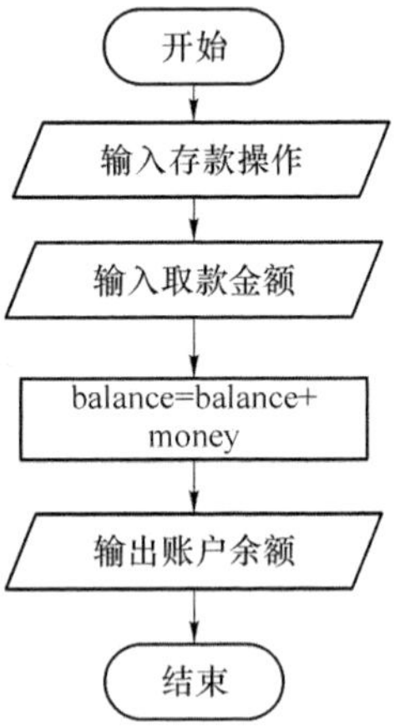

图 9-11　例 9-8 客户选择存款操作流程图

【程序代码】

```
import java.util.Scanner;

class Account {
   long id;
   String password;
   String name;
   String personId;
   String email;
   double balance;

   //带参数的构造方法用来实例化对象
   public Account(long id, String password, String name,
         String personId, String email, double balance) {
      this.id = id;
      this.password = password;
      this.name = name;
      this.personId = personId;
```

```
        this.email = email;
        this.balance = balance;
    }

    //取款操作
    public boolean withdraw(double money) {
        if (balance > money) {
            balance = balance - money;
            System.out.println("您取款后的余额为:" + balance);
            return true;
        } else {
            System.out.println("对不起,余额不足!");
            return false;
        }
    }

    //存款操作
    public double deposit(double money) {
        balance += money;
        return balance;
    }

    //显示客户开户信息
    public String showMessage() {
        return "开户信息为:" + "\n" + "卡号:" + id + "\n" + "姓名:"
        + name + "\n" + "密码:"+ password + "\n" + "身份证号:" + personId
        + "\n" + "电子邮件:" + email + "\n"+ "账户余额:" + balance;
    }
}

public class Example9_8 {
    public static void main(String[] args) {
        Account a = new Account(10010002, "000000", "王大力",
                "110234199105160001","xxx@qq.com", 1000.0);
        System.out.println(a.showMessage());
        System.out.println();
        System.out.println("操作显示:");
        Scanner in = new Scanner(System.in);
        System.out.println("请输入您要进行的操作:1 取款,2 存款");
        double money = 0;
        String op = in.nextLine();
        //用户进行取款操作
        if (op.equals("1")) {
          System.out.println("请输入您要取款额数:");
          money = in.nextDouble();
          a.withdraw(money);
        }
        //用户进行存款操作
        if (op.equals("2")) {
          System.out.println("请输入您要存款额数:");
          money = in.nextDouble();
```

```
69:         System.out.println("您存款后的余额为:" + a.deposit(money));
70:     }
71:   }
72:}
```

【程序运行结果】

```
开户信息为:
卡号:10010002
姓名:王大力
密码:000000
身份证号:110234199105160001
电子邮件:xxx@qq.com
账户余额:1000.0

操作显示:
请输入您要进行的操作:1 取款,2 存款
1
请输入您要取款额数:
5000
对不起,余额不足!
```

如果在操作时输入的是存款操作则显示如下：

```
操作显示:
请输入您要进行的操作:1 取款,2 存款
2
请输入您要存款额数:
2000
您存款后的余额为:3000.0
```

本例中第 03 行到第 32 行为定义了一个账户类 Account，其中第 04 行到第 09 行定义了 Account 类的属性，第 22 行到第 46 行定义了 Account 类的方法，第 11 行到第 20 行为 Account 类的带参数的构造方法定义。第 48 行到第 72 行为测试类 Example9_8 定义，第 50 行、第 51 行用来实例化了一个账户对象 a，第 52 行为调用显示用户信息的方法，把用户信息显示出来。第 58 行需要客户输入 1 或 2 进行取款或存款操作，第 59 行到第 64 行为判断客户进行取款的操作，第 65 行到第 70 行为判断客户进行存款的操作。

本例通过使用面向对象的思想抽象定义了账户类，实例化了一个“王大力”对象，并通过调用取款及存款的方法模拟实现了银行账户开户及取款和存款的操作。

思考：再实例化一个客户对象“王小丽”，通过修改程序，实现转账的操作，比如“张大力”向“王小丽”转账 1 000.00 元。

【例 9-9】 国家 2011 年 9 月 1 日起对个人税率表进行了调整，从 2012 年开始实行了新的 7 级个人所得税税率表，如表 9-1 所示。其中给出个人应缴纳个人所得税的公式和个税免征额。

公式：应纳个人所得税税额＝应纳税所得额×适用税率－速算扣除数；

个税免征额：3 500 元。

例如：某人税前工资为 5 500 元，应缴纳的个人所得税＝(5 500－3 500)×10%－105＝95 元，则实际他收到的钱数为 5 500－95＝5 405 元。其中税率是按含税级距计算的。

表 9-1 7 级个人所得税税率表

级数	全月应纳税所得额(含税级距)	全月应纳税所得额(不含税级距)	税率/(%)	速算扣除数
1	不超过 1 500 元	不超过 1 455 元的	3	0
2	超过 1 500 元至 4 500 元的部分	超过 1 455 元至 4 155 元的部分	10	105
3	超过 4 500 元至 9 000 元的部分	超过 4 155 元至 7 755 元的部分	20	555
4	超过 9 000 元至 35 000 元的部分	超过 7 755 元至 27 255 元的部分	25	1 005
5	超过 35 000 元至 55 000 元的部分	超过 27 255 元至 41 255 元的部分	30	2 755
6	超过 55 000 元至 80 000 元的部分	超过 41 255 元至 57 505 元的部分	35	5 505
7	超过 80 000 元的部分	超过 57 505 元的部分	45	13 505

假如你是某公司负责发放工资的职员，如果每位员工的工资都要逐一计算的话，可以想象假如公司有 200 名员工，这样计算的工作量会很大。试用程序设计来解决该问题，编写一个程序，实现当输入税前工资后会自动计算出应扣的个人所得税及最后应发的工资。该程序也适用于每位员工来计算自己应扣的个人所得税。

问题分析的算法描述如下：

01：输入税前工资 salary；

02：定义应扣个人所得税变量 tax = 0，定义一个实际发放工资的变量 realSalary = 0，定义变量 amount = salary − 3500，；

03：判断如果 amout <= 0，则应纳个人所得税 tax = 0，否则进行第 04 步；

04：判断如果 amount <= 1500，应纳个人所得税 tax = amount * 3%，否则进行第 05 步；

05：判断如果 amount <= 4500，应纳个人所得税 tax = amount * 10% − 105，否则进行第 06 步；

06：判断如果 amount <= 9000，应纳个人所得税 tax = amount * 20% − 555，否则进行第 07 步；

07：判断如果 amount <= 35000，应纳个人所得税 tax = amount * 25% − 1005，否则进行第 08 步；

08：判断如果 amount <= 55000，应纳个人所得税 tax = amount * 30% − 2755，否则进行第 08 步；

09：判断如果 amount <= 80000，应纳个人所得税 tax = amount * 35% − 5505，否则进行第 10 步；

10：判断如果 amount > 80000，应纳个人所得税 tax = amount * 45% − 13505，否则进行第 11 步；

11：实际应发工资 realSalary = salary − tax；

12：输出应纳的个人所得税 tax 及实际应发工资 realSalary；

13：程序结束。

计算应纳个人所得税及实际发放工资额的流程图如图 9-12 所示。

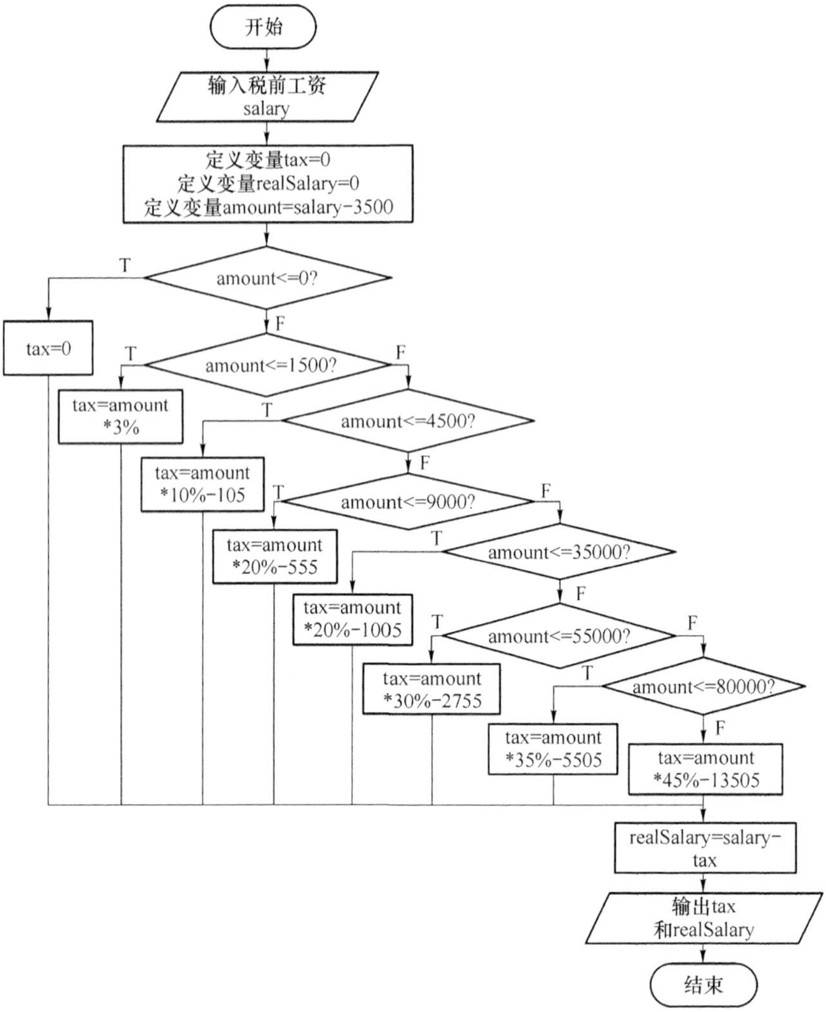

图 9-12　例 9-9 流程图

【程序代码】

```
import java.util.Scanner;

public class Example9_9 {
  public static void main(String[] args) {
    System.out.print("请输入税前工资:");
    Scanner in = new Scanner(System.in);
    double salary = in.nextDouble();
    double tax = 0, realSalary = 0;
    double amount = salary - 3500;
    if (amount <= 0)
      tax = 0;
    else if (amount <= 1500)
      tax = amount * 0.03;
    else if (amount <= 4500)
```

```
15:          tax = amount * 0.1 - 105;
16:        else if (amount <= 9000)
17:          tax = amount * 0.2 - 555;
18:        else if (amount <= 35000)
19:          tax = amount * 0.25 - 1005;
20:        else if (amount <= 55000)
21:          tax = amount * 0.3 - 2755;
22:        else if (amount <= 80000)
23:          tax = amount * 0.35 - 5505;
24:        else
25:          tax = amount * 0.45 - 13505;
26:        realSalary = salary - tax;
27:        System.out.println("应纳个人所得税税额:" + tax);
28:        System.out.println("实际应得工资额:" + realSalary);
29:    }
30:}
```

【程序运行结果】

```
请输入税前工资:5500
应纳个人所得税税额:95.0
实际应得工资额:5405.0
```

本例中，第 07 行通过键盘输入税前工资 salary，第 08 行定义了应纳的个人所得税 tax 及实际应得的工资 realSalary，第 09 行定义了 salary-3 500 的差 amount，第 10 行到第 25 行通过 if…else if…else 进行条件判断实现求应纳的个人所得税，第 26 行计算实际应得的工资，第 27 行和第 28 行输出结果。

本 章 小 结

本章通过 9 个实例在实际问题中的应用，对顺序结构、选择结构和循环结构的知识点进行了总结和归纳，其中实例分为趣味性和实用性两类，趣味性的实例为程序设计中的经典问题；实用性实例则通过解决现实生活中遇到的问题，加深面向对象程序设计的思想。

第 10 章　图形化用户界面编程

图形化用户界面是应用程序和用户进行交互的窗口，它可以接收用户的输入信息，并将反馈信息以图形的方式显示。一个良好的界面设计能极大地提高用户对软件的用户体验，本章将详细介绍 Java 中的图形界面编程技术。

10.1 概　　述

图形化用户界面(Graphical User Interface，GUI)，是指采用图形方式显示的计算机操作用户界面。现如今，绝大部分的软件都采用了图像化的操作方式，这种操作方式具有直观性、友好性和易于操作等特点，与早期计算机使用的命令行界面相比，图形界面对于用户来说在视觉上更易于接受。Java 语言应用广泛，亦带有其相应的 GUI 编程工具。Java 语言为编程人员提供了两个应用接口——AWT 和 Swing。

AWT(Abstract Windowing Toolkit)，中文译为抽象窗体工具包，是 Java 提供的用来建立和设置 Java 的图形用户界面的基本工具。AWT 提供了一套与本地图形界面进行交互的接口。也就是说，当利用 AWT 来构建图形用户界面的时候，我们实际上是在利用操作系统所提供的图形库，AWT 可以适应所有的平台系统。但是，AWT 的功能是不完善的，Java 的图形界面在不同的平台上可能会出现不同的显示效果。由于 AWT 是依靠本地方法来实现其功能的，我们通常把 AWT 控件称为重量级控件。

为了弥补 AWT 的缺陷，Sun 和 Netscape 公司又共同开发了 Swing 扩展包。它以 AWT 为基础使跨平台应用程序可以使用任何可插拔的外观风格。Swing 开发人员只用很少的代码就可以利用 Swing 丰富、灵活的功能和模块化组件来创建优雅的用户界面。

Swing 是在 AWT 的基础上构建的一套新的图形界面系统，它在界面组件上提供了 AWT 所能够提供的所有功能，并且用纯粹的 Java 代码对 AWT 的功能进行了大幅度的扩充。例如，并不是所有的操作系统都提供了对树形控件的支持，Swing 利用了 AWT 中所提供的基本作图方法对树形控件进行模拟。由于 Swing 控件是用 100%的 Java 代码来实现的，因此在一个平台上设计的树形控件可以在其他平台上使用。由于在 Swing 中没有使用本地方法来实现图形功能，我们通常把 Swing 控件称为轻量级控件。

由于 Swing 的组件在功能上几乎涵盖了 AWT 的所有功能，并且比 AWT 的功能更加强大，故除了在事件处理部分和布局管理器部分外，本书不对 AWT 中的组件内容作进一步介绍，下面的章节通过实例和解释相结合的方式直观地介绍 Swing 的使用。

10.2 Swing 中的基本容器

容器，顾名思义，就是容纳其他物体的器具，就好比在日常生活中，水果放在一个水果盘中。在Java中,容器的主要功能是容纳其他组件和容器。Java中的容器主要具有以下特点。

(1) 容器有一定的范围。一般容器都是矩形的,容器范围边界可以用边框框出来。

(2) 容器有一定的位置。这个位置可以是屏幕四角的绝对位置,也可以是相对于其他容器边框的相对位置。

(3) 容器通常都有一个背景。这个背景覆盖全部容器,可以透明,也可以指定一幅特殊的图案。

(4) 若容器中包含其他组件,当容器被打开时,它所包含的组件也同时被显示出来;当容器被关闭和隐藏时,它所包含的组件也同时被隐藏。

(5) 容器可以按一定的规则安排它所包含的组件,如它们的相对位置、前后排列关系等。

10.2.1　窗体类(JFrame)

窗体类实际上就是产生一个窗体,然后将其显示在屏幕之上。窗体可以拥有标题、边框、菜单,而且允许调整大小,其外观依赖于所使用的操作系统。

【例 10-1】 创建一个简单的窗体,并将窗体的标题位置显示"Hello Everyone"。这个类保存在名为HelloEveryone.java的文件中。

【程序代码】

```
import javax.swing.*;

/**
 * 第一个Swing程序,产生一个窗体,
 * 标题位置显示为HelloEveryone,而窗体内容显示区域为空白
 */
public class HelloEveryone {
  public HelloEveryone() {
    JFrame frame = new JFrame();              //实例化一个窗体类
    frame.setLocation(200, 200);              //设置窗体的初始位置(x, y)
    frame.setSize(300, 200);                  //设置窗体的初始大小
    frame.setTitle("Hello Everyone");         //设置窗体的标题
    frame.setVisible(true);                   //设置窗体可见

    //设置窗体关闭时的默认操作
    frame.setDefaultCloseOperation(JFrame.EXIT_ON_CLOSE);
  }

  public static void main(String[] args) {
    new HelloEveryone();
  }
}
```

上面的代码运行结果如图10-1所示。

JFrame类中可以设置窗体的属性,比较常用的方法如下。注意,在Swing中,凡是与距离或者长度相关的量都是以像素作为计量单位的。

(1) setBounds(int a, int b, int width, int height):设置窗体在屏幕上时的初始位置是

(a, b)，即窗体最左上角的点距屏幕左侧 a 像素，距屏幕上方 b 像素，窗体的宽度是 width 像素，高是 height 像素。

(2) setSize(int width, int height)：设置窗体大小，在屏幕上的初始位置是(0,0)。

(3) setVisible(boolean b)：设置窗体是否可见，默认是不可见。

(4) setResizable(boolean b)：设置窗体是否可以调整大小，默认是可以调整大小的。

图 10-1 例 10-1 运行效果图

(5) setDefaultCloseOperation(int operation)：设置为当关闭窗体后系统所执行的默认操作。operation 的值可从 JFrame 类中的成员变量中直接获取，一般可选取的值及其含义如下：

- DO_NOTHING_ON_CLOSE：什么都不做；
- HIDE_ON_CLOSE：隐藏当前窗体；
- DISPOSE_ON_CLOSE：隐藏当前窗体，并释放窗体占有的其他资源；
- EXIT_ON_CLOSE：结束窗体所在的应用程序。

10.2.2 面板类(JPanel)

JPanel 类产生一个面板容器，放置其他可视组件和容器。这就好比由于不想使果盘过脏，而在果盘上放置一张膜，然后将所有的水果放在膜上。JPanel 产生的面板不带标题和边框，默认属性为透明，即它是一种看不见的中间层容器。可以使用 add 方法在 JPanel 中放置按钮、文本框等原子组件，也可以在 JPanel 中放置若干个 Jpanel 组件。使用时需要将它添加到顶层容器或其他中间容器中。使用面板的目的是为了将组件分组、分层次显示。

JPanel 类不能直接运行，必须依附在一个 JFrame 之上。如果将 JPanel 直接添加到 JFrame 上，而不作其他任何处理时，几乎都感觉不到它的存在，但这并不代表它不重要，相反地，JPanel 是连接窗体和可视组件的桥梁。我们可以通过添加不同的 JPanel 将整个可视区划分成不同的块或区域，并联合布局管理器，可以将界面的结构和层次变得更加清晰。

【例 10-2】 创建一个窗口，将面板添加到窗口容器中，并将面板的背景颜色设置为红色。这个类保存在 Container. java 的文件中。

【程序代码】

```
import java.awt.Color;
import javax.swing.JFrame;
import javax.swing.JPanel;

/**
 * 面板类的使用
 */
public class Container extends JFrame {

    public Container() {
        this.setLocation(200, 200);
        this.setSize(200, 150);
        this.setTitle("container");
```

```
14:     this.setVisible(true);
15:     this.setDefaultCloseOperation(JFrame.EXIT_ON_CLOSE);
16:
17:     JPanel panel = new JPanel();              //创建一个面板
18:     panel.setBackground(Color.RED);           //设置窗口的背景颜色为红色
19:
20:     this.add(panel);                          //将面板添加到窗口容器中
21:   }
22:
23:   public static void main(String[] args) {
24:     new Container();
25:   }
26: }
```

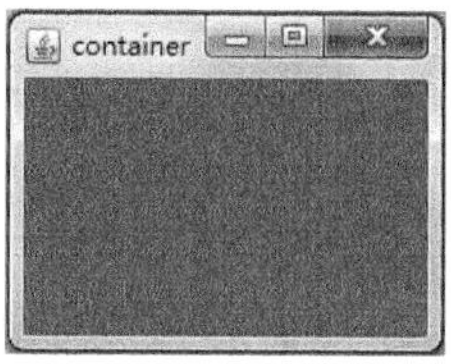

图 10-2　例 10-2 运行效果图

例 10-2 的运行效果如图 10-2 所示，由于在第 18 行代码处设置了面板的背景颜色为红色，图中整个中心面板的背景颜色为红色。

10.3　Swing 中的常用组件

想要完成系统功能，并且拥有绝佳的用户体验，就必须在组件的使用上下点工夫。一般来说，一个好的应用系统应该在合适的地方使用合适的组件，应该要符合绝大多数人的使用习惯。当然，组件的样式和色彩的运用也是成败的一大要素。Swing 中的组件有不少共有的方法，主要的共有方法如下。

(1) setText(String text)

说明：设置组件的显示文字。

示例：setText("窗体")；

(2) setBounds(int x, int y, int width, int height)

说明：设置组件的位置和大小(以像素为单位)。

示例：setBounds(0, 0, 200, 200)；

(3) setEnable(Boolean enabled)

说明：设置组件是否可用(默认可用)。

示例：setEnable(true)；

(4) setBackground(Color color)

说明：设置组件的背景颜色。

示例：setBackground(Color.RED)；

(5) setForeground(Color color)

说明：设置组件的前景色(与 setBackground 相区别)。

示例：label.setForeground(Color.RED)；，设置标签文字的颜色。

10.3.1　标签(JLabel)

JLabel 是指界面上的标签，用于显示一段静态文字、图像或同时显示二者，它可以起到信息说明的作用，如解释文本框所填内容的含义。关于 JLabel 的使用如例 10-3 所示。

【例 10-3】 创建两个 JLable，设置其大小和位置，程序代码保存在名为 MyJlabel.java 的文件中。

【程序代码】

```
import javax.swing.JFrame;
import javax.swing.JLabel;
import javax.swing.JPanel;

/**
 * 初步使用 JLabel 类
 */
public class MyJlabel {

    public MyJlabel() {
        JFrame jframe = new JFrame();
        jframe.setLocation(200, 200);
        jframe.setSize(300, 200);
        jframe.setTitle("用户登录");

        JPanel jpl = new JPanel();              //创建一个面板
        jpl.setLayout(null);                    //不使用任何布局

        JLabel jlb = new JLabel();              //创建一个标签,并放置在面板上
        jlb.setText("用户名:");
        jlb.setLocation(10, 10);                //设置标签的位置
        jlb.setSize(100, 20);                   //设置标签的大小
        jpl.add(jlb);                           //将标签加入到面板中

        JLabel jlb2 = new JLabel();             //创建一个标签,并放置在面板上
        jlb2.setText("密　码:");
        jlb2.setLocation(10, 40);
        jlb2.setSize(100, 20);
        jpl.add(jlb2);

        jframe.add(jpl);                        //将面板加入窗体中
        jframe.setVisible(true);
        jframe.setDefaultCloseOperation(JFrame.EXIT_ON_CLOSE);
    }

    public static void main(String[] args) {
        new MyJlabel();
    }

}
```

例 10-3 的运行效果如图 10-3 所示。

除了所有组件共有的方法之外，Label 还有以下使用频率较高的方法。

(1) setFont(Font)

说明：设置文字字体。

示例：setFont(new Font("仿宋", Font.BOLD, 15));，标签中的字体采用仿宋粗体字，字的大小为 15 像素。

(2) setAlignment(int alignment)

说明：设置标签名称的对齐方式。

示例：setAlignment(Label.CENTER);，居中对齐。

10.3.2　按钮(JButton)

JButton 是一个按钮组件，它可以单击并且通常与事件绑定在一起，用来执行某项指定的操作。关于 JButton 的使用如例 10-4 所示。

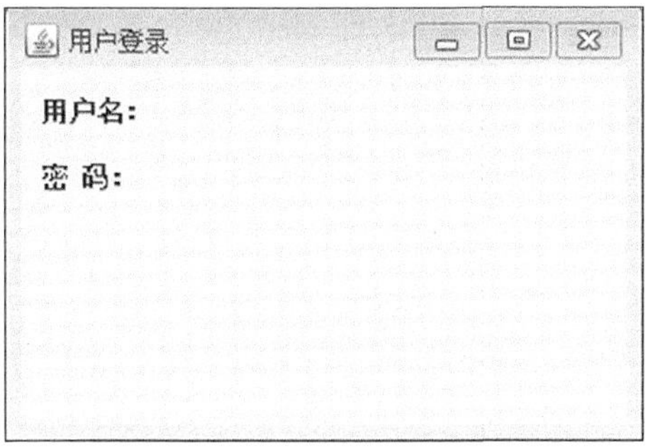

图 10-3　例 10-3 运行效果图

【例 10-4】　创建一个登录按钮，当单击“登录”后，弹出登录成功的信息提示框。

【程序代码】

```
import java.awt.event.ActionEvent;
import java.awt.event.ActionListener;
import javax.swing.JButton;
import javax.swing.JFrame;
import javax.swing.JOptionPane;
import javax.swing.JPanel;

/**
 * 创建一个登录按钮，当单击按钮后，弹出登录成功的信息框
 */
public class MyJButton {
  JFrame jframe = null;

  public MyJButton() {
    jframe = new JFrame();
    jframe.setLocation(200, 200);
    jframe.setSize(300, 200);
    jframe.setTitle("用户登录");

    JPanel jpl = new JPanel();              //创建一个面板
    jpl.setLayout(null);                    //不使用任何布局

    JButton jbt = new JButton();            //创建一个按钮框
    jbt.setText("登录");
    jbt.setLocation(10, 10);                //设置按钮的位置
    jbt.setSize(100, 20);                   //设置按钮的大小
    jbt.addActionListener(new ActionListener() {
```

```java

            @Override
            public void actionPerformed(ActionEvent arg0) {
                JOptionPane.showMessageDialog(jframe, "登录成功");
            }
        });

        jpl.add(jbt);                                   //将按钮加入面板中
        jframe.add(jpl);                                //将面板加入窗体中
        jframe.setVisible(true);
        jframe.setDefaultCloseOperation(JFrame.EXIT_ON_CLOSE);
    }

    public static void main(String[] args) {
        new MyJButton();
    }
}
```

例 10-4 涉及事件处理和信息框的使用，本书将在接下来的章节中详细介绍。运行结果如图 10-4 和图 10-5 所示。

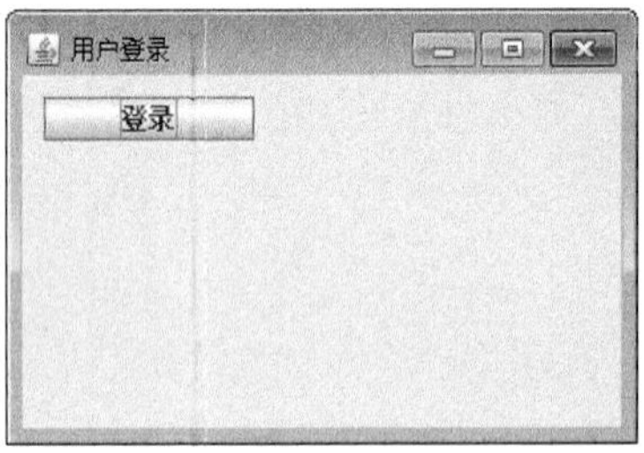

图 10-4　例 10-4 运行效果图 1

图 10-5　例 10-4 运行效果图 2

由于按钮常常与事件绑定，所以添加事件监听器的方法也是 Button 使用频率很高的方法。下面列出比较常用的几种添加事件监听的方法。

(1) addActionListener(ActionListener listener)

说明：添加按下按钮的事件监听器，由于是通过实现接口的方式，所以必须写 actionPerformed(ActionEvent e)方法。

示例：addActionListener(new ActionListener());，按钮按下的操作也可通过按"Space"空格键触发。

(2) addMouseListener(MouseListener listener)

说明：添加鼠标事件监听器，也需要实现 MouseListener 接口下的所有方法。

示例：addMouseListener(new MouseListener());

(3)addTextListener(TextListener listener)

说明：添加文本监听，包括文本框内文字增加、减少等。

10.3.3　单行文本框(JTextField)

JTextField 是单行文本框，它是只有一行且不能换行的文本框，常常用来与用户进行交互，用户可以将信息填入文本框中。关于 JTextField 的实例请看例 10-5 所示。

【例 10-5】 创建两个单行文本框，将其放置到面板中，并设置其大小和位置，文本框中的内容分别设置为“用户名”和“密码”。

【程序代码】

```
import javax.swing.JFrame;
import javax.swing.JPanel;
import javax.swing.JTextField;

/*
 * 创建两个单行文本框,并设置其大小和位置
 */
public class MyJTextField {
  public MyJTextField() {
    JFrame jframe = new JFrame();
    jframe.setLocation(200, 200);
    jframe.setSize(300, 200);
    jframe.setTitle("用户登录");

    JPanel jpl = new JPanel();              //创建一个面板
    jpl.setLayout(null);                    //不使用任何布局

    JTextField jtf = new JTextField();      //创建一个单行文本框
    jtf.setText("用户名");
    jtf.setLocation(10, 10);                //设置文本框的位置
    jtf.setSize(100, 20);                   //设置文本框的大小
    jpl.add(jtf);                           //将文本框加入面板中

    JTextField jtf2 = new JTextField();     //创建一个单行文本框
    jtf2.setText("密  码");
    jtf2.setLocation(10, 40);
    jtf2.setSize(100, 20);
    jpl.add(jtf2);

    jframe.add(jpl);                        //将面板加入窗体中
    jframe.setVisible(true);
    jframe.setDefaultCloseOperation(JFrame.EXIT_ON_CLOSE);
  }

  public static void main(String[] args) {
    new MyJTextField();
  }

}
```

例 10-5 的运行结果如图 10-6 所示。

JTextField 中常用的方法如下：

```
getText();
```

说明：得到文本框中的信息，以字符串的形式返回。

在实际登录界面中，密码框的输入文字应该是不能明文显示，并且不能被复制，这时需

要使用 JPasswordField 组件，由于它与单行文本框的用法基本相同，在这里就不再详细介绍它的使用方法了。

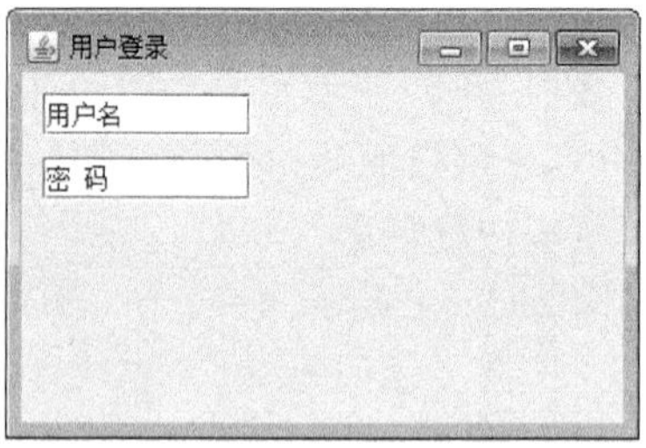

图 10-6　例 10-5 运行效果图

10.3.4　文本域(JTextArea)

文本域也就是多行文本框，是对单行文本框的补充。在填写用户信息时，有时候需要用户手动输入大量个人信息，如个人简介，这时候就需要用到 JTextArea 组件。例 10-6 中同时用到了标签和文本域。

【例 10-6】 创建一个标签和文本域，文本域中显示了北京的简介，程序代码保存在名为 MyTextArea.java 的文件中。

【程序代码】

```
import javax.swing.JFrame;
import javax.swing.JLabel;
import javax.swing.JPanel;
import javax.swing.JTextArea;

/ **
 *  文本域的使用
 * /
public class MyTextArea {

public MyTextArea(){
  JFrame jframe = new JFrame();
    jframe.setLocation(200, 200);
    jframe.setSize(300, 200);
    jframe.setTitle("北京简介");

    JPanel jpl = new JPanel();                    //创建一个面板
    jpl.setLayout(null);                          //不使用任何布局

    JLabel jlb = new JLabel();                    //创建一个标签,并放置在面板上
    jlb.setText("北京简介:");
    jlb.setLocation(10, 10);                      //设置标签的位置
    jlb.setSize(100, 20);                         //设置标签的大小
    jpl.add(jlb);                                 //将标签加入面板中

    JTextArea jta = new JTextArea();
    jta.setLocation(10, 30);
    jta.setSize(250, 100);
    jta.setText("北京,中华人民共和国首都、" +
            "中央直辖市、\n 中国国家中心城市," +
            "中国政治、文化、教育\n 和国际交流中心," +
            "同时是中国经济金融的决策\n 中心和管理中心.");

    jpl.add(jta);
    jframe.add(jpl);
    jframe.setVisible(true);
    jframe.setDefaultCloseOperation(JFrame.EXIT_ON_CLOSE);
```

```
    }

    public static void main(String[] args){
       new MyTextArea();
    }
}
```

例 10-6 的显示效果如图 10-7 所示。

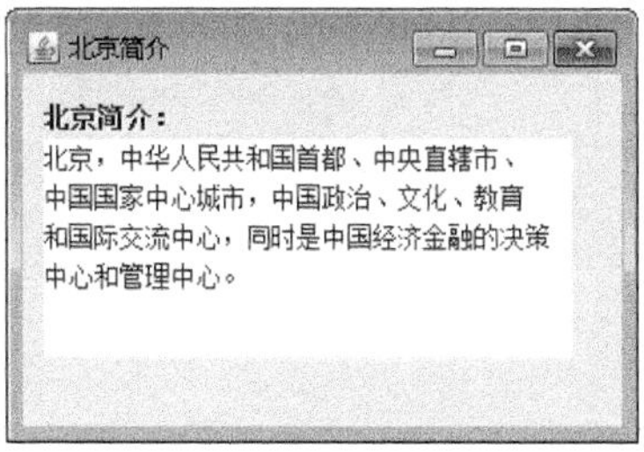

图 10-7 例 10-6 运行效果图

文本域除了具有单行文本框所具有的方法外，还有其特有的常用方法：

append(String str);

说明：在原有文本的后面直接追加字符串 str。

示例：append("北京位于华北平原北端.");，则直接在“管理中心。”后追加“北京位于华北平原北端。”

10.3.5 下拉框(JComboBox)

下拉框是很常见的组件，用户可以直接选择而不是自己输入信息，如国籍。关于 JComboBox 的使用如例 10-7 所示。

【例 10-7】 创建一个下拉框，并在下拉框中添加“中国”“美国”和“韩国”，程序代码保存在名为 MyComboBox.java 的文件中。

【程序代码】

```
import javax.swing.JComboBox;
import javax.swing.JFrame;
import javax.swing.JPanel;

/**
 * 下拉框的使用
 */
public class MyComboBox {

  JFrame jframe = null;

  public MyComboBox() {
     jframe = new JFrame();
     jframe.setLocation(200, 200);
     jframe.setSize(300, 200);
     jframe.setTitle("选择国家");

     JPanel jpl = new JPanel();              //创建一个面板
     jpl.setLayout(null);                    //不使用任何布局

     JComboBox jcb = new JComboBox();
     jcb.setLocation(10, 10);
     jcb.setSize(100, 20);

     //添加国家名
     jcb.addItem("中国");
     jcb.addItem("美国");
```

```
        jcb.addItem("韩国");

        jpl.add(jcb);                           //将按钮加入面板中
        jframe.add(jpl);                        //将面板加入窗体中
        jframe.setVisible(true);
        jframe.setDefaultCloseOperation(JFrame.EXIT_ON_CLOSE);
    }

    public static void main(String[] args) {
        new MyComboBox();
    }

}
```

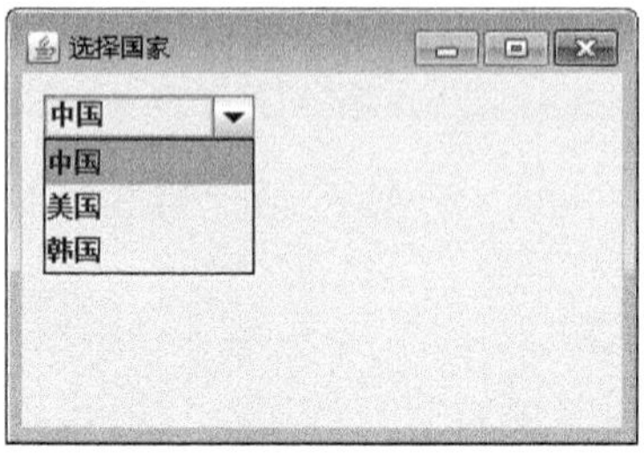

图 10-8　例 10-7 运行效果图

例 10-7 运行效果如图 10-8 所示。

JComboBox 中常用的方法如下。

(1) getSelectedItem()

说明：得到选中的条目，返回 Object 类型的数据。

(2) getSelectedIndex()

说明：返回选中项的索引值，也就是下拉项在下拉框中的序号-1。

(3) removeItemAt(int anindex)

说明：移除 anIndex 位置上的条目，从 0 开始编号。示例：removeItemAt(0);，移除第一个下拉项。

10.3.6　单选框和复选框(JRadioButton 和 JCheckBox)

单选框和复选框在填写信息时十分有用，用户不需要通过键盘敲击，而只需鼠标单击选择即可输入信息。单选框是多选一，复选框是多选多。单选框的使用和其他组件不同，例 10-8 中分别创建了两个单选框和两个复选框，分别显示用户的性别和爱好信息，程序代码保存在 MyRadioAndCheck.java 文件中。

【例 10-8】 显示填写个人性别和爱好的信息面板，包含两个单选框和两个复选框。

【程序代码】

```
import javax.swing.JFrame;
import javax.swing.JLabel;
import javax.swing.JPanel;
import javax.swing.JRadioButton;
import javax.swing.ButtonGroup;
import javax.swing.JcheckBox;

/**
 * 单选框和复选框的使用
 */
public class MyRadioAndCheck {

  JFrame jframe = null;

  public MyRadioAndCheck() {
    jframe = new JFrame();
```

```
jframe.setLocation(200, 200);
jframe.setSize(300, 200);
jframe.setTitle("性别和爱好");

JPanel jpl = new JPanel();              //创建一个面板
jpl.setLayout(null);                    //不使用任何布局

//性别标签
JLabel jlb1 = new JLabel();             //创建一个标签,并放置在面板上
jlb1.setText("性别:");
jlb1.setLocation(10, 10);               //设置标签的位置
jlb1.setSize(40, 20);                   //设置标签的大小
jpl.add(jlb1);                          //将标签加入面板中

//单选框
JRadioButton jrb1 = new JRadioButton("男");
jrb1.setLocation(50, 10);
jrb1.setSize(40, 20);

JRadioButton jrb2 = new JRadioButton("女");
jrb2.setLocation(90, 10);
jrb2.setSize(60, 20);

//将单选框放入同一个按钮组上,表示同一信息的不同选项
ButtonGroup buttonGroup = new ButtonGroup();
buttonGroup.add(jrb1);
buttonGroup.add(jrb2);

//面板中加入两个单选按钮
jpl.add(jrb1);
jpl.add(jrb2);

//爱好标签
JLabel jlb2 = new JLabel();             //创建一个标签,并放置在面板上
jlb2.setText("爱好:");
jlb2.setLocation(10, 40);               //设置标签的位置
jlb2.setSize(40, 20);                   //设置标签的大小
jpl.add(jlb2);                          //将标签加入面板中

//复选框
JCheckBox jcb1 = new JCheckBox("篮球");
jcb1.setLocation(50, 40);
jcb1.setSize(60, 20);

JCheckBox jcb2 = new JCheckBox("足球");
jcb2.setLocation(110, 40);
jcb2.setSize(80, 20);

//加入两个复选框
jpl.add(jcb1);
jpl.add(jcb2);

jframe.add(jpl);
```

```
        jframe.setVisible(true);
        jframe.setDefaultCloseOperation(JFrame.EXIT_ON_CLOSE);
    }

    public static void main(String[] args) {
        new MyRadioAndCheck();
    }
}
```

例 10-8 的运行效果如图 10-9 所示。

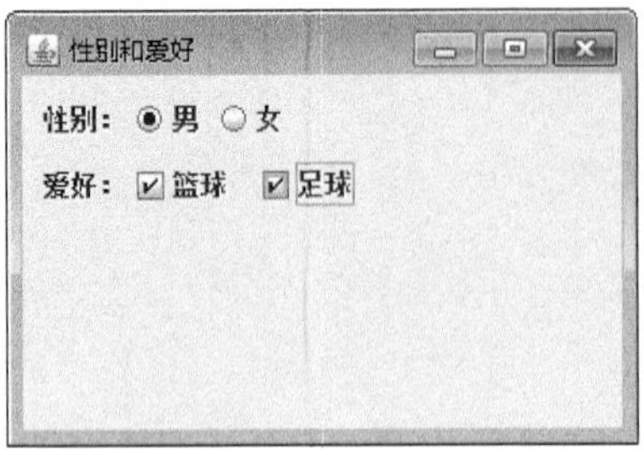

图 10-9 例 10-8 运行效果图

注：从代码中可以明显地感觉到 JRadioButton 的使用和其他组件的不同。由于单选框一般有两个或两个以上，并且成组出现，所以必须用一个 ButtonGroup 将相关的单选框关联起来，否则，图 10-9 中的男女皆可选中。

需要注意的是，ButtonGroup 并不是容器，只是将单选框关联起来而已。所以并不是将 JRadioButton 放在 ButtonGroup 之上，而是直接放在面板上。

10.4 Java 事件处理

图形界面之所以深受用户的喜爱，最重要的原因就是它与用户良好的交互性，用户可以在图形界面中通过一系列的外部设备(鼠标、键盘等)的操作来对系统进行操作，这种操作十分直观而且灵活。图形化操作的核心就是事件处理，任意操作(如鼠标单击、键盘敲击等)都可以看作一个事件，Java 中本身具有事件处理机制，能够对事件进行处理并响应。

10.4.1 Java 事件处理模型概述

自 JDK1.1 起，Java 的 AWT 中就引入了委托事件处理模型，该模型定义了一个标准一致的机制去产生和处理事件。该机制使用了 4 个非常简单的概念：事件、事件源、事件监听器和事件处理程序来进行描述。

(1) 事件。事件是一个描述了事件源的状态改变的对象，即它描述的是“发生了什么事情”。系统会根据用户的操作构造出相应事件类的对象。该对象封装了与事件源所产生事件相关的信息。比如，当用户用鼠标单击按钮 Button 时就产生一个 ActionEvent 事件对象，该事件对象包括产生事件的对象(用 getSource 方法获取)、与此动作相关的命令字符串(用 getActionCommand 方法获取)、发生时间(用 getWhen 方法获取)等信息。

(2) 事件源。事件源是一个产生事件的对象。当该对象内部的状态发生改变时，就会产生事件。一个事件源可能产生多种事件。例如，常见的用于同用户进行交互的 GUI 组件按钮和文本框都是事件源。

(3) 事件监听器。事件监听器是一个在事件发生时被通知的对象。它会实时监听事件的产生、接收事件并对事件进行处理。实际上，事件监听器是一个实现了某种类型的事件监听接口的类的对象。其中，事件监听器接口定义了当事件监听器监听到事件后必须去做什么，但没有规定具体该怎么去做，每个事件都有一个相应的事件监听器接口。

（4）事件处理程序。事件处理程序就是实际处理某个事件的程序。Java 中的所有与事件相关的类和接口都包含在 java. awt. event 包中，实际执行的就是这些类或接口下的某个方法，具体的事件程序代码就写在该方法下。不同的事件类型都有不同的方法，所以写在那个方法下需要按具体事件类型确定。

举一个例子来说明它们之间的关系。李某家发生了入室盗窃事件，李某立马拨打了 110 报警电话，接听电话的是 110 报警热线中心的接听服务人员，李某在简单介绍了情况后，服务人员说："好的，请您不要着急，我们马上派人去处理。"根据李某的描述，这应该是一起刑事犯罪案件，随即调派了民警做相应处理。这里的盗窃案件就是事件，李某是事件源，110 服务人员就是事件监听器，民警的处理就是事件处理程序。

Java 中采用委托事件处理机制（Delegation Event）。委托事件机制模型的核心就是将事件源（如按钮）和事件的处理分离开来。一般情况下，事件源不处理具体的事件，而是将事件处理委托给外部处理实体（即事件监听器）。不同的事件源都有各自可使用的事件、事件监听器及处理方法。

具体来说，所谓的委托事件模型就是事件源把事件信息转给事件监听器，事件监听器再调用自身内部的事件处理程序，而事件源继续等待用户的下一次操作命令。

例如，当用户没有任何单击按钮操作时，按钮会一直处于等待单击命令状态。当用户单击提交后，Java 程序就会产生一个"事件对象"来表示这个事件（如 ActionEvent），然后通知按钮的单击事件某个监听者（譬如为 ActionListener 接口），监听者根据事件的具体工作内容决定调用适当的处理程序（如 actionPerformed）。整个过程中按钮是事件源，ActionListener 是事件监听器，ActionEvent 是事件，actionPerformed 及其内部程序是事件处理程序。

为了能够监听事件源所产生的事件，需要给事件源添加至少一个事件监听器。这样，当事件源接到操作命令事件时，事件监听器就可代替事件源对发生的事件进行处理。具体的事件添加方法将在 10.4.3 节中介绍。图 10-10 说明了"委托事件模型"的工作原理。

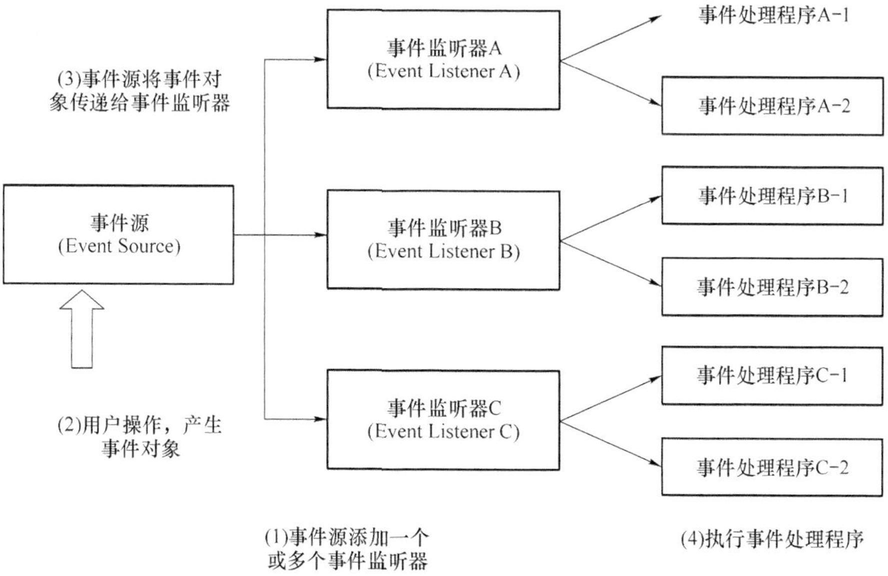

图 10-10 "委托事件模型"工作原理图

10.4.2 Java 中的事件类

Java 中将所有可能发生的事件进行了分类，每一个事件类型都对应一个 Java 类，命名为 XXXEvent，如与鼠标相关的事件类为 MouseEvent。每一个事件类都不是某个组件所特有的，只要这一个组件能够发出一个事件，组件就可以与事件进行关联。

Java 中采用委托事件模型，产生的事件对象只能传递给已进行注册的事件监听器，然后再由事件监听器进行相关处理，所有事件类与至少一个事件监听器相关联，关联的方法就是接口内的方法是用该事件类作为其参数。比如，与 ActionEvent 事件对应的事件监听器接口 ActionListener 内有方法 actionPerformed(ActionEvent evt)。Swing 中常用的事件源、事件对象、事件监听器接口及接口的方法详细介绍如表 10-1 所示。

表 10-1 Swing 中常用事件源、事件对象、事件监听器接口及接口的方法

事件源	事件对象	事件监听器接口	事件监听器接口所声明的方法
JComponent	FocusEvent	FocusListener	focusGained(FocusEvent evt) focusLost(FocusEvent evt)
	KeyEvent	KeyListener	keyPressed(KeyEvent evt) keyReleased(KeyEvent evt) keyTyped(KeyEvent evt)
	MouseEvent	MouseListener	mouseClicked (MouseEventevt) mousePressed (MouseEvent evt) mouseExited(MouseEvent evt) mouseReleased(MouseEvent evt) mouseEntered(MouseEvent evt)
		MouseMotionListener	mouseDragged(MouseEvent evt) mouseMoved(MouseEvent evt)
JButton、JTextField、JMenuItem	ActionEvent	ActionListener	actionPerformed(ActionEvent evt)
JTextField、JTextArea	TextEvent	TextListener	textValueChanged(TextEvent evt)
Scrollbar	AdjustmentEvent	AdjustmentListener	adjustmentValueChanged(AdjustmentEvent evt)

10.4.3 Java 事件处理的写法

Java 中有事件处理模型的写法，每一种都可以在不同场合下实现相同的功能，它们其实并不是事件处理中独有的写法，只不过在事件处理中表现得尤为突出而已，它们分别如下。

(1) 匿名内部类写法。在添加事件监听时，采用调用匿名内部类的方式。并且在添加事件监听器时是添加一个接口实例。

【例 10-9】 使用匿名内部类的形式给 JButton(按钮)绑定一个单击事件,当单击按钮时,在控制台打印出“Hello Everyone”。这个类保存在名为 Event1. java 的文件中。

【程序代码】

```
import java.awt.event.ActionEvent;
import java.awt.event.ActionListener;
import javax.swing.JButton;
import javax.swing.JFrame;

/**
 * 使用匿名内部类的方式写事件处理
 */
public class Event1 {

  private JFrame jframe = null;

  public Event1() {
    jframe = new JFrame();
    jframe.setLocation(200, 200);
    jframe.setSize(300, 200);
    jframe.setTitle("Hello Everyone");

    JButton jbt = new JButton();           //创建一个按钮

    //添加事件监听器(接口)
    jbt.addActionListener(new ActionListener() {

      //覆盖 actionPerformed 方法,里面写事件处理程序
      @Override
      public void actionPerformed(ActionEvent arg0) {
        System.out.println("Hello Everyone");
      }
    });                                    //别忘了这里的分号

      jframe.add(jbt);
      jframe.setVisible(true);
      jframe.setDefaultCloseOperation(JFrame.EXIT_ON_CLOSE);
  }

  public static void main(String[] args) {
    new Event1();
  }

}
```

匿名内部类写起来十分简单,它最大的特点就是直接实例化类或接口。而不需要对它们进行命名。需要强调的是,最后的那个分号别漏掉,这是 jbt. addActionListener ()方法结束的标志的,不然会出现语法错误。

(2) 命名内部类写法。将事件监听器类写在某个类的内部,并且具有自己的类名。在添加事件监听器时添加一个适配器。具体实例如例 10-10 所示。

【例 10-10】 使用命名内部类的形式给按钮添加一个鼠标单击事件,单击按钮后,控制

台打印出“Hello Everyone”。这个类保存在名为 Event2.java 的文件中。

【程序代码】

```
import java.awt.event.MouseAdapter;
import java.awt.event.MouseEvent;

import javax.swing.JButton;
import javax.swing.JFrame;

public class Event2 {

  private JFrame jframe = null;

  public Event2() {
    jframe = new JFrame();
    jframe.setLocation(200, 200);
    jframe.setSize(300, 200);
    jframe.setTitle("Hello Everyone");

    JButton jbt = new JButton();          //创建一个按钮

    //添加鼠标事件监听器
    jbt.addMouseListener(new MyAdapter());

    jframe.add(jbt);
    jframe.setVisible(true);
    jframe.setDefaultCloseOperation(JFrame.EXIT_ON_CLOSE);
  }

  //Event2 内部的一个内部类,它继承了鼠标适配器类
  class MyAdapter extends MouseAdapter {

//鼠标单击事件处理程序部分
    @Override
    public void mouseClicked(MouseEvent e) {
      System.out.println("Hello Everyone");
    }

  }

  public static void main(String[] args) {
    new Event2();
  }

}
```

这种写法可以将事件处理代码集中在一起，便于程序阅读和代码维护。同时，由于定义了一个新的类，有利于代码的重用。

(3) 外部类写法：这种写法与内部类写法十分类似，只不过将 MyAdapter 类写到一个单独的 Java 文件中，实现代码例 10-11 所示。代码分别保存名为 Event3.java 和 MyAdapter.java 的文件中。

【例 10-11】 采用外部类的写法,将适配器类写在单独的名为 MyAdapter. java 的文件中。

【程序代码】

```
//文件 1 Event3. java
import javax. swing. JButton;
import javax. swing. JFrame;

public class Event3 {

  private JFrame jframe = null;

  public Event3() {
    jframe = new JFrame();
    jframe. setLocation(200, 200);
    jframe. setSize(300, 200);
    jframe. setTitle("Hello Everyone");

    JButton jbt = new JButton();            //创建一个按钮

    //添加鼠标事件监听器,MyAdapter 类另外一个 Java 文件中
    jbt. addMouseListener(new MyAdapter());

    jframe. add(jbt);
    jframe. setVisible(true);
    jframe. setDefaultCloseOperation(JFrame. EXIT_ON_CLOSE);
  }

    public static void main(String[]args){
      new Event3();
    }
}
```

```
//文件 2 MyAdapter. java
import java. awt. event. MouseAdapter;
import java. awt. event. MouseEvent;

//继承了鼠标适配器类
public class MyAdapter extends MouseAdapter {

  @Override
  public void mouseClicked(MouseEvent e) {
    System. out. println("Hello Everyone");
  }

}
```

(4) 实现监听接口写法。将类实现 WindowListener 接口,于是这个类本身就是一个监听器了。这种方式适用于多个组件添加同一类事件监听器,并且事件处理程序代码可以共用的情形。

【例 10-12】 采用实现监听接口的方式实现事件处理,保存在名为 Event4. java 的文件中。

【程序代码】

```
import java.awt.event.ActionEvent;
import java.awt.event.ActionListener;
import javax.swing.JButton;
import javax.swing.JFrame;

public class Event4 implements ActionListener{
    public Event4() {
        JFrame jframe = new JFrame();
        jframe.setLocation(200, 200);
        jframe.setSize(300, 200);
        jframe.setTitle("Hello Everyone");

        JButton jbt = new JButton();            //创建一个按钮

        //添加鼠标事件监听器
        jbt.addActionListener(this);
        jbt.setActionCommand("ok");             //设置按钮控制命令表示标识符

        jframe.add(jbt);
        jframe.setVisible(true);
        jframe.setDefaultCloseOperation(JFrame.EXIT_ON_CLOSE);
    }

    public static void main(String[] args) {
        new Event4();
    }

    //重写 ActionListener 的 actionPerformed 方法
    @Override
    public void actionPerformed(ActionEvent arg0) {
        String actionCommand = arg0.getActionCommand();

        //根据控制命名标识符来确定按钮的处理程序
        if (actionCommand == "ok") {
            System.out.println("OK");
        }

    }

}
```

要实现 ActionListener 接口，必须要重写 ActionListener 中的所有方法，这是接口最基本的特点。

10.5 布局管理器

组件放置到容器中，那么它们是怎么进行定位的呢？在前面的例子中，我们都通过二维空间上的 x 轴和 y 轴进行相对坐标定位，定位的基准点是其父容器的左上角那个点。这种定位方法的优点是定位准确，缺点则是当窗体的大小发生变化时，组件或容器与父容器的相对位置不会发生任何变化。

如果仅仅使用坐标定位的方式,则界面的视觉体验绝对会大打折扣。为了解决这一问题,Java 引入了布局管理器。所谓布局管理,与平时所说的页面设置十分相似,是指窗体中的组件遵循一定的规则来排列,并会随着窗口大小的变化来改变组件大小与位置。

布局管理器实际上定义了组件的摆放方式,就好比食堂盛食物用的餐盘,规定了哪个格子用来盛米饭,哪个格子用来放饮料。Java 作为一门为跨平台而生的语言,需要布局管理器。每一个操作系统的屏幕定义是不一样的,假设在 Windows 平台下,使用绝对定位方式来摆放组件,此时界面十分美观,然而到了苹果系统平台可能就会变得一塌糊涂。即便在某一台机器上能完美运行,但是到了另外一台不同屏幕分辨率的机器下,则会大打折扣。

布局管理器是随着 AWT 一起出现的,所有的布局管理器都保存在 java.awt.* 包下。本节将介绍 AWT 中比较常用的几种布局管理器。

10.5.1 边界布局管理器(BorderLayout)

BorderLayout(边界布局)是一种非常简单的布局策略,它把容器内的空间简单地划分为 North、South、East、West 和 Center 5 个区域,每加入一个组件都应该指明把这个组件加在哪个区域中。

【例 10-13】 使用边界布局方式,将 5 个按钮分别放在东、南、西、北和中 5 个位置,5 个按钮设置不同的颜色,程序保存在名为 MyBorderLayout.java 的文件中。

【程序代码】

```
import java.awt.BorderLayout;
import java.awt.Color;
import java.awt.Panel;

import javax.swing.JButton;
import javax.swing.JFrame;

/**
 * 边界布局器
 */
public class MyBorderLayout {

  public MyBorderLayout() {
    JFrame jframe = new JFrame();
    jframe.setLocation(200, 200);
    jframe.setSize(300, 200);
    jframe.setTitle("borderLayout");

    Panel mainPanel = new Panel();
    mainPanel.setLayout(new BorderLayout());

    //东部按钮
    {
      JButton b_east = new JButton("东部");
      b_east.setBackground(Color.BLUE);
      mainPanel.add(b_east, BorderLayout.EAST);
```

```
        }

        //南部按钮
        {
            JButton b_south = new JButton("南部");
            b_south.setBackground(Color.YELLOW);
            mainPanel.add(b_south, BorderLayout.SOUTH);
        }

        //西部按钮
        {
            JButton b_west = new JButton("西部");
            b_west.setBackground(Color.RED);
            mainPanel.add(b_west, BorderLayout.WEST);
        }

        //北部按钮
        {
            JButton b_north = new JButton("北部");
            b_north.setBackground(Color.CYAN);
            mainPanel.add(b_north, BorderLayout.NORTH);
        }

        //中部按钮
        {
            JButton b_center = new JButton("中部");
            b_center.setBackground(Color.GREEN);
            mainPanel.add(b_center, BorderLayout.CENTER);
        }

        jframe.add(mainPanel);
        jframe.setVisible(true);
        jframe.setDefaultCloseOperation(JFrame.EXIT_ON_CLOSE);
    }

    public static void main(String[] args) {
        new MyBorderLayout();
    }
}
```

例 10-13 的运行结果如图 10-11 所示。

注：BorderLayout（边界布局）具有以下特点。

（1）BorderLayout 是顶层容器（Frame、Dialog 和 Applet）的默认布局管理器。

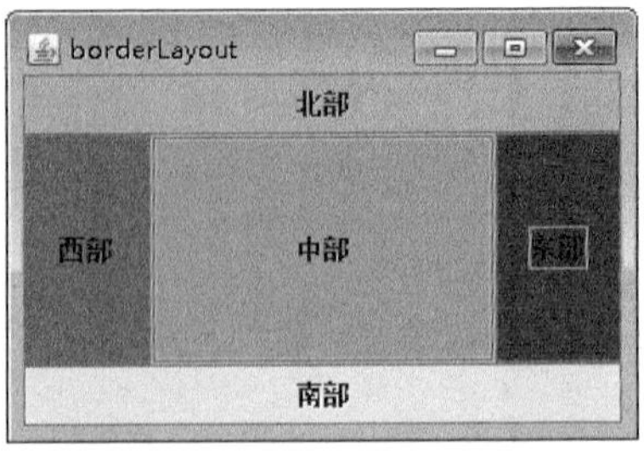

图 10-11　例 10-13 运行效果图

（2）在使用 BorderLayout 的时候，如果窗体的大小发生变化，其变化规律为：组件的相对位置不变，大小发生变化。例如窗体变高了，则 North 和 South 区域不变，West、Centerh 和 East 区域变高。如果容器变宽了，West 和 East 区域不变，North、

Center 和 South 区域变宽。不一定所有的区域都有组件，如果四周的区域（West，East，North 和 South 区域）没有组件，则由 Center 区域去补充；但如果 Center 区域没有组件，则保持空白。

10.5.2　流式布局管理器(FlowLayout)

流式布局管理器好像平时在一张纸上写字一样，一行写满就换下一行。行高是用一行中的控件高度决定的。

【例 10-14】 使用流式布局管理器，采用左对齐的方式排列 3 个按钮，保存在名为 MyFlowLayout.java 的文件中。

【程序代码】

```
import java.awt.FlowLayout;
import java.awt.Panel;

import javax.swing.JButton;
import javax.swing.JFrame;

/**
 * 流式布局
 */
public class MyFlowLayout {

  public MyFlowLayout() {
    JFrame jframe = new JFrame();
    jframe.setLocation(200, 200);
    jframe.setSize(300, 200);
    jframe.setTitle("flowLayout");

    Panel mainPanel = new Panel();
    //左对齐
    mainPanel.setLayout(new FlowLayout(FlowLayout.LEFT));
    //确定按钮
    {
      JButton b_OK = new JButton("确定");
      mainPanel.add(b_OK);
    }

    //取消按钮
    {
      JButton b_cancel = new JButton("取消");
      mainPanel.add(b_cancel);
    }

    //返回按钮
    {
      JButton b_turnBack = new JButton("返回");
      mainPanel.add(b_turnBack);
    }

```

```
        jframe.add(mainPanel);
        jframe.setVisible(true);
        jframe.setDefaultCloseOperation(JFrame.EXIT_ON_CLOSE);
    }

    public static void main(String[] args) {
        new MyFlowLayout();
    }
}
```

运行效果如图 10-12 所示。

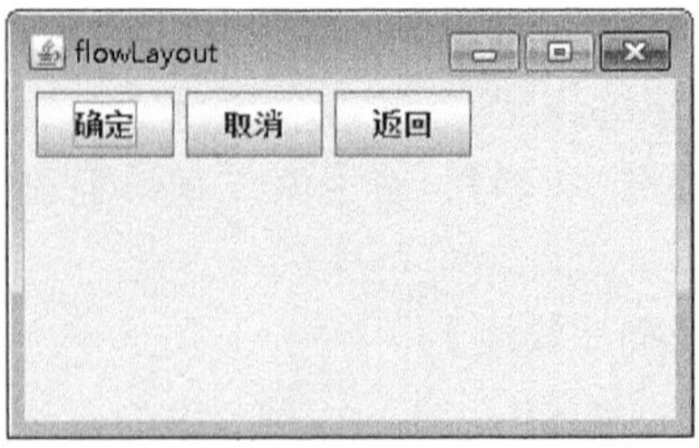

图 10-12　例 10-14 运行效果图

注：FlowLayout（流式布局）具有以下特点。

（1）FlowLayout 是 JPanel 的默认布局管理器。

（2）在生成流式布局时能够指定显示的对齐方式，默认情况下是保持居中对齐（FlowLayout.CENTER）。在上面的代码中指定了对齐方式为左对齐。

10.5.3　网格布局管理器（GridLayout）

GridLayout（网格布局）将成员按网格形排列，每个成员尽可能地占据网格的空间，每个网格也同样尽可能地占据空间，从而各个组件按照一定的大小比例放置。

【例 10-15】　使用网格布局管理器将 9 个按钮排列成 3 行 3 列的形式，程序保存在名为 MyGridLayout.java 的文件中。

【程序代码】

```
import java.awt.GridLayout;
import javax.swing.JButton;
import javax.swing.JFrame;
import javax.swing.JPanel;

/**
 * 网格布局实例
 */
public class MyGridLayout {

    public MyGridLayout() {
        JFrame jframe = new JFrame();
        jframe.setLocation(200, 200);
        jframe.setSize(300, 200);
        jframe.setTitle("gridLayout");

        JPanel mainPanel = new JPanel();
        GridLayout gridLayout = new GridLayout(3, 3);
        gridLayout.setHgap(10);                    //设置垂直方向单元格的间距
        gridLayout.setVgap(5);                     //设置水平方向单元格的间距
        mainPanel.setLayout(gridLayout);

        //网络的使用的顺序为：先行后列、先左后右
        for (int i = 0; i < gridLayout.getRows(); i++)
```

```
        for (int j = 0; j < gridLayout.getColumns(); j++) {
            JButton button = new JButton((i + 1) + "行" + (j + 1) +
                                                 "列");
            mainPanel.add(button);
        }

    jframe.add(mainPanel);
    jframe.setVisible(true);
    jframe.setDefaultCloseOperation(JFrame.EXIT_ON_CLOSE);
  }

  public static void main(String[] args) {
    new MyGridLayout();
  }
}
```

例 10-15 的运行效果如图 10-13 所示。

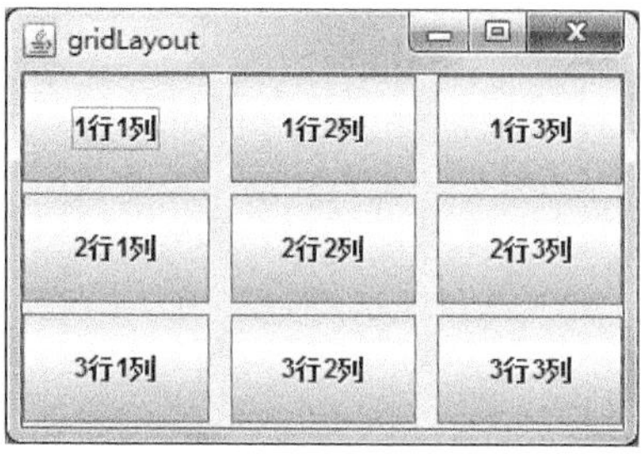

图 10-13　例 10-15 运行效果图

注:如果改变组件大小,GridLayout 将相应地改变每个网格的大小,以使各个网格尽可能地大,占据窗体容器全部的空间。网格占据的顺序为:先行后列,先左后右。

以上介绍的三种布局管理器是 AWT 比较常用的三种布局管理器,也是最基本的布局管理器,通过它们的分析,应对 AWT 中布局管理器的基本特点及管理器本身有深刻的理解。AWT 中还有其他的布局管理器,如 CardLayout(卡片布局)、BoxLayout(盒式布局)、GirdBagLayout(网格包布局)等。

10.6　高级容器和组件

本节将介绍一些使用起来比较复杂的容器和组件,它们同样也是软件开发过程中常用的容器和组件。从本节开始,使用布局管理器来对组件进行定位。

10.6.1　滚动面板(JScrollPane)

滚动面板(JScrollPane)提供了一种通过拖动滚动条来改变视口的可视范围的功能,这样可以在屏幕上显示比屏幕所能显示内容更多的内容。它主要由视口、可选的垂直和水平滚动条以及可选的行和列标题组成。

【例 10-16】　在窗体的内容显示区插入一个滚动板,程序保存在名为 MyScrollPane.java 的文件中。

【程序代码】

```
import java.awt.BorderLayout;
import javax.swing.JFrame;
import javax.swing.JScrollPane;
import javax.swing.ScrollPaneConstants;

public class MyScrollPane {
```

```

private JScrollPane jsp;

public MyScrollPane() {
  JFrame jframe = new JFrame();
  jframe.setLocation(200, 200);
  jframe.setSize(300, 200);
  jframe.setTitle("用户登录");

  jframe.setLayout(new BorderLayout());           //使用边界布局

  jsp = new JScrollPane();

  //竖直方向滑动条总是显示
  jsp.setVerticalScrollBarPolicy(ScrollPaneConstants.
     VERTICAL_SCROLLBAR_ALWAYS);

  //水平方向滑动条总是显示
  jsp.setHorizontalScrollBarPolicy(ScrollPaneConstants.
     HORIZONTAL_SCROLLBAR_ALWAYS);

  jframe.add(jsp);
  jframe.setVisible(true);
  jframe.setDefaultCloseOperation(JFrame.EXIT_ON_CLOSE);
}

public static void main(String[] args) {
  new MyScrollPane();
}

}
```

例 10-16 的运行效果如图 10-14 所示。

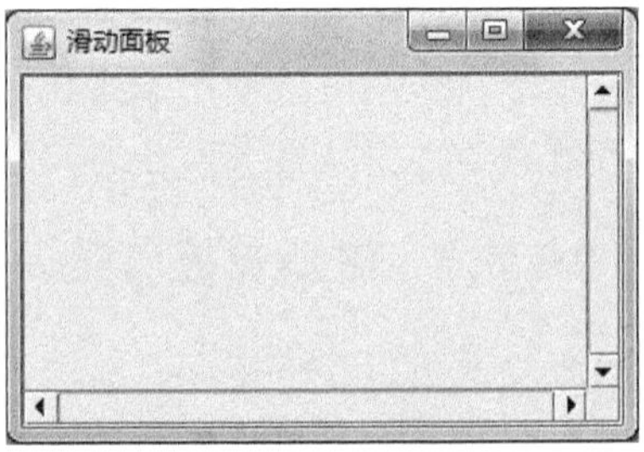

图 10-14　例 10-16 运行效果图

注：滚动条的实现由 JScrollBar 组件负责，滚动条的显示方式有 3 种可选模式。

(1) SCROLLBARS_AS_NEEDED：需要的时候才显示滚动条。

(2) SCROLLBARS_ALWAYS：滚动面板总是创建并显示滚动条。

(3) SCROLLBARS_NEVER：一直都不显示滚动条。

10.6.2　标准对话框(JOptionPane)

标准对话框(JOptionPane)是指 Java 中已经设计好的，用户信息提示和用户输入的对话框。根据对话框的作用的不同，可以将标准对话框划分为以下 4 类。

(1) ConfirmDialog：确认对话框。提出问题，然后由用户自己来确认(按“Yes”或“No”按钮)。

(2) InputDialog:提示输入文本。

(3) MessageDialog:显示信息。

(4) OptionDialog:组合其他三个对话框类型。

这 4 类对话框可以采用 showXXXDialog 方法来显示,如 showmessageDialog()是显示信息对话框,包括信息框、警告框和错误框等类型。这些方式都是 JOptionPane 中的静态方法,可以不实例化而通过类名直接调用。

【例 10-17】 创建多个按钮,每个按钮弹出不同的对话框。程序代码保存在名为 MyJOptionPane. Java 的文件中。

【程序代码】

```
import java.awt.FlowLayout;
import java.awt.event.ActionEvent;
import java.awt.event.ActionListener;

import javax.swing.JButton;
import javax.swing.JFrame;
import javax.swing.JOptionPane;
import javax.swing.JPanel;

/**
 * 标准对话框的使用
 */
public class MyJOptionPane implements ActionListener {

  public MyJOptionPane() {
    JFrame jframe = new JFrame();
    jframe.setLocation(200, 200);
    jframe.setSize(300, 200);
    jframe.setTitle("标准对话框");

    JPanel jpl = new JPanel();                          //创建一个面板
    jpl.setLayout(new FlowLayout(FlowLayout.LEFT));     //流式布局

    JButton jbt1 = new JButton();
    jbt1.setText("信息框");
    jbt1.addActionListener(this);                       //添加事件监听器
    jbt1.setActionCommand("info");                      //设置动作命令
    jpl.add(jbt1);

    JButton jbt2 = new JButton();
    jbt2.setText("错误框");
    jbt2.addActionListener(this);
    jbt2.setActionCommand("error");                     //设置动作命令
    jpl.add(jbt2);

    JButton jbt3 = new JButton();
    jbt3.setText("确认框");
    jbt3.addActionListener(this);
    jbt3.setActionCommand("confirm");                   //设置动作命令
    jpl.add(jbt3);
```

```

    JButton jbt4 = new JButton();
    jbt4.setText("输入文本框");
    jbt4.addActionListener(this);
    jbt4.setActionCommand("input");                    //设置动作命令
    jpl.add(jbt4);

    jframe.add(jpl);
    jframe.setVisible(true);
    jframe.setDefaultCloseOperation(JFrame.EXIT_ON_CLOSE);
  }

  @Override
  public void actionPerformed(ActionEvent arg0) {
    String commandStr = arg0.getActionCommand();
    if (commandStr == "info") {
      JOptionPane.showMessageDialog(null, "确定框");
    } else if (commandStr == "error") {
      JOptionPane.showMessageDialog(null, "错误框", "错误",
          JOptionPane.ERROR_MESSAGE);
    } else if (commandStr == "confirm") {
      JOptionPane.showConfirmDialog(null, "确定?");
    } else if (commandStr == "input") {
      JOptionPane.showInputDialog("请输入您的生日");
    }
  }

  public static void main(String[] args) {
    new MyJOptionPane();
  }
}
```

例 10-17 的原始显示效果如图 10-15 所示。从左到右分别单击按钮显示如图 10-16 到图 10-19 所示。

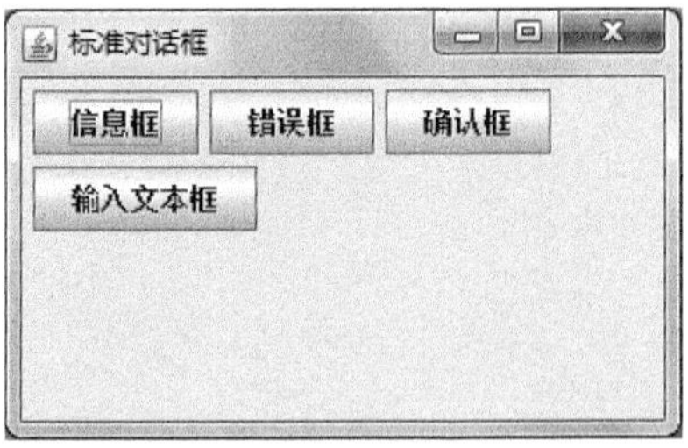

图 10-15　例 10-17MyJOptionPane 运行效果图

图 10-16　单击“信息框”按钮弹出对话框

图 10-17　单击“错误框”按钮弹出对话框

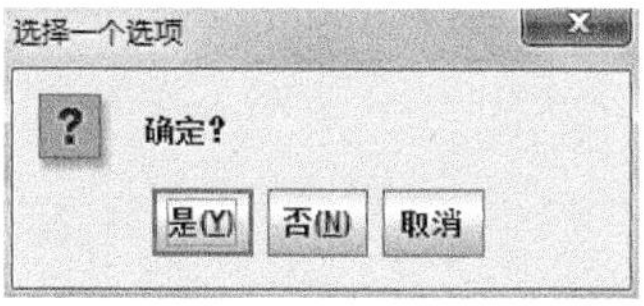

图 10-18　单击"确认框"按钮弹出对话框

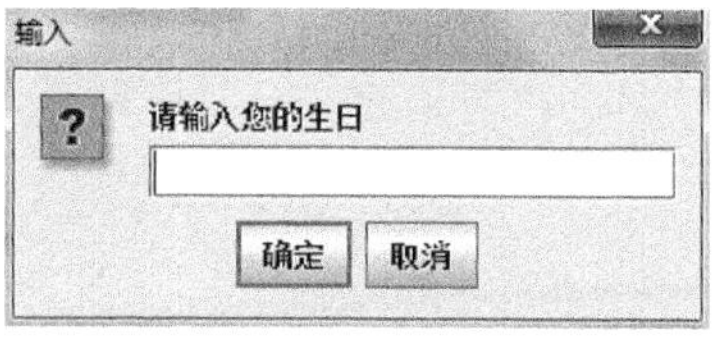

图 10-19　单击"输入文本框"按钮弹出对话框

10.6.3　菜单(JMenuBar、JMenu 和 JMenuItem)

作为整个系统的导航,菜单也是经常被用到的一个组件。Swing 中一个完整的菜单包括 JMenuBar(菜单条)、JMenu(顶级菜单)、JMenuItem(菜单项)。一般情况下,只有一个 JMenuBar,包含若干菜单(JMenu),每一个菜单下面又包含若干菜单项(JMenuItem)。每一个菜单项与事件直接相关,与按钮的功能十分相似,只不过位置不一样。

Java 中的菜单分为两大类:一类是条式菜单;另一类是弹出式菜单(右击弹出菜单)。在本节中只介绍条式菜单。

要创建一个菜单系统,首先必须要有一个菜单系统载体,一般为 JFrame(窗体)。首先放置一个 MenuBar,然后在 MenuBar 上放置若干个 JMenu,最后在每一个 JMenu 上放置相应的 JMenuItem。图 10-20 详细展示了三者之间的关系。

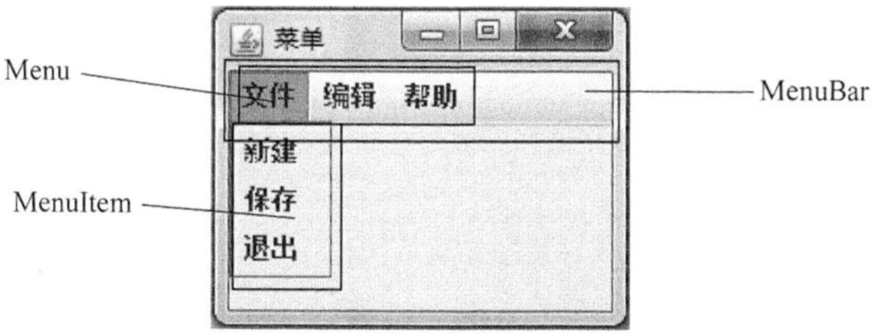

图 10-20　菜单三组件关系图示

【例 10-18】 创建一个条式菜单系统,菜单项中包含有类似 QQ 聊天界面的功能项,当单击某个菜单项时,主窗体内容区中显示内容。程序代码包含在名为 MyQQMenu.java 的文件中。

【程序代码】

```
import java.awt.BorderLayout;
import java.awt.event.ActionEvent;
import java.awt.event.ActionListener;

import javax.swing.JFrame;
import javax.swing.JLabel;
import javax.swing.JMenu;
import javax.swing.JMenuBar;
import javax.swing.JMenuItem;
import javax.swing.JPanel;

/**
```

```
 * 创建一个包含 QQ 聊天界面功能的简易菜单系统
 */
public class MyQQMenu implements ActionListener{

  private JFrame jframe;

  private JPanel jpl;

  private JMenuBar jmb;

  private JMenu jm1, jm2, jm3;

  private JMenuItem jmi1, jmi2, jmi3, jmi4, jmi5, jmi6;

  public MyQQMenu() {

    //创建窗体
    {
      jframe = new JFrame();
      jframe.setLocation(200, 200);
      jframe.setSize(300, 200);
      jframe.setTitle("QQ 用户");

    }

    //创建菜单条
    jmb = new JMenuBar();

    //开始视频会话菜单
    {
      jm1 = new JMenu("开始视频会话");                //创建菜单
      jmi1 = new JMenuItem("开始视频会话");           //创建菜单项
      jmi2 = new JMenuItem("邀请多人视频会话");
      jmi3 = new JMenuItem("发送视频留言");
      jmi1.addActionListener(this);                  //添加事件监听器
      jmi1.setActionCommand("start");

      jm1.add(jmi1);                                 //给菜单添加菜单项
      jm1.add(jmi2);
      jm1.add(jmi3);
    }

    //开始语音会话
    {
      jm2 = new JMenu("开始语音会话");                //创建菜单
      jmi4 = new JMenuItem("开始语音会话");           //创建菜单项
      jmi5 = new JMenuItem("发起多人语音");

      jm2.add(jmi4);                                 //给菜单添加菜单项
      jm2.add(jmi5);
    }

    //发送文件
```

```
        {
            jm3 = new JMenu("发送文件");
            jmi6 = new JMenuItem("发送文件");

            jm3.add(jmi6);
        }

        //给菜单条添加菜单
        jmb.add(jm1);
        jmb.add(jm2);
        jmb.add(jm3);

        //将菜单添加到窗体的菜单位置
        jframe.setJMenuBar(jmb);

        jpl = new JPanel();
        jframe.add(jpl);

        jframe.setVisible(true);
        jframe.setDefaultCloseOperation(JFrame.EXIT_ON_CLOSE);
    }

    @Override
    public void actionPerformed(ActionEvent e) {
        String commandStr = e.getActionCommand();
        if (commandStr == "start") {                    //匹配操作符
            jpl.setLayout(new BorderLayout());
            JLabel jl = new JLabel("视频连接中...");
            jpl.add(jl, BorderLayout.NORTH);
            jpl.updateUI();                             //刷新面板,否则不会显示内容
        }
    }

    public static void main(String[] args) {
        new MyQQMenu();
    }
}
```

例 10-18 的运行效果如图 10-21 所示，当单击“开始视频连接”后，显示效果如图 10-22 所示。

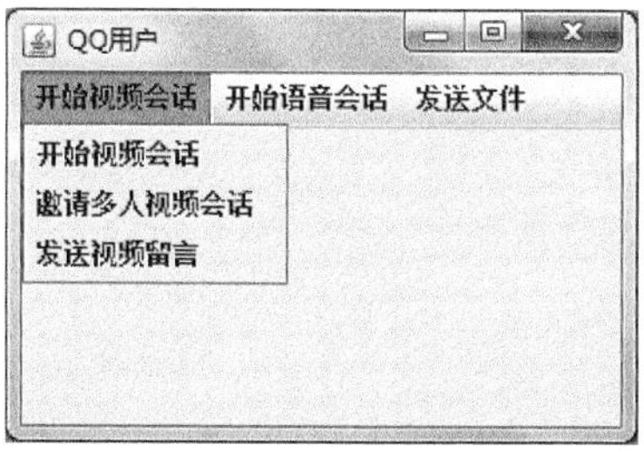

图 10-21　例 10-18 运行结果图

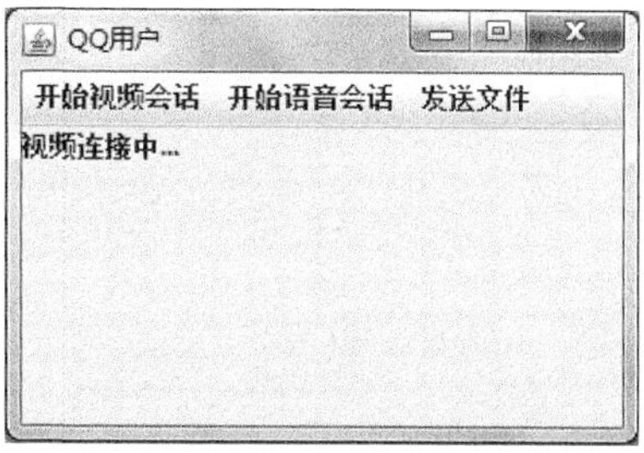

图 10-22　单击“开始视频会话”后效果图

注意：从例 10-18 中不难看出，当在窗体内容区中加入菜单项条后，它就完全占据了上部空间，此时窗体的可显示区域为除去菜单区的可视区域，所以 BorderLayout. North 所指的是紧邻菜单栏的区域，而不是菜单栏本身所在的区域。

10.6.4 选项卡(JTabbedPane)

选项卡面板 JTabbedPane 与人们日常使用的卡片盒类似，它由多个称为标签框架的卡片和标识该卡片的标签组成。每个标签框架和标签组成一张卡片，可以在标签框架中加入各式各样的组件。

这些卡片被叠放在一起，为了使用方便，卡片上的标签在顶行或底部排成一行，也可以在左边或右边排成一列。当用鼠标单击某一标签时，与该标签相关的标签框架窗体会被显示到最上面，显示出此框架的内容。标签可以是给定的文字标题或图标。

【例 10-19】 创建一个选项卡，包含两个卡片，程序代码包含在 MyTabbedPane. java 文件中。

【程序代码】

```
import java.awt.BorderLayout;
import java.awt.Component;

import javax.swing.JButton;
import javax.swing.JFrame;
import javax.swing.JPanel;
import javax.swing.JTabbedPane;

/**
 * 选项卡的使用
 */
public class MyTabbedPane {

  public MyTabbedPane() {
    JFrame jframe = new JFrame();
    jframe.setLocation(200, 200);
    jframe.setSize(300, 200);
    jframe.setTitle("选项卡");

    JTabbedPane jtp = new JTabbedPane();

    //添加一个卡片，标签为“QQ 登录”，框架内是一个面板
    jtp.add("QQ 登录", JournalTabbedPane("QQ 登录"));
    jtp.add("手机登录", JournalTabbedPane("手机登录"));

    jframe.add(jtp);
    jframe.setVisible(true);
    jframe.setDefaultCloseOperation(JFrame.EXIT_ON_CLOSE);
  }

```

```
/ **
  * 创建一个代码按钮的面板,并返回
  *
  * @param name
  *           按钮的显示名
  * @return 面板组件
  * /
private Component JournalTabbedPane(String name) {
   JPanel jPanel = new JPanel();
   jPanel.setLayout(new BorderLayout());
   JButton button = new JButton(name);
   jPanel.add(button);

   return jPanel;
}

public static void main(String[] args) {
   new MyTabbedPane();
}
}
```

例 10-19 运行后,分别单击"QQ 登录"和"手机登录"标签时,显示效果如图 10-23 所示。

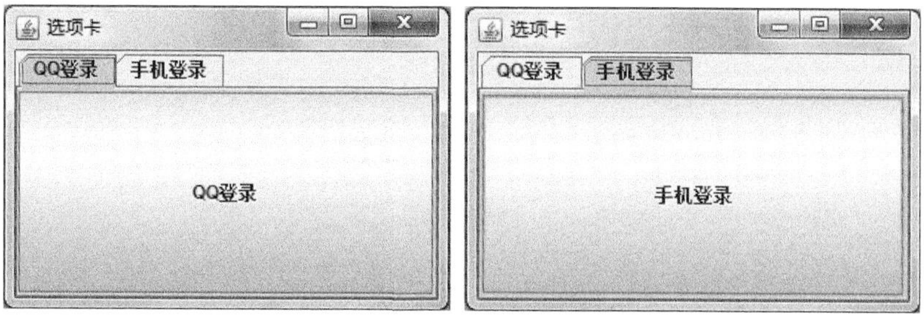

图 10-23　例 10-19 运行效果图

10.7　综合实例

有了前面所介绍的容器和组件就可做出简单的界面和实现简单的功能,接下来都通过制作一个简单的仿 QQ 登录界面来综合上面的内容。

【例 10-20】　制作一个仿 QQ 登录界面,完成简单密码验证等功能,程序代码保存在 QqClientLogin.java 中。

【程序代码】

```
import java.awt.BorderLayout;
import java.awt.Color;
import java.awt.GridLayout;
import java.awt.event.ActionEvent;
import java.awt.event.ActionListener;
import javax.swing.ImageIcon;
import javax.swing.JButton;
```

```
import javax.swing.JCheckBox;
import javax.swing.JFrame;
import javax.swing.JLabel;
import javax.swing.JOptionPane;
import javax.swing.JPanel;
import javax.swing.JPasswordField;
import javax.swing.JTabbedPane;
import javax.swing.JTextField;

/**
 * 仿 QQ 登录界面
 */
public class QqClientLogin implements ActionListener {

  private JFrame jframe;

  //定义北部需要的组件
  private JLabel jl;

  //定义中部需要的组件,中部是三个 JPanel,由三个选项卡进行管理
  private JTabbedPane jtp;
  private JPanel jp2, jp3, jp4;
  private JLabel jp2_jl1, jp2_jl2, jp2_jl3, jp2_jl4;
  private JTextField jp2_jtf;
  private JPasswordField jp2_jpf;
  private JCheckBox jp2_jcb1, jp2_jcb2;
  private JButton jp2_jb;

  //定义南部需要的组件
  JPanel jp1 = null;
  JButton jp1_jb1, jp1_jb2, jp1_jb3;

  public QqClientLogin() {
    jframe = new JFrame();

    //处理北部
    {
      jl = new JLabel(new ImageIcon("image/QQ 登录.png"));        //图片
      jframe.add(jl, BorderLayout.NORTH);
    }

    //处理中部
    {
      //QQ 登录主界面
      {
        jp2 = new JPanel(new GridLayout(3, 3));                 //网格布局
        jp2_jl1 = new JLabel("QQ 号码", JLabel.CENTER);
        jp2_jl2 = new JLabel("QQ 密码", JLabel.CENTER);
        jp2_jl3 = new JLabel("忘记密码", JLabel.CENTER);
```

```
            jp2_jl3.setForeground(Color.blue);                              //设置前景色
            jp2_jl4 = new JLabel("申请密码保护");

            jp2_jb = new JButton("清除号码");
            jp2_jtf = new JTextField();
            jp2_jpf = new JPasswordField(); /                               / 密码框

            jp2_jcb1 = new JCheckBox("记住密码");
            jp2_jcb2 = new JCheckBox("隐身登录");

            //将组建按照书序添加到面板中
            jp2.add(jp2_jl1);
            jp2.add(jp2_jtf);
            jp2.add(jp2_jb);
            jp2.add(jp2_jl2);
            jp2.add(jp2_jpf);
            jp2.add(jp2_jl3);
            jp2.add(jp2_jcb2);
            jp2.add(jp2_jcb1);
            jp2.add(jp2_jl4);
        }

        jp3 = new JPanel();                                                 //手机登录
        jp4 = new JPanel();                                                 //电子邮件登录

        //创建选项卡
        jtp = new JTabbedPane();
        jtp.add("QQ登录", jp2);
        jtp.add("手机号码登录", jp3);
        jtp.add("电子邮件登录", jp4);
        jframe.add(jtp);
    }

    //处理南部
    {
        jp1 = new JPanel();
        jp1_jb1 = new JButton("登录");
        jp1_jb1.addActionListener(this);
        jp1_jb1.setActionCommand("login");

        jp1_jb2 = new JButton("取消");
        jp1_jb2.addActionListener(this);
        jp1_jb2.setActionCommand("cancel");

        jp1_jb3 = new JButton("注册");

        jp1.add(jp1_jb1);
        jp1.add(jp1_jb2);
        jp1.add(jp1_jb3);
```

```
            jframe.add(jp1, BorderLayout.SOUTH);
        }

        jframe.setSize(340, 270);
        jframe.setLocation(400, 250);
        jframe.setVisible(true);
        jframe.setDefaultCloseOperation(JFrame.EXIT_ON_CLOSE);
    }

    @Override
    public void actionPerformed(ActionEvent arg0) {
        String commandStr = arg0.getActionCommand();
        if (commandStr == "login") {
            if (jp2_jpf.getText().equals("111")) {                    //验证密码是否正确
                JOptionPane.showMessageDialog(jframe, "正在登录中...");
            } else {
                JOptionPane.showMessageDialog(jframe, "密码不正确", "错误",
                        JOptionPane.ERROR_MESSAGE);
            }
        } else if (commandStr == "cancel") {                          //重置
            JOptionPane.showConfirmDialog(jframe, "确定取消?");
        }
    }

    public static void main(String[] args) {
        new QqClientLogin();
    }

}
```

运行例 10-20 的代码后的效果及界面解析如图 10-24 所示。

图 10-24 例 10-20 仿 QQ 登录界面及其解析

本章小结

本章主要介绍了用于开发Java应用程序用户界面的开发工具包Swing的基本使用方法。掌握这些方法，开发人员用很少的代码就可以实现优雅的用户界面。知识点归纳如下：

(1) Swing中的容器；

(2) Swing中的组件；

(3) Java事件处理；

(4) 布局管理器。

习　题　10

10.1　Swing有哪些常用组件？怎么用？

10.2　简述Java中所采用的事件处理机制。

10.3　Swing的布局管理器有哪些特点？

10.4　设计一个内含一个按钮的窗体，当此按钮按下时，窗体的颜色便会从原先的白色变成黄色。

10.5　编写程序实现一个计算器，包括10个数字(0～9)按钮和4个运算符(+、-、*、/)按钮以及等号和清空两个辅助按钮，还有一个显示输入的文本框。

第 11 章　综合应用实例

内力必须配合招式才可以发挥最大的威力。经过半个学期的内力修行，我们掌握了Java语言的基本句法，下面我们需要开发几个小程序，以此体会实际开发过程是如何操作的。

11.1　聚沙成塔

在实际开发过程中，一个大的功能往往可以由若干小的功能组合而成。下面我们将介绍一个图形化界面程序，将若干小的功能集成进入菜单，由菜单控制界面的显示。设计步骤如下。

01：搭建一个界面；

02：在界面上方设置菜单栏和菜单项；

03：功能 1：更换背景图片；

04：功能 2：更换背景颜色；

05：功能 3：由若干组件（JLabel，JTextField，JScrollPane，JTextArea，JPanel，JRadioButton，JCheckBox，ButtonGroup）在布局管理器（GridBagLayout，BorderLayout）控制下模拟简历界面；

06：功能 4：可拖动功能使当前图片大小发生变化。

【例 11-1】　使用多种基本组件实现界面操作功能（所需图片见源程序）。

```
import java.awt.BorderLayout;
import java.awt.Canvas;
import java.awt.Color;
import java.awt.Font;
import java.awt.Graphics;
import java.awt.GridBagConstraints;
import java.awt.GridBagLayout;
import java.awt.HeadlessException;
import java.awt.Image;
import java.awt.Insets;
import java.awt.Toolkit;
import java.awt.event.ActionEvent;
import java.awt.event.ActionListener;
import java.awt.image.BufferedImage;
import java.io.File;
import java.io.FileInputStream;
import java.io.InputStream;
import java.net.URL;
import javax.imageio.ImageIO;
```

```
import javax.swing.ButtonGroup;
import javax.swing.Icon;
import javax.swing.ImageIcon;
import javax.swing.JCheckBox;
import javax.swing.JColorChooser;
import javax.swing.JComboBox;
import javax.swing.JFileChooser;
import javax.swing.JFrame;
import javax.swing.JLabel;
import javax.swing.JMenu;
import javax.swing.JMenuBar;
import javax.swing.JMenuItem;
import javax.swing.JPanel;
import javax.swing.JRadioButton;
import javax.swing.JScrollPane;
import javax.swing.JSlider;
import javax.swing.JTabbedPane;
import javax.swing.JTextArea;
import javax.swing.JTextField;
import javax.swing.event.ChangeEvent;
import javax.swing.event.ChangeListener;
import javax.swing.filechooser.FileNameExtensionFilter;
/**
  当程序中用到任何类时,按下组合键“Ctrl+Shift+O”可以引入相应的包,本
  例为了让读者更加清晰地看到所需的包,将每个包都写入程序,其实多个
  包可以合并,例如 javax.swing.event.ChangeEvent;和 javax.swing.
  event.ChangeListener;这两个包可以合并为 javax.swing.*;
*/
public class MainFrame extends JFrame{
  private Image img=null;                    //设置背景图片
  private JSlider slider=null;               //设置滑动按钮
  private JScrollPane jScrollPane=null;      //设置拖动窗体边框
  private int imgWidth, imgHeight;           //设置背景图片的尺寸
  private Canvas canvas=null;                //设置画布
/**
  在编写程序时,按照约定俗成的习惯,我们将变量写到程序的最前面,而将方
  法写到后面。
*/
  public static void main(String[] args) {
    MainFrame frame=new MainFrame();
    frame.setVisible(true);
  }
/**
  细心的读者已经发现了,我们在主方法中并没有设置很复杂的功能,只是调用
  了外部的 MainFrame()方法,这是因为 Java 源代码的编译从主方法开始,过
  于臃肿的主方法部分会影响程序的运行速度。所以将功能放在主方法外部书写。
*/
  public MainFrame() throws HeadlessException {
    super();                                 //此处因为继承了 JFrame 类
    this.setTitle("Java 常用组件演示");
    this.setSize(Toolkit.getDefaultToolkit().getScreenSize());
```

```
71:/ **
72:  Toolkit 类俗称系统工具类,用于将各类组件绑定到本地工具包,实现图形化
73:  界面的操作。Toolkit.getDefaultToolkit().getScreenSize()方法用于获
74:  取目前计算机屏幕的整体大小,将该尺寸设置为程序背景大小。
75:* /
76:    this.setResizable(false);                              //设置界面不可调整大小
77:    this.setLocation(0, 0);                                //设置初始位置 0,0 点
78:    this.setDefaultCloseOperation(JFrame.EXIT_ON_CLOSE);   //关闭
79:    this.getContentPane().setLayout(new BorderLayout());
80:/ **
81:  此处使用 BorderLayout 布局,将菜单置于界面上部,将显示区域置于中部。
82:* /
83:    JMenuBar menuBar = new JMenuBar();                     //设置菜单条
84:    this.setJMenuBar(menuBar);                   //注意在界面添加菜单栏 JMenuBar 的方法
85:    JMenu menu1 = new JMenu("背景设置");                   //JMenu 是菜单
86:    menuBar.add(menu1);                                    //将菜单添加到菜单条
87:    JMenuItem item1 = new JMenuItem("更改背景图片");       //菜单项
88:    menu1.add(item1);                                      //添加菜单项到菜单
89:    item1.addActionListener(new OpenActionListener());
90:/ **
91:  此处为菜单项添加监听器,用于鼠标单击事件的处理。
92:* /
93:    JMenuItem item2 = new JMenuItem("更改背景颜色");
94:    menu1.add(item2);
95:    item2.addActionListener(new ActionListener() {
96:      public void actionPerformed(ActionEvent e) {
97:        MainFrame.this.getContentPane().removeAll();
98:
99:/ **
100:  getContentPane()方法获取当前界面的使用权限,removeAll()方法可以去
101:  除上一次操作的界面显示效果,使界面成为空白,从而显示本次新的内容。
102:* /
103:          JColorChooser chooser = new JColorChooser();  //颜色工具
104:          Color color = chooser.showDialog(MainFrame.this.
105:                getContentPane(), "选择背景颜色", Color.magenta);
106:/ **
107:  showDialog()方法用于打开调色板界面,默认颜色为 magenta。
108:* /
109:          JPanel panel = new JPanel();                     //为界面新增一个面板显示颜色
110:          panel.setBackground(color);                      //将颜色设置为 103 行的颜色
111:          MainFrame.this.getContentPane().add(panel);      //添加面板
112:          panel.updateUI();                      //将面板内容更新,显示用户选择的颜色
113:        }
114:    });
115:    menu1.addSeparator();                                  //添加分隔线
116:    JMenuItem item3 = new JMenuItem("退出");
117:    menu1.add(item3);
118:    item3.addActionListener(new ActionListener() {
119:      public void actionPerformed(ActionEvent e) {
120:        System.exit(0);                                    //退出当前界面
121:      }
```

```
    });
    JMenu menu2 = new JMenu("常见组件");
    menuBar.add(menu2);
    JMenuItem item4 = new JMenuItem("选项卡组件");
    menu2.add(item4);
    item4.addActionListener(new ActionListener() {
      public void actionPerformed(ActionEvent e) {
        MainFrame.this.getContentPane().removeAll();
        JPanel panel3 = new JPanel(new BorderLayout());
        final JTabbedPane jTabbedPane = new JTabbedPane();
/**
设置一个选项卡组件,该组件用于模拟个人简历界面。
*/
        URL url1 = this.getClass().getResource("1.gif");
/**
为了使用图片,我们必须首先链接到图片位置,URL类表示一个资源的链接,
将图片置于src文件夹内,和程序代码在同一处,1.gif表示选项卡上的小图
标,读者可以自己搭配合适的图片。
*/
        Icon icon1 = new ImageIcon(url1);              //将地址转换为图片
        JPanel panel = new JPanel();
/**
此处的panel和前面的panel3不同,panel3是除了菜单栏之外剩余的区域,
该区域包含JTabbedPane和另一个负责显示内容的区域,这个负责显示的区
域就是panel。
*/
        panel.setLayout(new GridBagLayout());          //设置布局方式
        GridBagConstraints gridBagConstraints1 =
            new GridBagConstraints();
/**
GridBagLayout是一种布局方式,要实现这种布局,需要借助
GridBagConstraints类声明一个对象,此处的对象为
gridBagConstraints1,需要注意的是,每个布局对象只能绑定到唯一的
组件上,gridBagConstraints1绑定的是label1(姓名标签),那么label1
的显示就按照gridBagConstraints1规定的那样进行。
*/
        gridBagConstraints1.gridx = 0;                 //该组件位置的起始行数为0
        gridBagConstraints1.gridy = 0;                 //该组件位置的起始列数为0
        gridBagConstraints1.insets = new Insets(5, 5, 0, 0);
/**
该组件距离上边、左边、下边和右边相邻组件的距离是5,5,0,0像素。
*/
        JLabel label1 = new JLabel("姓名");
        label1.setFont(new Font("楷体", Font.PLAIN, 20));
/**
设置标签上字体为楷体,正常显示,20像素大小。
*/
        panel.add(label1, gridBagConstraints1);        //添加label1到panel
        GridBagConstraints gridBagConstraints2 =
            new GridBagConstraints();                  //设置布局对象
        gridBagConstraints2.gridx = 1;                 //起始行数为1
```

```
gridBagConstraints2.gridy = 0;                    //列数为 0
gridBagConstraints2.insets = new Insets(5, 0, 0, 0);
gridBagConstraints2.weightx = 1.0;                //扩张的比例为 1.0 倍
gridBagConstraints2.fill = GridBagConstraints.
    HORIZONTAL;                                   //组件为横向填充
JTextField field1 = new JTextField();
field1.setColumns(12);                            //组件宽度默认 12 字符
panel.add(field1, gridBagConstraints2);
GridBagConstraints gridBagConstraints3 =
    new GridBagConstraints();
gridBagConstraints3.gridx = 2;                    //第 2 行,0 列
gridBagConstraints3.gridy = 0;
gridBagConstraints3.insets = new Insets(5, 0, 0, 0);
JLabel label2 = new JLabel("性别");
label2.setFont(new Font("楷体", Font.PLAIN, 20));
panel.add(label2, gridBagConstraints3);
GridBagConstraints gridBagConstraints4 =
    new GridBagConstraints();
gridBagConstraints4.gridx = 3;                    //第 3 行,0 列
gridBagConstraints4.gridy = 0;
gridBagConstraints4.insets = new Insets(5, 0, 0, 0);
JPanel panel2 = new JPanel();
JRadioButton rb1 = new JRadioButton("男"); //设置单击按钮
JRadioButton rb2 = new JRadioButton("女");
ButtonGroup bg = new ButtonGroup();               //该组件可以实现单选效果
bg.add(rb1);                                      //将单选按钮添加到单选组按钮
bg.add(rb2);
panel2.add(rb1);
panel2.add(rb2);                                  //注意,单选组按钮不添加到 panel 上
panel.add(panel2, gridBagConstraints4);
GridBagConstraints gridBagConstraints5 =
    new GridBagConstraints();
gridBagConstraints5.gridx = 4;
gridBagConstraints5.gridy = 0;
gridBagConstraints5.insets = new Insets(5, 0, 0, 0);
JLabel label3 = new JLabel("民族");
label3.setFont(new Font("楷体", Font.PLAIN, 20));
panel.add(label3, gridBagConstraints5);
GridBagConstraints gridBagConstraints6 =
    new GridBagConstraints();
gridBagConstraints6.gridx = 5;
gridBagConstraints6.gridy = 0;
gridBagConstraints6.insets = new Insets(5, 0, 0, 0);
gridBagConstraints6.weightx = 1.0;
gridBagConstraints6.fill = GridBagConstraints.
    HORIZONTAL;
JTextField field2 = new JTextField();
field2.setColumns(12);
panel.add(field2, gridBagConstraints6);
GridBagConstraints gridBagConstraints7 =
    new GridBagConstraints();
```

```
        gridBagConstraints7.gridx = 6;
        gridBagConstraints7.gridy = 0;
        gridBagConstraints7.insets = new Insets(5, 0, 0, 0);
        gridBagConstraints7.gridheight = 5;
        gridBagConstraints7.weightx = 1.0;
        gridBagConstraints7.fill = GridBagConstraints.BOTH;
        JPanel panel4 = new JPanel(new BorderLayout());
        panel.add(panel4, gridBagConstraints7);
        JLabel label99 = new JLabel();
        ImageIcon icon = new ImageIcon(this.getClass().
            getResource("cat1.png"));          //此处猫咪图片模拟简历的照片
        Image image = icon.getImage().getScaledInstance(180,
            150, 3);                           //将图片设置为 180 像素×150 像素,压缩代码 3
        icon = new ImageIcon(image);
        label99.setIcon(icon);                 //将图片置于 label 上
        panel4.add(label99, BorderLayout.CENTER);
        panel4.setSize(icon.getIconWidth(),
        icon.getIconHeight());
/ **
 panel4 的大小为图片的实际大小,获取图片的宽度和高度。
* /
        GridBagConstraints gridBagConstraints8 =
            new GridBagConstraints();
        gridBagConstraints8.gridx = 0;
        gridBagConstraints8.gridy = 1;
        gridBagConstraints8.insets = new Insets(0, 5, 0, 0);
        JLabel label4 = new JLabel("英语水平");
        label4.setFont(new Font("楷体", Font.PLAIN, 20));
        panel.add(label4, gridBagConstraints8);
        GridBagConstraints gridBagConstraints9 =
            new GridBagConstraints();
        gridBagConstraints9.gridx = 1;
        gridBagConstraints9.gridy = 1;
        gridBagConstraints9.insets = new Insets(0, 0, 0, 0);
        gridBagConstraints9.gridwidth = 2;     //组件占用 2 倍像素的宽度
        gridBagConstraints9.weightx = 1.0;     //最大化时的扩大倍数
        gridBagConstraints9.fill = GridBagConstraints.
            HORIZONTAL;                        //组件放大后的填充方式为横向自动填充
        JComboBox box1 = new JComboBox(); //创建下拉列表,单击时下拉
        panel.add(box1, gridBagConstraints9);
        box1.addItem("");                      //为下拉列表添加内容,第一个内容为空
        box1.addItem("四级");
        box1.addItem("六级");
        box1.addItem("BEC");
        box1.addItem("PETS");
        box1.addItem("专八");
        box1.addItem("TOEFL");
        box1.addItem("IELTS");
        GridBagConstraints gridBagConstraints10 =
            new GridBagConstraints();
        gridBagConstraints10.gridx = 3;
```

```
gridBagConstraints10.gridy=1;
gridBagConstraints10.insets=new Insets(0, 0, 0, 0);
JLabel label5=new JLabel("计算机等级");
label5.setFont(new Font("楷体", Font.PLAIN, 20));
panel.add(label5, gridBagConstraints10);
GridBagConstraints gridBagConstraints11=
  new GridBagConstraints();
gridBagConstraints11.gridx=4;
gridBagConstraints11.gridy=1;
gridBagConstraints11.insets=new Insets(0, 0, 0, 0);
gridBagConstraints11.gridwidth=2;
gridBagConstraints11.weightx=1.0;
gridBagConstraints11.fill=
    GridBagConstraints.HORIZONTAL;
JComboBox box2=new JComboBox();          //设置计算机等级下拉列表
box2.addItem("");                        //为计算机等级下拉列表添加内容
box2.addItem("一级");
box2.addItem("二级");
box2.addItem("三级");
box2.addItem("四级");
box2.addItem("初级");
box2.addItem("中级");
box2.addItem("高级");
panel.add(box2, gridBagConstraints11);
GridBagConstraints gridBagConstraints12=
    new GridBagConstraints();
gridBagConstraints12.gridx=0;
gridBagConstraints12.gridy=2;
gridBagConstraints12.insets=new Insets(5, 5, 0, 0);
JLabel label6=new JLabel("联系方式");    //设置联系方式标签
label6.setFont(new Font("楷体", Font.PLAIN, 20));
panel.add(label6, gridBagConstraints12);  //添加标签
GridBagConstraints gridBagConstraints13=
    new GridBagConstraints();
gridBagConstraints13.gridx=1;
gridBagConstraints13.gridy=2;
gridBagConstraints13.insets=new Insets(5, 0, 0, 0);
gridBagConstraints13.gridwidth=2;
gridBagConstraints13.weightx=1.0;
gridBagConstraints13.fill=GridBagConstraints.
    HORIZONTAL;
JTextField field4=new JTextField();      //联系方式输入框
field4.setColumns(12);                   //文本框默认宽度为 12 列
panel.add(field4, gridBagConstraints13);
GridBagConstraints gridBagConstraints14=
    new GridBagConstraints();
gridBagConstraints14.gridx=3;
gridBagConstraints14.gridy=2;
gridBagConstraints14.insets=new Insets(5, 0, 0, 0);
JLabel label7=new JLabel("固话号码");    //设置固话号码标签
label7.setFont(new Font("楷体", Font.PLAIN, 20));
```

```
        panel.add(label7, gridBagConstraints14);        //添加标签
        GridBagConstraints gridBagConstraints15 =
            new GridBagConstraints();
        gridBagConstraints15.gridx = 4;
        gridBagConstraints15.gridy = 2;
        gridBagConstraints15.insets = new Insets(5, 0, 0, 0);
        gridBagConstraints15.gridwidth = 2;
        gridBagConstraints15.weightx = 1.0;
        gridBagConstraints15.fill = GridBagConstraints.
            HORIZONTAL;
        JTextField field5 = new JTextField();           //固话号码输入框
        field5.setColumns(12);
        panel.add(field5, gridBagConstraints15);        //添加标签
        GridBagConstraints gridBagConstraints16 =
              new GridBagConstraints();
        gridBagConstraints16.gridx = 0;
        gridBagConstraints16.gridy = 3;
        gridBagConstraints16.insets = new Insets(5, 5, 0, 0);
        JLabel label8 = new JLabel("毕业院校");          //设置标签
        label8.setFont(new Font("楷体", Font.PLAIN, 20));
        panel.add(label8, gridBagConstraints16);        //添加标签
        GridBagConstraints gridBagConstraints17 =
            new GridBagConstraints();
        gridBagConstraints17.gridx = 1;
        gridBagConstraints17.gridy = 3;
        gridBagConstraints17.insets = new Insets(5, 0, 0, 0);
        gridBagConstraints17.gridwidth = 2;
        gridBagConstraints17.weightx = 1.0;
        gridBagConstraints17.fill = GridBagConstraints.
            HORIZONTAL;
        JTextField field6 = new JTextField();           //毕业院校输入框
        field6.setColumns(12);
        panel.add(field6, gridBagConstraints17);        //添加组件
        GridBagConstraints gridBagConstraints18 =
            new GridBagConstraints();
        gridBagConstraints18.gridx = 3;
        gridBagConstraints18.gridy = 3;
        gridBagConstraints18.insets = new Insets(5, 0, 0, 0);
        JLabel label9 = new JLabel("专业");              //设置标签
        label9.setFont(new Font("楷体", Font.PLAIN, 20));
        panel.add(label9, gridBagConstraints18);        //添加标签
        GridBagConstraints gridBagConstraints19 =
            new GridBagConstraints();
        gridBagConstraints19.gridx = 4;
        gridBagConstraints19.gridy = 3;
        gridBagConstraints19.insets = new Insets(5, 0, 0, 0);
        gridBagConstraints19.weightx = 1.0;
        gridBagConstraints19.fill = GridBagConstraints.
            HORIZONTAL;
        gridBagConstraints19.gridwidth = 2;
        JTextField field7 = new JTextField();           //设置输入框
```

```
        field7.setColumns(12);
        panel.add(field7, gridBagConstraints19);      //添加输入框
        GridBagConstraints gridBagConstraints20 =
            new GridBagConstraints();
        gridBagConstraints20.gridx = 0;
        gridBagConstraints20.gridy = 4;
        gridBagConstraints20.insets = new Insets(5, 5, 0, 0);
        JLabel label10 = new JLabel("通信地址");      //设置标签
        label10.setFont(new Font("楷体", Font.PLAIN, 20));
        panel.add(label10, gridBagConstraints20);
        GridBagConstraints gridBagConstraints21 =
            new GridBagConstraints();
        gridBagConstraints21.gridx = 1;
        gridBagConstraints21.gridy = 4;
        gridBagConstraints21.insets = new Insets(5, 0, 0, 0);
        gridBagConstraints21.gridwidth = 5;
        gridBagConstraints21.weightx = 1.0;
        gridBagConstraints21.fill = GridBagConstraints.
            HORIZONTAL;
        JTextField field8 = new JTextField();          //设置输入框
        panel.add(field8, gridBagConstraints21);      //添加输入框
        GridBagConstraints gridBagConstraints22 =
            new GridBagConstraints();
        gridBagConstraints22.gridx = 0;
        gridBagConstraints22.gridy = 5;
        gridBagConstraints22.insets = new Insets(5, 5, 0, 0);
        gridBagConstraints22.gridheight = 3;
        gridBagConstraints22.weighty = 1.0;
        gridBagConstraints22.fill = GridBagConstraints.BOTH;
        JLabel label11 = new JLabel("奖惩情况");      //设置标签
        label11.setFont(new Font("楷体", Font.PLAIN, 20));
        panel.add(label11, gridBagConstraints22);     //添加标签
        GridBagConstraints gridBagConstraints23 =
            new GridBagConstraints();
        gridBagConstraints23.gridx = 1;
        gridBagConstraints23.gridy = 5;
        gridBagConstraints23.insets = new Insets(5, 5, 0, 5);
        gridBagConstraints23.gridwidth = 7;
        gridBagConstraints23.gridheight = 3;
        gridBagConstraints23.weightx = 1.0;
        gridBagConstraints23.weighty = 1.0;
        gridBagConstraints23.fill = GridBagConstraints.BOTH;
/**
  设置放大后的自动填充方式为横向和纵向双向填充。
*/
        JScrollPane jScrollPane1 = new JScrollPane();
/**
  为可拖动图片创建背景面板，JScrollPane 所创建的组件可以有横向和纵向
  的滚动条，如果内容过多，可以通过滚动条隐藏多余内容。
*/
        JTextArea ta1 = new JTextArea();
```

```
        ta1.setLineWrap(true);                                    //设置自动换行功能
        jScrollPane1.setViewportView(ta1);                        //将 ta1 添加到面板
        jScrollPane1.setHorizontalScrollBarPolicy(
            JScrollPane.HORIZONTAL_SCROLLBAR_ALWAYS);
/**
滚动条横向始终默认显示。
*/
        jScrollPane1.setVerticalScrollBarPolicy(
            JScrollPane.VERTICAL_SCROLLBAR_ALWAYS);
/**
滚动条纵向始终默认显示。
*/
        panel.add(jScrollPane1, gridBagConstraints23);            //添加拖动面板
        GridBagConstraints gridBagConstraints24 =
            new GridBagConstraints();
        gridBagConstraints24.gridx = 0;
        gridBagConstraints24.gridy = 8;
        gridBagConstraints24.insets = new Insets(5, 5, 0, 0);
        gridBagConstraints24.gridheight = 3;
        gridBagConstraints24.weighty = 1.0;
        gridBagConstraints24.fill = GridBagConstraints.BOTH;
        JLabel label12 = new JLabel("有何特长");                   //设置标签
        label12.setFont(new Font("楷体", Font.PLAIN, 20));
        panel.add(label12, gridBagConstraints24);                 //添加标签
        GridBagConstraints gridBagConstraints25 =
            new GridBagConstraints();
        gridBagConstraints25.gridx = 1;
        gridBagConstraints25.gridy = 8;
        gridBagConstraints25.insets = new Insets(5, 0, 0, 5);
        gridBagConstraints25.gridwidth = 7;
        gridBagConstraints25.gridheight = 3;
        gridBagConstraints25.weightx = 1.0;
        gridBagConstraints25.weighty = 1.0;
        gridBagConstraints25.fill = GridBagConstraints.BOTH;
        JScrollPane jScrollPane2 = new JScrollPane();             //设置拖动面板
        JTextArea ta2 = new JTextArea();
        ta2.setLineWrap(true);                                    //设置自动换行
        jScrollPane2.setViewportView(ta2);                        //将面板添加到拖动区域
        panel.add(jScrollPane2, gridBagConstraints25);            //添加拖动区域
        GridBagConstraints gridBagConstraints26 =
            new GridBagConstraints();
        gridBagConstraints26.gridx = 7;
        gridBagConstraints26.gridy = 0;
        gridBagConstraints26.insets = new Insets(5, 0, 0, 5);
        gridBagConstraints26.weightx = 1.0;
        gridBagConstraints26.gridheight = 5;
        gridBagConstraints26.fill = GridBagConstraints.BOTH;
        JPanel panel5 = new JPanel();                             //设置复选框区域面板
        panel5.setLayout(null);                                   //设置绝对布局
        panel.add(panel5, gridBagConstraints26);
        JCheckBox cb1 = new JCheckBox();                          //设置复选框
```

```
            cb1.setText("游泳");                              //为复选框添加内容
            cb1.setBounds(10, 10, 60, 30);
/**
 绝对布局中必须设置组件区域和大小。
*/
            panel5.add(cb1);
            JCheckBox cb2 = new JCheckBox("射击");
            cb2.setBounds(10, 50, 60, 30);
            panel5.add(cb2);
            JCheckBox cb3 = new JCheckBox("消费");
            cb3.setBounds(10, 90, 60, 30);
            panel5.add(cb3);
            JCheckBox cb4 = new JCheckBox("游戏");
            cb4.setBounds(90, 10, 60, 30);
            panel5.add(cb4);
            JCheckBox cb5 = new JCheckBox("电影");
            cb5.setBounds(90, 50, 60, 30);
            panel5.add(cb5);
            jTabbedPane.addTab("选项卡 1", icon1, panel,
                "这里是选项卡 1");                            //设置选项卡单击按钮
            panel3.add(jTabbedPane, BorderLayout.CENTER);
            MainFrame.this.getContentPane().add(panel3);
            panel3.updateUI();                                //更新当前的组件
            MainFrame.this.getContentPane().repaint();        //重绘
        }
    });
    JMenuItem item5 = new JMenuItem("滑动组件");                //设置菜单
    menu2.add(item5);                                         //添加菜单
    item5.addActionListener(new ActionListener() {
        public void actionPerformed(ActionEvent e) {
            MainFrame.this.getContentPane().removeAll();      //去除效果
            JPanel panel = new JPanel(new BorderLayout());
            URL url = this.getClass().getResource("cat1.png"); //猫图片
            img = Toolkit.getDefaultToolkit().getImage(url);  //生成图片
            canvas = new CanvasPanel();
/**
 Canvas 俗称“画布”，用来显示 Swing 组件，一般我们的设计思路是：首先
 用画笔（例如 Graphics）在画布上画出图形，然后将画布添加到面板。
*/
            if(slider == null)
                slider = new JSlider();                       //实例化组件对象
            slider.setMaximum(200);                           //拖动的最大数值上限
            slider.setValue(100);                             //图片目前的显示值
            slider.setMinimum(1);                             //拖动的最小数值下限
            slider.addChangeListener(new ChangeListener() {
                public void stateChanged(ChangeEvent e) {
                    canvas.repaint();                         //每次拖动后，画布需要刷新
                }
            });
            panel.add(slider, BorderLayout.SOUTH);            //将滑动组件添加到下部
            panel.add(canvas, BorderLayout.CENTER);           //将画布添加到中部
```

```
                MainFrame. this. getContentPane( ). add(panel) ;
                panel. updateUI( ) ;
            }
        }) ;
    }
    class CanvasPanel extends Canvas{
        public void paint(Graphics g) {                    //该方法用于拖动图片的变化
            super. paint(g) ;
            int newW = 0, newH = 0;                        //拖动后的图片宽度和高度
            imgWidth = img. getWidth(this) ;               //图片的原始大小
            imgHeight = img. getHeight(this) ;
            float value = slider. getValue( ) ;            //目前图片大小
            newW = (int) (imgWidth * value/100) ;
/ **
    value/100 相当于一个百分数,因为 value 的取值范围为 1～200,所以
    这个百分比可能比原来的图片小,也可能比原来的图片大,用该结果乘图片的
    原始值,得到拖动后的实际图片大小。
* /
            newH = (int) (imgHeight * value/100) ;
            g. drawImage(img, 0, 0, newW, newH, this) ;
/ **
    用 Graphics 对象(画笔)绘制图片,图片来源为 img,从画布的 0, 0 点开
    始绘制,范围为 newW, newH,结果返回到 this(画布本身)。
* /
        }
    }
    public class OpenActionListener implements ActionListener{
        public void actionPerformed(ActionEvent e) {
            MainFrame. this. getContentPane( ). removeAll( ) ;
            JFileChooser chooser = new JFileChooser( ) ;
/ **
    JFileChooser 是文件选择器,可以通过单击的方式打开一个对话框,用户可
    以通过该对话框选择本地计算机上的图片。
* /
            chooser. setDialogTitle("选择背景图片") ;      //对话框标题名称
            chooser. showOpenDialog(null) ;                //默认打开内容
            FileNameExtensionFilter filter =
                new FileNameExtensionFilter("jpg & gif & png files",
                "jpg", "gif", "png") ;                     //可以打开的图片格式
            chooser. setFileFilter(filter) ;               //按照规定格式选择图片
            File file = chooser. getSelectedFile( ) ;      //单击确定后,选取图片
            if(file == null) {
                return;                                    //如果什么都没做,那么直接返回
            } else{
                try{
                    InputStream is = new FileInputStream(file) ;
/ **
    将图片以流的形式读取。
* /
                    BufferedImage bi = ImageIO. read(is) ;
/ **
```

```
BufferedImage 可以用来作为图片的显示手段，通过将 is 流读取并转换为图
片，可以将外部的图片读取到程序内部。
*/
            ImageIcon icon = new ImageIcon(bi);          //将流转换为图片格式
            JPanel panel = new JPanel();
            JLabel label = new JLabel();
            Image image = icon.getImage().getScaledInstance(
                1500, 720, 3);
/**
getScaledInstance 方法用于图片的缩放功能，很多时候，用户提供的图片
很大或很小，不能直接应用于程序，所以用户可以通过该方法将图片缩放为所
需的尺寸大小。方法中前两个数据表示横向和纵向大小，最后一个数据表示压
缩方法代码。
*/
            icon = new ImageIcon(image);
            label.setIcon(icon);
            panel.add(label);
            MainFrame.this.getContentPane().add(panel);
            panel.updateUI();
          }catch(Exception e1){
            e1.printStackTrace();
          }
        }
      }
   }
}
```

需要注意的是：如果我们将组件集成到 JPanel 上，那么我们可以使用 updateUI()方法更新面板上的内容，而如果涉及 JFrame 等级的框架内容，可以使用 Container 的 repaint()方法重画当前界面。另外，显示新的界面以前，可以用 removeAll()方法将上一次操作后残留的旧的显示界面去除。

流程如图 11-1～图 11-5 所示。

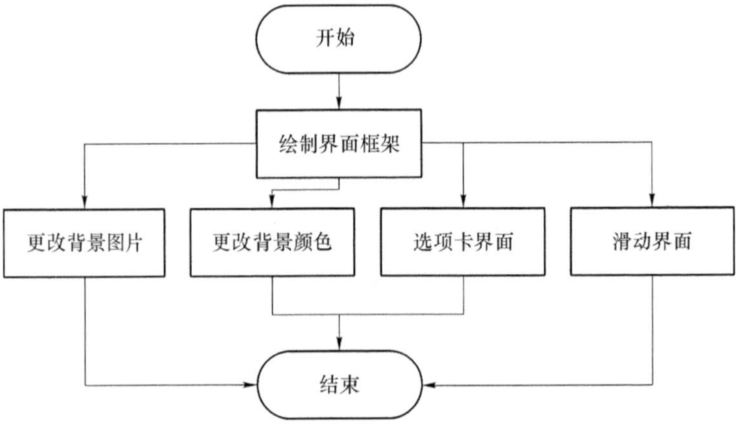

图 11-1　例 11-1 流程图

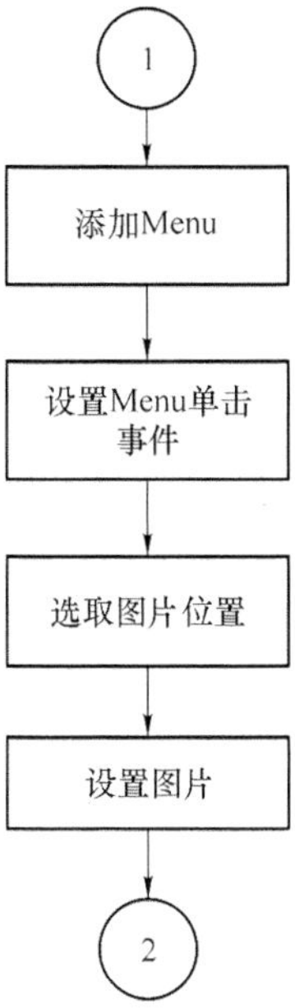

图 11-2　更改背景图片分解图示

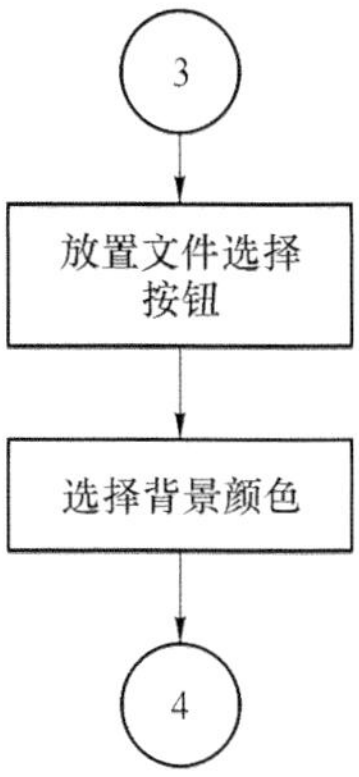

图 11-3　更改背景颜色分解图示

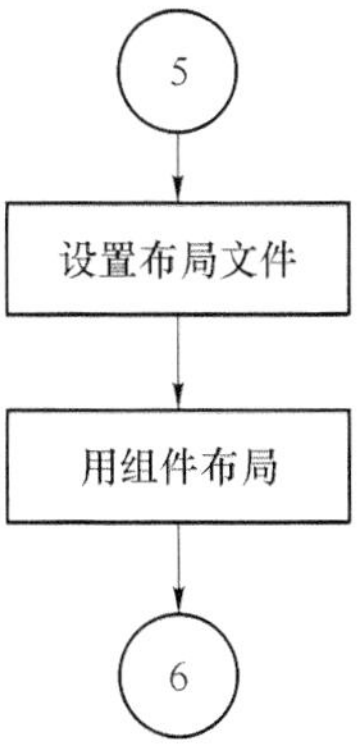

图 11-4　选项卡功能分解图示

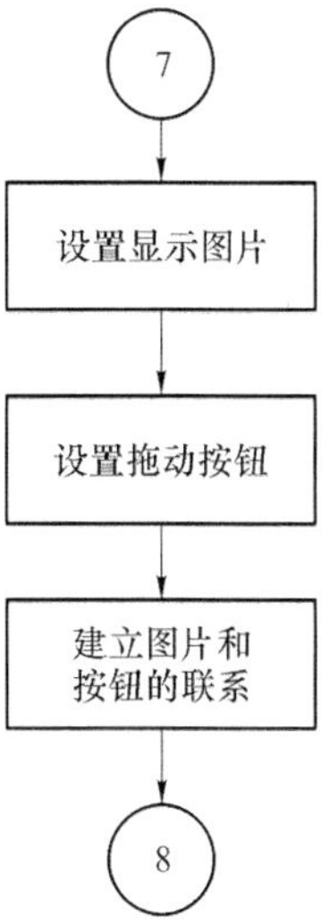

图 11-5　滑动图片分解图示

11.2　没有数据库的数据操作

日常生活会产生大量数据，通常需要将数据存入数据库，常见的数据库有 MySQL、SQLServer、Oracle 等。但是，这些数据库在安装、使用和维护方面都比较烦琐，而且容易产生一些错误，给数据库的使用造成一定的不便。所以在实际开发过程中，经常用 TXT 文本文件代替数据库，代码与文件之间的传输通过 IO 流实现。

【例 11-2】 通过 IO 流实现超市管理系统的数据增删改查工作(所需图片见源程序)。

```
import java.awt.Graphics;
import java.awt.GridBagLayout;
import javax.swing.ImageIcon;
import javax.swing.JPanel;
public class BGPanel extends JPanel{
/**
  本例实现的是一个简易的超市管理系统,主要突出 Swing+IO 的应用。初学者
  要注意以下两点:第一,Swing 组件的布局。每一个组件都有特定的功能,读
  者要总结什么组件可以用于什么需求,还有各种布局管理器的使用。第二,流
  式文件的使用。读者要掌握如何通过代码实现文件的增删改查等功能的操作。当
  然,在该程序的基础上,读者可以举一反三,自己编写其他类型的系统管理软
  件。
*/
  private ImageIcon icon;                          //背景图片
  public BGPanel() {
/**
  该部分相当于主面板,程序包含增删改查四部分内容,分别集成在主面板上
*/
    super();
    this.setSize(300, 200);                        //界面初始大小
    this.setLayout(new GridBagLayout());           //一般采用比较灵活的布局
  }
  public ImageIcon getIcon() {
    return icon;                                   //将外部加载的图片返回
  }
/**
  Icon 是一种处理图片的接口,在当前界面上,用户无须直接定义背景图片,而
  是可以在主方法调用该面板部分功能时临时指定,这样可以增加代码的灵活性。
*/
  public void setIcon(ImageIcon icon) {
    this.icon = icon;                              //接受外部传入的图片,并设置为背景图片
  }
  protected void paintComponent(Graphics g) {
    super.paintComponent(g);
    if(icon!=null)
      g.drawImage(icon.getImage(), 0, 0, this);
/**
  当接收到一个外部图片时,通过 Graphics 画笔进行绘制,参数的意思是:获
  取图片,在面板的 0,0 点开始绘制,结果返回 this 当前界面。
*/
  }
}
```

在前面的学习过程中,我们接触到的程序大部分都只有一个类,在该类中通常会包含一个主方法和其他若干方法或变量,但是这种书写形式会使程序看上去非常庞大,而且代码的各个部分之间在功能上不容易区分。所以,我们还可以采取另外一种书写形式,就是将一个大的功能拆分为若干小的功能,每个功能可以用一个类来实现,若干类之间的衔接就是功能之间的组合。下面出现的就是另一个类。初学者要把握好各部分之间的调用方法。

```
import java.awt.BorderLayout;
```

```
import java.awt.FlowLayout;
import java.awt.Font;
import java.awt.GridBagConstraints;
import java.awt.GridBagLayout;
import java.awt.Insets;
import java.awt.event.ActionEvent;
import java.awt.event.ActionListener;
import java.io.BufferedReader;
import java.io.BufferedWriter;
import java.io.File;
import java.io.FileReader;
import java.io.FileWriter;
import java.text.SimpleDateFormat;
import java.util.ArrayList;
import java.util.Date;
import java.util.Iterator;
import java.util.List;
import javax.swing.JButton;
import javax.swing.JFormattedTextField;
import javax.swing.JLabel;
import javax.swing.JOptionPane;
import javax.swing.JPanel;
import javax.swing.JSplitPane;
import javax.swing.JTextField;
import javax.swing.SwingConstants;
public class Zeng extends JPanel{                        //这是增加内容功能面板
    public JLabel commodityName;                         //进货名称
    public JFormattedTextField field1;
/**
    JFormattedTextField 和 JTextField 组件的功能很类似,但是增加了对格式
    的可控功能,例如,如果我们要拆分一个大文件,可以在此输入拆分文件的大
    小。
*/
    public JLabel commodityMaker;                        //进货厂家
    public JFormattedTextField field2;
    public JLabel commodityPrice;                        //进货价格
    public JFormattedTextField field3;
    public JLabel commodityMember;                       //进货数量
    public JFormattedTextField field4;
    public JLabel commodityExpense;                      //进货开销
    public JFormattedTextField field5;
    public JLabel surplusMoney;                          //货款余额
    public JFormattedTextField field6;
    public JLabel operatorName;                          //操作人
    public JFormattedTextField field7;
    public JLabel operatorDate;                          //进货日期
    public JFormattedTextField field8;
    public JLabel title;
    File file, file1, file2;
/**
    三个文件的意义分别为:进货数据文件、资金数据文件、货物余额文件。
```

```
53:/ *
54:   public static int i=0;                        //设置资金初始值为 0
55:   public JLabel getTitle(){
56:     if(title==null){
57:       title=new JLabel("进货记录");
58:       title.setFont(new Font("华文行楷", Font.BOLD, 20));
59:       title.setHorizontalAlignment(SwingConstants.CENTER);
60:/ **
61:   设置组件水平对齐方式
62:* /
63:       title.setHorizontalTextPosition(SwingConstants.CENTER);
64:/ **
65:   设置文字水平对齐方式
66:* /
67:       title.setVerticalAlignment(SwingConstants.CENTER);
68:/ **
69:   设置组件垂直对齐方式
70:* /
71:       title.setVerticalTextPosition(SwingConstants.CENTER);
72:/ **
73:   设置文字垂直对齐方式
74:* /
75:     }
76:     return title;
77:   }
78:/ **
79:   第 55 行中的 getTitle 方法，返回值是一个 JLabel 类型的标签，也就是说，
80:   这个方法从功能角度而言，等同于一个标签，这和我们以前学习的有很大不同，
81:   以前我们通常实例化一个标签对象，然后直接使用，现在我们可以调用该方
82:   法。本例中还用到了很多类似的功能，笔者不一一说明。
83:* /
84:   public JLabel getCommodityName(){
85:     if(commodityName==null){
86:       commodityName=new JLabel("进货名称");
87:     }
88:     return commodityName;                        //得到进货名称标签
89:   }
90:   public JFormattedTextField getField1(){
91:     if(field1==null){
92:       field1=new JFormattedTextField();
93:     }
94:     return field1;                               //得到进货名称输入框
95:   }
96:   public JLabel getCommodityMaker(){
97:     if(commodityMaker==null){
98:       commodityMaker=new JLabel("进货厂家");
99:     }
100:     return commodityMaker;                      //得到进货厂家标签
101:   }
102:   public JFormattedTextField getField2(){
103:     if(field2==null){
```

```
            field2 = new JFormattedTextField();
        }
        return field2;                          //返回厂家输入框
    }
    public JLabel getCommodityPrice(){
        if(commodityPrice == null){
            commodityPrice = new JLabel("进货价格");
        }
        return commodityPrice;                  //返回价格标签
    }
    public JFormattedTextField getField3(){
        if(field3 == null){
            field3 = new JFormattedTextField();
        }
        return field3;                          //返回价格输入框
    }
    public JLabel getCommodityMember(){
        if(commodityMember == null){
            commodityMember = new JLabel("进货数量");
        }
        return commodityMember;                 //返回数量标签
    }
    public JFormattedTextField getField4(){
        if(field4 == null){
            field4 = new JFormattedTextField();
        }
        return field4;                          //返回数量输入框
    }
    public JLabel getCommodityExpense(){
        if(commodityExpense == null){
            commodityExpense = new JLabel("进货开销");
        }
        return commodityExpense;                //返回开销标签
    }
    public JFormattedTextField getField5(){
        if(field5 == null){
            field5 = new JFormattedTextField();
        }
        return field5;                          //返回开销输入框
    }
    public JLabel getSurplusMoney(){
        if(surplusMoney == null){
            surplusMoney = new JLabel("货款余额");
        }
        return surplusMoney;                    //返回余额标签
    }
    public JFormattedTextField getField6(){
        if(field6 == null){
            field6 = new JFormattedTextField();
        }
        return field6;                          //返回余额输入框
```

```
}
public JLabel getOperatorName() {
    if(operatorName == null) {
        operatorName = new JLabel("经办人");
    }
    return operatorName;                    //返回经办人标签
}
public JFormattedTextField getField7() {
    if(field7 == null) {
        field7 = new JFormattedTextField();
    }
    return field7;                          //返回经办人输入框
}
public JLabel getOperatorDate() {
    if(operatorDate == null) {
        operatorDate = new JLabel("进货日期");
    }
    return operatorDate;                    //返回日期标签
}
public JFormattedTextField getField8() {
    if(field8 == null) {
        field8 = new JFormattedTextField();
    }
    return field8;                          //返回日期输入框
}
public Zeng() {
    super();
    this.setSize(352, 302);
    this.setOpaque(false);
    this.setLayout(new BorderLayout());
    file = new File("d:/save_date.txt");
/**
此处用 File 的构造方法创建一个新的文件，该文件在 D 盘，名称叫
save_date.txt，它的作用等价于数据库文件，用来保存新增物品的信息。在
此我们需要说明，该文件可以放在任何一个盘符下，笔者随机指定了 D 盘，且
不推荐放在 C 盘下。
*/
    if(!file.exists())                      //判断数据文件是否为空，因为首次运行为空
        try {
            file.createNewFile();
/**
如果数据文件为空，则创建一个新的文件。虽然该文件没有任何内容，但是如
果没有该文件，那么用流读取文件时，就会发生错误，因为流根本就找不到文
件。
*/
        } catch (Exception e) {
            e.printStackTrace();
        }
    file1 = new File("d:/save_member.txt");  //创建文件用于保存数量
    if(!file1.exists())
        try {
```

```
            file1.createNewFile();                        //如果没有文件,则创建
        }catch(Exception e){
            e.printStackTrace();
        }
    file2 = new File("d:/save_money.txt");                //创建文件用于保存资金
    if(!file2.exists())
        try{
            file2.createNewFile();                        //如果没有文件,则创建
        }catch(Exception e){
            e.printStackTrace();
        }
    JSplitPane hSplitPane = new JSplitPane();             //创建可推拉面板
    hSplitPane.setOpaque(false);                          //面板透明,可以看到背景图片
    JPanel leftPanel = new JPanel();                      //推拉面板的左侧面板
    leftPanel.setOpaque(false);                           //面板透明,可以看见背景图片
    JPanel rightPanel = new JPanel();                     //推拉面板的右侧面板
    rightPanel.setOpaque(false);
    hSplitPane.setLeftComponent(leftPanel);               //推拉面板添加组件
    hSplitPane.setRightComponent(rightPanel);
    hSplitPane.setOneTouchExpandable(true);               //添加一键单击按钮
    hSplitPane.setDividerLocation(350);                   //分隔线距离面板左侧位置
    this.add(hSplitPane, BorderLayout.CENTER);
    leftPanel.setLayout(new GridBagLayout());
    rightPanel.setLayout(new FlowLayout(FlowLayout.CENTER, 5,
        50));                                             //右侧面板设置流式布局管理器
    GridBagConstraints gridBagConstraints17 =
        new GridBagConstraints();
    gridBagConstraints17.gridx = 0;
    gridBagConstraints17.gridy = 0;
    gridBagConstraints17.gridwidth = 2;
    gridBagConstraints17.weightx = 1.0;
    gridBagConstraints17.fill = GridBagConstraints.BOTH;
    gridBagConstraints17.insets = new Insets(5, 25, 25, 25);
    JLabel label9 = getTitle();
/**
  这和以前的书写方法的习惯不同,以前都是直接定义方法体,现在是在前面定
  义了方法,在方法体中返回一个组件,然后直接调用方法。
*/
    leftPanel.add(label9, gridBagConstraints17);          //添加标签
    GridBagConstraints gridBagConstraints1 =
        new GridBagConstraints();
    gridBagConstraints1.gridx = 0;
    gridBagConstraints1.gridy = 1;
    gridBagConstraints1.insets = new Insets(0, 5, 0, 0);
    JLabel label1 = getCommodityName();                   //调用货物名称标签
    leftPanel.add(label1, gridBagConstraints1);           //添加标签
    GridBagConstraints gridBagConstraints2 =
        new GridBagConstraints();
    gridBagConstraints2.gridx = 1;
    gridBagConstraints2.gridy = 1;
    gridBagConstraints2.insets = new Insets(0, 0, 0, 5);
```

```java
gridBagConstraints2.weightx = 1.0;
gridBagConstraints2.fill = GridBagConstraints.HORIZONTAL;
JTextField fieldName = getField1();                        //调用货物名称输入框
leftPanel.add(fieldName, gridBagConstraints2);             //添加输入框
GridBagConstraints gridBagConstraints3 =
    new GridBagConstraints();
gridBagConstraints3.gridx = 0;
gridBagConstraints3.gridy = 2;
gridBagConstraints3.insets = new Insets(0, 5, 0, 0);
JLabel label2 = getCommodityMaker();                       //调用厂家标签
leftPanel.add(label2, gridBagConstraints3);                //添加标签
GridBagConstraints gridBagConstraints4 =
    new GridBagConstraints();
gridBagConstraints4.gridx = 1;
gridBagConstraints4.gridy = 2;
gridBagConstraints4.insets = new Insets(0, 0, 0, 5);
gridBagConstraints4.weightx = 1.0;
gridBagConstraints4.fill = GridBagConstraints.HORIZONTAL;
JTextField fieldMaker = getField2();                       //调用厂家输入框
leftPanel.add(fieldMaker, gridBagConstraints4);            //添加输入框
GridBagConstraints gridBagConstraints5 =
    new GridBagConstraints();
gridBagConstraints5.gridx = 0;
gridBagConstraints5.gridy = 3;
gridBagConstraints5.insets = new Insets(0, 5, 0, 0);
JLabel label3 = getCommodityPrice();                       //调用价格标签
leftPanel.add(label3, gridBagConstraints5);                //添加标签
GridBagConstraints gridBagConstraints6 =
    new GridBagConstraints();
gridBagConstraints6.gridx = 1;
gridBagConstraints6.gridy = 3;
gridBagConstraints6.insets = new Insets(0, 0, 0, 5);
gridBagConstraints6.weightx = 1.0;
gridBagConstraints6.fill = GridBagConstraints.HORIZONTAL;
JTextField fieldPrice = getField3();                       //调用价格输入框
leftPanel.add(fieldPrice, gridBagConstraints6);            //添加输入框
GridBagConstraints gridBagConstraints7 =
    new GridBagConstraints();
gridBagConstraints7.gridx = 0;
gridBagConstraints7.gridy = 4;
gridBagConstraints7.insets = new Insets(0, 5, 0, 0);
JLabel label4 = getCommodityMember();                      //调用进货数量标签
leftPanel.add(label4, gridBagConstraints7);                //添加数量标签
GridBagConstraints gridBagConstraints8 =
    new GridBagConstraints();
gridBagConstraints8.gridx = 1;
gridBagConstraints8.gridy = 4;
gridBagConstraints8.insets = new Insets(0, 0, 0, 5);
gridBagConstraints8.weightx = 1.0;
gridBagConstraints8.fill = GridBagConstraints.HORIZONTAL;
JTextField fieldMember = getField4();                      //调用数量输入框
```

```
leftPanel.add(fieldMember, gridBagConstraints8);      //添加输入框
GridBagConstraints gridBagConstraints9 =
    new GridBagConstraints();
gridBagConstraints9.gridx = 0;
gridBagConstraints9.gridy = 5;
gridBagConstraints9.insets = new Insets(0, 5, 0, 0);
JLabel label5 = getCommodityExpense();                //调用开销标签
leftPanel.add(label5, gridBagConstraints9);           //添加标签
GridBagConstraints gridBagConstraints10 =
    new GridBagConstraints();
gridBagConstraints10.gridx = 1;
gridBagConstraints10.gridy = 5;
gridBagConstraints10.insets = new Insets(0, 0, 0, 5);
gridBagConstraints10.weightx = 1.0;
gridBagConstraints10.fill = GridBagConstraints.HORIZONTAL;
JTextField fieldExpense = getField5();                //调用开销输入框
leftPanel.add(fieldExpense, gridBagConstraints10);
GridBagConstraints gridBagConstraints11 =
    new GridBagConstraints();
gridBagConstraints11.gridx = 0;
gridBagConstraints11.gridy = 6;
gridBagConstraints11.insets = new Insets(0, 5, 0, 0);
JLabel label6 = getSurplusMoney();                    //调用余额标签
leftPanel.add(label6, gridBagConstraints11);          //添加标签
GridBagConstraints gridBagConstraints12 =
    new GridBagConstraints();
gridBagConstraints12.gridx = 1;
gridBagConstraints12.gridy = 6;
gridBagConstraints12.insets = new Insets(0, 0, 0, 5);
gridBagConstraints12.weightx = 1.0;
gridBagConstraints12.fill = GridBagConstraints.HORIZONTAL;
JTextField fieldMoney = getField6();                  //调用余额输入框
leftPanel.add(fieldMoney, gridBagConstraints12);
GridBagConstraints gridBagConstraints13 =
    new GridBagConstraints();
gridBagConstraints13.gridx = 0;
gridBagConstraints13.gridy = 7;
gridBagConstraints13.insets = new Insets(0, 5, 0, 0);
JLabel label7 = getOperatorName();                    //调用经办人标签
leftPanel.add(label7, gridBagConstraints13);
GridBagConstraints gridBagConstraints14 =
    new GridBagConstraints();
gridBagConstraints14.gridx = 1;
gridBagConstraints14.gridy = 7;
gridBagConstraints14.insets = new Insets(0, 0, 0, 5);
gridBagConstraints14.weightx = 1.0;
gridBagConstraints14.fill = GridBagConstraints.HORIZONTAL;
JTextField fieldOperator = getField7();               //调用经办人输入框
leftPanel.add(fieldOperator, gridBagConstraints14);
GridBagConstraints gridBagConstraints15 =
    new GridBagConstraints();
```

```
    gridBagConstraints15.gridx = 0;
    gridBagConstraints15.gridy = 8;
    gridBagConstraints15.insets = new Insets(0, 5, 5, 0);
    JLabel label8 = getOperatorDate();                    //调用经办日期标签
    leftPanel.add(label8, gridBagConstraints15);
/ **
将 label8 组件按照 gridBagConstraints15 的布局添加到左侧面板。
* /
    GridBagConstraints gridBagConstraints16 =
        new GridBagConstraints();
    gridBagConstraints16.gridx = 1;
    gridBagConstraints16.gridy = 8;
    gridBagConstraints16.insets = new Insets(0, 0, 5, 5);
    gridBagConstraints16.weightx = 1.0;
    gridBagConstraints16.fill = GridBagConstraints.HORIZONTAL;
    JTextField fieldDate = getField8();                   //调用经办日期输入框
    leftPanel.add(fieldDate, gridBagConstraints16);
    JButton button1 = new JButton("进货");                //设置单击按钮
    button1.setFont(new Font("华文行楷", Font.BOLD, 20));
    button1.setOpaque(false);                             //按钮透明
    button1.setBorderPainted(false);                      //按钮去掉边界效果
    button1.setContentAreaFilled(false);                  //按钮去掉填充效果
    button1.setFocusPainted(false);                       //按钮去掉焦点效果
    rightPanel.add(button1);                              //添加按钮
    button1.addActionListener(new ActionListener() {
      public void actionPerformed(ActionEvent e) {
        if(getField1().getText() == null||getField1().getText()
          .equals("")){
/ **
判断商品输入栏是否为空。null 和""都表示空,但是有不同。null 表示没有
分配内存空间,""表示没有内容。
* /
          JOptionPane.showMessageDialog(null,
              "商品名称不可为空");                      //提示框,不能为空
          return;//return 表示什么都不做,直接返回
        }
        if(getField2().getText() == null||getField2().getText()
            .equals("")){
          JOptionPane.showMessageDialog(null,
            "商品厂家不可为空");
          return;                                         //该处内容不能为空
        }
        if(getField3().getText() == null||getField3().getText()
            .equals("")){
          JOptionPane.showMessageDialog(null,
              "商品价格不可为空");
          return;                                         //该处内容不能为空
        }
        if(getField4().getText() == null||getField4().getText()
            .equals("")){
          JOptionPane.showMessageDialog(null,
```

```
410:                 "商品数量不可为空");
411:             return;                                    //该处内容不能为空
412:         }
413:         String expenseStr = null;                      //进货开销
414:         try{
415:             FileReader fr = new FileReader(file2);      //读取资金文件
416:             BufferedReader br = new BufferedReader(fr);
417:/**
418:     BufferedReader 属于高级流,可以对 FileReader 封装,因为该高级流具备
419:     readline 功能,可以每次读取 TXT 文件中的一行,也就是说,每次读取一条
420:     数据。
421:*/
422:             String str;
423:             double totalMoney = 0;                      //设定剩余可用资金数量
424:             if((str = br.readLine()) != null){          //读取资金内容
425:                 totalMoney = Double.parseDouble(str);   //把数据给变量
426:             }else{
427:                 totalMoney = 30000;                     //如果没读到内容,直接赋值 30000
428:             }
429:             if(getField3().getText() != null && getField4().
430:                 getText() != null){
431:                 String priceStr = getField3().getText();
432:                 double price = Double.parseDouble(priceStr);
433:                 String memberStr = getField4().getText();
434:                 double member = Double.parseDouble(memberStr);
435:                 double result = price * member;         //本次花费
436:                 if(result > totalMoney){                //进货款不能多于剩余资金
437:                     getField4().setText("");
438:                     JOptionPane.showMessageDialog(null, "货款不足");
439:                     return;
440:                 }else{
441:                     getField5().setText(String.format("%.3f",
442:                         result));                       //result 金额保留 3 位小数点
443:                 }
444:             }
445:             expenseStr = getField5().getText();
446:             double expense = Double.parseDouble(expenseStr);
447:             double surplus = totalMoney - expense;
448:/**
449:     totalMoney 是上次剩余的资金,expense 是本次的花费,所得差为本次剩余
450:     资金数量。
451:*/
452:             if(surplus >= 0){                           //如果本次消费后还剩余了钱
453:                 getField6().setText(String.format("%.3f",
454:                     surplus));                          //那么就在界面上显示出来
455:                 try{
456:/**
457:     将剩余的钱写入外部的数据文件,这样下次可以直接使用。因为随着每次消费,
458:     剩余资金的数量会动态变化,所以每次变化之后必须更新。
459:*/
460:                     FileWriter fw = new FileWriter(file2);
```

```
                    BufferedWriter bw = new BufferedWriter(fw);
/ **
  前面已经定义了,file2 表示剩余资金文件。首先通过一个 FileWriter 读取,
  再通过 BufferedWriter 封装,因为 BufferedWriter 可以一次性读写一行
  数据,每行数据表示一条信息。
* /
                    bw.write(String.valueOf(surplus));
                    bw.close();
                    fw.close();
                }catch(Exception e1){
                    e1.printStackTrace();
                }
            }else{
                JOptionPane.showMessageDialog(null,
                    "货款余额不可为负数");                //如果金额不足,就提示
                return;
            }
            br.close();                                  //最后一定要关闭流,否则发生错误
            fr.close();
        }catch(Exception e1){
            e1.printStackTrace();
        }
        if(getField7().getText() == null||getField7().getText().
            equals("")){
            JOptionPane.showMessageDialog(null,
                "经办人不可为空");
            return;
        }
        SimpleDateFormat format = new SimpleDateFormat("yyyy 年 MM
            月 dd 日 HH 时 mm 分 ss 秒");                //设置时间格式
        Date date = new Date();                          //获取当前时间
        String dateNow = format.format(date);            //按照格式设置时间
        getField8().setText(dateNow);
        try{
            FileReader fr = new FileReader(file);
            BufferedReader br = new BufferedReader(fr);
            List<String> list = new ArrayList<String>();
/ **
  此处的 file 是数据文件,用来保存货物进销记录。List 是链表集合,其中可
  以放置若干条信息,我们把每一条货物的进销记录作为一条信息存入其中。
* /
            String str = null;
            while((str = br.readLine())!= null){
                list.add(str);                           //读取每一条数据,放入集合
            }
            int line = list.size();                      //获取集合元素数量
            String nameStr = ",货物名称:" + getField1().getText();
            String makerStr = ",货物厂家:" + getField2().getText();
            String priceStr = ",货物价格:" + getField3().getText();
            String memberStr = ",货物数量:" + getField4().getText();
            expenseStr = ",货物开销:" + expenseStr;
```

```
512:            String surplusStr = ", 货款余额:" + getField6().getText();
513:            String operatorStr = ", 经办人:" + getField7().getText();
514:            String dateStr = ", 进货日期:" + getField8().getText();
515:            String finStr = "单号:" + getField8().getText() + "#" + i++
516:                + nameStr + makerStr + priceStr + memberStr + expenseStr +
517:                surplusStr + operatorStr + dateStr;
518:/ **
519:  507 行到 515 行,通过获取用户在界面输入框的信息,生成本次订单信息,然
520:  后在 515 行合并成一条总的信息,这条信息就是每次交易后生成的新信息。
521: * /
522:            list.add(line, finStr);                 //将新信息添加到集合
523:            FileWriter fw = new FileWriter(file);
524:            BufferedWriter bw = new BufferedWriter(fw);
525:            bw.write("");                           //先将文件原来的内容清空然后重新写入
526:            FileWriter fw1 = new FileWriter(file, true);
527:/ **
528:  true 表示每次写入的内容可以叠加不会被覆盖掉
529: * /
530:            BufferedWriter bw1 = new BufferedWriter(fw1);
531:            Iterator<String> it = list.iterator();  //取每条内容
532:            while(it.hasNext()){                    //如果内容不为空,则写入文件
533:              String value = it.next();             //获取下一条信息
534:              bw1.write(value);                     //写入信息
535:              bw1.newLine();                        //换行
536:            }
537:            bw.close();
538:            fw.close();
539:            bw1.close();
540:            fw1.close();
541:            br.close();
542:            fr.close();
543:          }catch(Exception e1){
544:            e1.printStackTrace();
545:          }
546:          try{
547:            if(file1.length() == 0){                //file1 表示商品剩余数量文件
548:              try{
549:                FileWriter fw = new FileWriter(file1);
550:                BufferedWriter bw = new BufferedWriter(fw);
551:                bw.write("商品名称:无商品数量:0;\n");  //初始内容
552:                bw.close();
553:                fw.close();
554:              }catch(Exception e1){
555:                e1.printStackTrace();
556:              }
557:            }
558:            FileReader fr = new FileReader(file1);
559:            BufferedReader br = new BufferedReader(fr);
560:            String str;
561:            List<String> list = new ArrayList<String>();
562:            while((str = br.readLine()) != null){
```

```
563:                 list.add(str);                       //将原有内容存入集合
564:             }
565:             FileReader fr1 = new FileReader(file1);
566:             BufferedReader br1 = new BufferedReader(fr1);
567:             String str1;
568:             int line = list.size();                  //获取记录条目数量
569:             if((str1 = br1.readLine()) != null){
570:                 int indexCommodity = str1.indexOf("商品名称");
571:                 int indexMember = str1.indexOf("商品数量");
572:                 String nameCommodity = str1.substring(
573:                         indexCommodity + 5, indexMember);   //获取商品名称
574:                 if(!nameCommodity.equals(getField1().getText())){
575:                     String result = "商品名称:" + getField1().getText() +
576:                             "商品数量:" + getField4().getText() + ";";
577:                     //如果商品是原来没有的,则生成一条新的记录
578:                     list.add(line, result);          //将新的记录加入集合
579:                 }
580:             }
581:             FileWriter fw = new FileWriter(file1);
582:             BufferedWriter bw = new BufferedWriter(fw);
583:             bw.write("");
584:             FileWriter fw1 = new FileWriter(file1, true);
585:             BufferedWriter bw1 = new BufferedWriter(fw1);
586:             Iterator<String> it = list.iterator();
587:             while(it.hasNext()){
588:                 String value = it.next();
589:                 bw1.write(value);                    //将新的商品剩余数量记录写入文件
590:                 bw1.newLine();
591:             }
592:             bw.close();
593:             fw.close();
594:             bw1.close();
595:             fw1.close();
596:             br1.close();
597:             fr1.close();
598:             br.close();
599:             fr.close();
600:         }catch(Exception e1){
601:             e1.printStackTrace();
602:         }
603:         try{
604:/**
605:   在 589 行,插入数据时会产生关于同一商品名称但不同数量的多条记录,所
606:   以我们需要将这些重复生成的数据合并,将冗余的数据删除。
607:*/
608:             FileReader fr = new FileReader(file1);
609:             BufferedReader br = new BufferedReader(fr);
610:             List<String> list = new ArrayList<String>();
611:             String str;
612:             while((str = br.readLine()) != null){
613:                 list.add(str);                       //现将原始数据提取并保存
```

```
614:             }
615:             int line = list.size();                        //获取数据数量
616:             for(int i = 0;i <= line - 2;i ++ ){
617:                for(int j = i + 1;j <= line - 1;j ++ ){
618:                   String iStr = list.get(i);
619:                   int index1 = iStr.indexOf("商品数量");
620:                   String iValue = iStr.substring(5, index1);
621:                   String jStr = list.get(j);
622:                   int index2 = jStr.indexOf("商品数量");
623:                   String jValue = jStr.substring(5, index2);
624:                   if(iValue.equals(jValue)){
625:                      int start1 = iStr.indexOf("商品数量");
626:                      int end1 = iStr.indexOf(";");
627:                      String value1 = iStr.substring(start1 + 5, end1);
628:                      int iMember = Integer.parseInt(value1);
629:                      int start2 = jStr.indexOf("商品数量");
630:                      int end2 = jStr.indexOf(";");
631:                      String value2 = jStr.substring(start2 + 5, end2);
632:                      int jMember = Integer.parseInt(value2);
633:                      int totalMember = iMember + jMember;
634:                      list.set(i, "商品名称:" + iValue + "商品数量:"
635:                            + String.valueOf(totalMember) + ";");
636:                      list.set(j, "商品名称:" + iValue + "商品数量:"
637:                            + String.valueOf(0) + ";");
638:                      FileWriter fw = new FileWriter(file1);
639:                      BufferedWriter bw = new BufferedWriter(fw);
640:                      bw.write("");
641:                      FileWriter fw1 = new FileWriter(file1, true);
642:                      BufferedWriter bw1 = new BufferedWriter(fw1);
643:                      Iterator<String> it = list.iterator();
644:                      while(it.hasNext()){
645:                         String value = it.next();
646:                         bw1.write(value);
647:                         bw1.newLine();
648:                      }
649:/**
650:  616行到648行的算法,作用是将同一商品名称但数量不同的记录合并,将原
651:  来多条记录中序号最小的记录修改为合并后的数量,但是将其余的记录中的数
652:  量修改为0。
653:*/
654:                      bw.close();
655:                      fw.close();
656:                      bw1.close();
657:                      fw1.close();
658:                      br.close();
659:                      fr.close();
660:                   }
661:                }
662:             }
663:          }catch(Exception e1){
664:             e1.printStackTrace();
```

```
665:          }
666:          try{
667:             FileWriter fw = new FileWriter(file2);
668:             BufferedWriter bw = new BufferedWriter(fw);
669:             bw.write(getField6().getText());        //货款余额写入文件
670:             bw.close();
671:             fw.close();
672:          }catch(Exception e1){
673:             e1.printStackTrace();
674:          }
675:          try{
676:             FileReader fr = new FileReader(file1);
677:             BufferedReader br = new BufferedReader(fr);
678:             List<String> list = new ArrayList<String>();
679:             String str;
680:             while((str = br.readLine())! = null){
681:                list.add(str);
682:             }                         //676 行到此处的作用是保存原有文件的内容至一个集合
683:             String str1;
684:             int i = 1;
685:             int line = list.size();                //获取集合行数
686:             while((str1 = list.get(i))! = null){
687:                int start = str1.indexOf("商品数量");
688:                int end = str1.indexOf(";");
689:                String value = str1.substring(start + 5, end);
690:/ **
691:  截取商品数量的值。
692: * /
693:                if(value.equals("0")){
694:                   list.remove(i);
695:                   line - = 1;
696:                }                         //寻找 file1 文件中数量为 0 的废弃记录，并删除
697:                if(i <= line - 2){
698:                   i++;                                //如果没有到达最后一行，就顺序遍历
699:                }else{
700:                   break;
701:                }
702:/ **
703:  694 行删除了一条废弃记录，但是可能存在其他废弃记录，所以要逐行寻找并
704:  标记，以便逐行删除。此时的操作限于集合，没有实施到文件。
705: * /
706:             }
707:             FileWriter fw = new FileWriter(file1);
708:             BufferedWriter bw = new BufferedWriter(fw);
709:             bw.write("");
710:             FileWriter fw1 = new FileWriter(file1, true);
711:             BufferedWriter bw1 = new BufferedWriter(fw1);
712:             Iterator<String> it = list.iterator();
713:             while(it.hasNext()){
714:                String value = it.next();
715:                bw1.write(value);
```

```
716:                 bw1.newLine();
717:             }
718:/**
719:  707行到717行的意思是：前面针对集合进行了操作，但是没有作用到文件中，
720:  我们必须将修改后的记录写入文件。所以此时我们需要先将原来的文件清空，
721:  然后写入新的内容。
722:*/
723:             bw.close();
724:             fw.close();
725:             bw1.close();
726:             fw1.close();
727:             br.close();
728:             fr.close();
729:         }catch(Exception e1){
730:             e1.printStackTrace();
731:         }
732:       }
733:     });
734:     JButton button2 = new JButton("清空");        //设置清空按钮
735:     button2.setFont(new Font("华文行楷", Font.BOLD, 20));
736:     button2.setOpaque(false);
737:     button2.setBorderPainted(false);
738:     button2.setContentAreaFilled(false);
739:     button2.setFocusPainted(false);
740:     rightPanel.add(button2);
741:     button2.addActionListener(new ActionListener() {
742:       public void actionPerformed(ActionEvent e) {
743:         getField1().setText("");
744:         getField2().setText("");
745:         getField3().setText("");
746:         getField4().setText("");
747:         getField5().setText("");
748:         getField6().setText("");
749:         getField7().setText("");
750:         getField8().setText("");
751:       }
752:     });
753:   }
754:}
```

下面的代码是销售货物的操作，因为在销售过程中，会涉及商品和资金的变动，所以该部分程序和 3 个数据文件都有联系。

```
import java.awt.BorderLayout;
import java.awt.Font;
import java.awt.GridBagConstraints;
import java.awt.GridBagLayout;
import java.awt.Image;
import java.awt.Insets;
import java.awt.event.ActionEvent;
import java.awt.event.ActionListener;
import java.awt.event.ItemEvent;
import java.awt.event.ItemListener;
```

```
import java.io.BufferedReader;
import java.io.BufferedWriter;
import java.io.File;
import java.io.FileReader;
import java.io.FileWriter;
import java.net.URL;
import java.text.SimpleDateFormat;
import java.util.ArrayList;
import java.util.Date;
import java.util.Iterator;
import java.util.List;
import javax.swing.ImageIcon;
import javax.swing.JButton;
import javax.swing.JComboBox;
import javax.swing.JLabel;
import javax.swing.JOptionPane;
import javax.swing.JPanel;
import javax.swing.JSplitPane;
import javax.swing.JTextField;
import javax.swing.SwingConstants;
public class Shan extends JPanel{
    public JLabel label1;
    public JComboBox box1;
    public JLabel label2;
    public JTextField field2;
    public JLabel label3;
    public JTextField field3;
    public JLabel label4;
    public JTextField field4;
    public JLabel label5;
    public JTextField field5;
    public JLabel label6;
    public JTextField field6;
    public JLabel label7;
    public JTextField field7;
    public JLabel label8;
    public JTextField field8;
    public JLabel label9;
    public JTextField field9;
    public JButton button1;
    public JButton button2;
    public JButton button3;
    public static int i=0;
    public Shan() {
        super();
        this.setSize(352, 302);
        this.setOpaque(false);                         //设置面板透明
        this.setLayout(new BorderLayout());
        JSplitPane hSplitPane=new JSplitPane();
        hSplitPane.setOpaque(false);
        JPanel leftPanel=new JPanel();
```

```
    leftPanel.setOpaque(false);
    leftPanel.setLayout(new GridBagLayout());
    JPanel rightPanel = new JPanel();
    rightPanel.setOpaque(false);
    rightPanel.setLayout(new BorderLayout());
    hSplitPane.setLeftComponent(leftPanel);
    hSplitPane.setRightComponent(rightPanel);
    hSplitPane.setOneTouchExpandable(true);
    hSplitPane.setDividerLocation(350);
    this.add(hSplitPane, BorderLayout.CENTER); //设置销售面板
    GridBagConstraints gridBagConstraints1 =
         new GridBagConstraints();
    gridBagConstraints1.gridx = 0;
    gridBagConstraints1.gridy = 0;
    gridBagConstraints1.insets = new Insets(5, 5, 0, 0);
    label1 = new JLabel("销售记录");
    label1.setFont(new Font("华文行楷", Font.BOLD, 20));
    label1.setHorizontalAlignment(SwingConstants.CENTER);
    label1.setHorizontalTextPosition(SwingConstants.CENTER);
    label1.setVerticalAlignment(SwingConstants.CENTER);
    label1.setVerticalTextPosition(SwingConstants.CENTER);
    leftPanel.add(label1, gridBagConstraints1);
/**
 label1 具体设置的意义详见前面的入库功能。
*/
    GridBagConstraints gridBagConstraints2 =
         new GridBagConstraints();
    gridBagConstraints2.gridx = 1;
    gridBagConstraints2.gridy = 0;
    gridBagConstraints2.insets = new Insets(5, 0, 0, 5);
    gridBagConstraints2.weightx = 1.0;
    gridBagConstraints2.fill = GridBagConstraints.HORIZONTAL;
    button1 = new JButton("添加货物");
    button1.setFont(new Font("华文行楷", Font.BOLD, 20));
    button1.setOpaque(false);
    button1.setBorderPainted(false);
    button1.setContentAreaFilled(false);
    button1.setFocusPainted(false);
    leftPanel.add(button1, gridBagConstraints2);
    GridBagConstraints gridBagConstraints3 =
         new GridBagConstraints();
    gridBagConstraints3.gridx = 0;
    gridBagConstraints3.gridy = 1;
    gridBagConstraints3.insets = new Insets(0, 5, 5, 5);
    gridBagConstraints3.gridwidth = 2;
    gridBagConstraints3.weightx = 1.0;
    gridBagConstraints3.fill = GridBagConstraints.HORIZONTAL;
    box1 = new JComboBox();
    leftPanel.add(box1, gridBagConstraints3);
    GridBagConstraints gridBagConstraints4 =
         new GridBagConstraints();
```

```
gridBagConstraints4.gridx = 0;
gridBagConstraints4.gridy = 2;
gridBagConstraints4.insets = new Insets(0, 5, 0, 0);
label2 = new JLabel("商品名称");
leftPanel.add(label2, gridBagConstraints4);
GridBagConstraints gridBagConstraints5 =
    new GridBagConstraints();
gridBagConstraints5.gridx = 1;
gridBagConstraints5.gridy = 2;
gridBagConstraints5.insets = new Insets(0, 0, 0, 5);
gridBagConstraints5.weightx = 1.0;
gridBagConstraints5.fill = GridBagConstraints.HORIZONTAL;
field2 = new JTextField();
leftPanel.add(field2, gridBagConstraints5);
GridBagConstraints gridBagConstraints6 =
    new GridBagConstraints();
gridBagConstraints6.gridx = 0;
gridBagConstraints6.gridy = 3;
gridBagConstraints6.insets = new Insets(0, 5, 0, 0);
label3 = new JLabel("商品厂家");
leftPanel.add(label3, gridBagConstraints6);
GridBagConstraints gridBagConstraints7 =
    new GridBagConstraints();
gridBagConstraints7.gridx = 1;
gridBagConstraints7.gridy = 3;
gridBagConstraints7.insets = new Insets(0, 0, 0, 5);
gridBagConstraints7.weightx = 1.0;
gridBagConstraints7.fill = GridBagConstraints.HORIZONTAL;
field3 = new JTextField();
leftPanel.add(field3, gridBagConstraints7);
GridBagConstraints gridBagConstraints8 =
    new GridBagConstraints();
gridBagConstraints8.gridx = 0;
gridBagConstraints8.gridy = 4;
gridBagConstraints8.insets = new Insets(0, 5, 0, 0);
label4 = new JLabel("商品价格");
leftPanel.add(label4, gridBagConstraints8);
GridBagConstraints gridBagConstraints9 =
    new GridBagConstraints();
gridBagConstraints9.gridx = 1;
gridBagConstraints9.gridy = 4;
gridBagConstraints9.insets = new Insets(0, 0, 0, 5);
gridBagConstraints9.weightx = 1.0;
gridBagConstraints9.fill = GridBagConstraints.HORIZONTAL;
field4 = new JTextField();
leftPanel.add(field4, gridBagConstraints9);
GridBagConstraints gridBagConstraints10 =
    new GridBagConstraints();
gridBagConstraints10.gridx = 0;
gridBagConstraints10.gridy = 5;
gridBagConstraints10.insets = new Insets(0, 5, 0, 0);
```

```
label5 = new JLabel("销售数量");
leftPanel.add(label5, gridBagConstraints10);
GridBagConstraints gridBagConstraints11 =
    new GridBagConstraints();
gridBagConstraints11.gridx = 1;
gridBagConstraints11.gridy = 5;
gridBagConstraints11.insets = new Insets(0, 0, 0, 5);
gridBagConstraints11.weightx = 1.0;
gridBagConstraints11.fill = GridBagConstraints.HORIZONTAL;
field5 = new JTextField();
leftPanel.add(field5, gridBagConstraints11);
GridBagConstraints gridBagConstraints12 =
    new GridBagConstraints();
gridBagConstraints12.gridx = 0;
gridBagConstraints12.gridy = 6;
gridBagConstraints12.insets = new Insets(0, 5, 0, 0);
label6 = new JLabel("销售收益");
leftPanel.add(label6, gridBagConstraints12);
GridBagConstraints gridBagConstraints13 =
    new GridBagConstraints();
gridBagConstraints13.gridx = 1;
gridBagConstraints13.gridy = 6;
gridBagConstraints13.insets = new Insets(0, 0, 0, 5);
gridBagConstraints13.weightx = 1.0;
gridBagConstraints13.fill = GridBagConstraints.HORIZONTAL;
field6 = new JTextField();
leftPanel.add(field6, gridBagConstraints13);
GridBagConstraints gridBagConstraints14 =
    new GridBagConstraints();
gridBagConstraints14.gridx = 0;
gridBagConstraints14.gridy = 7;
gridBagConstraints14.insets = new Insets(0, 5, 0, 0);
label7 = new JLabel("货款余额");
leftPanel.add(label7, gridBagConstraints14);
GridBagConstraints gridBagConstraints15 =
    new GridBagConstraints();
gridBagConstraints15.gridx = 1;
gridBagConstraints15.gridy = 7;
gridBagConstraints15.insets = new Insets(0, 0, 0, 5);
gridBagConstraints15.weightx = 1.0;
gridBagConstraints15.fill = GridBagConstraints.HORIZONTAL;
field7 = new JTextField();
leftPanel.add(field7, gridBagConstraints15);
GridBagConstraints gridBagConstraints16 =
    new GridBagConstraints();
gridBagConstraints16.gridx = 0;
gridBagConstraints16.gridy = 8;
gridBagConstraints16.insets = new Insets(0, 0, 0, 5);
label8 = new JLabel("经办人");
leftPanel.add(label8, gridBagConstraints16);
GridBagConstraints gridBagConstraints17 =
```

```
            new GridBagConstraints();
        gridBagConstraints17.gridx = 1;
        gridBagConstraints17.gridy = 8;
        gridBagConstraints17.insets = new Insets(0, 0, 0, 5);
        gridBagConstraints17.weightx = 1.0;
        gridBagConstraints17.fill = GridBagConstraints.HORIZONTAL;
        field8 = new JTextField();
        leftPanel.add(field8, gridBagConstraints17);
        GridBagConstraints gridBagConstraints18 =
            new GridBagConstraints();
        gridBagConstraints18.gridx = 0;
        gridBagConstraints18.gridy = 9;
        gridBagConstraints18.insets = new Insets(0, 5, 0, 0);
        label9 = new JLabel("销售日期");
        leftPanel.add(label9, gridBagConstraints18);
        GridBagConstraints gridBagConstraints19 =
            new GridBagConstraints();
        gridBagConstraints19.gridx = 1;
        gridBagConstraints19.gridy = 9;
        gridBagConstraints19.insets = new Insets(0, 0, 0, 5);
        gridBagConstraints19.weightx = 1.0;
        gridBagConstraints19.fill = GridBagConstraints.HORIZONTAL;
        field9 = new JTextField();
        leftPanel.add(field9, gridBagConstraints19);
        URL url = this.getClass().getResource("011.jpg");
        ImageIcon icon = new ImageIcon(url);
        Image image = icon.getImage().getScaledInstance(100, 220, 3);
/**
    为了不让右侧的面板显得太空洞，我们填充进了一张图片，作为点缀，但是该
    图片本来很大，超出了面板范围，所以我们对图片压缩，具体的参数的意义详
    见前面的入库功能。
*/
        icon = new ImageIcon(image);
        JLabel label = new JLabel();
        label.setSize(icon.getIconWidth(), icon.getIconHeight());
/**
    把图片设置在 label 上，label 的大小由图片实际决定。
*/
        label.setVerticalAlignment(SwingConstants.BOTTOM);
        label.setIcon(icon);
        rightPanel.add(label, BorderLayout.CENTER);
        JPanel panel = new JPanel();
        panel.setOpaque(false);
        panel.setLayout(new BorderLayout());
        rightPanel.add(panel, BorderLayout.NORTH);
        button2 = new JButton("销售");
        button3 = new JButton("取消");
        panel.add(button2, BorderLayout.CENTER);
        panel.add(button3, BorderLayout.SOUTH);
        button1.addActionListener(new ActionListener() {
          public void actionPerformed(ActionEvent e) {
```

```
            box1.removeAllItems();
/**
去除上次添加商品效果,重置列表。如果不做这一步操作,那么我们每次单击
按钮时,都会重复添加列表内容
*/
            try{
              File file = new File("d:/save_member.txt");      //数据文件
              if(!file.exists()){
                JOptionPane.showMessageDialog(null,
                    "库存文件不存在
                    ");
                return;                         //如果数据文件不存在,那么提示并返回
              }
              FileReader fr = new FileReader(file);
              BufferedReader br = new BufferedReader(fr);
              List<String> list = new ArrayList<String>();
              String str;
              while((str = br.readLine())! = null){
                list.add(str);
              }
              int line = list.size();
              for(int i = 0;i < line;i++){
                String iStr = list.get(i);
                int start = iStr.indexOf("商品名称");
                int end = iStr.indexOf("商品数量");
                String value = iStr.substring(start + 5, end);
                box1.addItem(value);
              }                                 //分别取每条数据的商品名称,添加到下拉列表
            }catch(Exception e1){
              e1.printStackTrace();
            }
          }
        });
        box1.addItemListener(new ItemListener() {
          public void itemStateChanged(ItemEvent e) {
            try{
              File file = new File("d:/save_member.txt");
              FileReader fr = new FileReader(file);
              BufferedReader br = new BufferedReader(fr);
              List<String> list = new ArrayList<String>();
              String str;
              while((str = br.readLine())! = null){
                list.add(str);
              }                                 //将数据加载到集合,这样更方便操作
              for(int i = 0;i < box1.getItemCount();i++){
                String iStr = list.get(box1.getSelectedIndex());
/**
box1.getSelectedIndex()得到的是下拉列表中的商品名称,get 方法得到
集合中与商品名称对应的商品信息。
*/
                int start1 = iStr.indexOf("商品名称");
```

```
                    int end1 = iStr.indexOf("商品数量");
                    String value1 = iStr.substring(start1 + 5, end1);
                    field2.setText(value1);                    //获得商品名称并添加到列表
                }
            }catch(Exception e1){
                e1.printStackTrace();
            }
        }
    });
    button2.addActionListener(new ActionListener() {
        public void actionPerformed(ActionEvent e) {
            if(field3.getText().equals("")){
                field3.setText("未知");                  //厂家信息
            }
            if(field4.getText().equals("")){
                JOptionPane.showMessageDialog(null, "商品价格不可为空
                    ");
                return;
            }
            if(field5.getText().equals("")){
                JOptionPane.showMessageDialog(null, "销售数量不可为空
                    ");
                return;
            }else{
/**
  判断销售数量,如果为空,那么直接返回;否则访问 save_member.txt。
*/
                try{
                    File file = new File("d:/save_member.txt");
                    if(!file.exists()){
                        JOptionPane.showMessageDialog(null,
                            "库存文件不存在");
                        return;                        //判断文件是否存在
                    }
                    FileReader fr = new FileReader(file);
                    BufferedReader br = new BufferedReader(fr);
                    String str;
                    while((str = br.readLine()) != null){
                        String key = field2.getText();       //选择一个商品名称
                        int start = str.indexOf("商品名称");
                        int end = str.indexOf("商品数量");
                        String value = str.substring(start + 5, end);
                        //集合中的商品名称
                        if(value.equals(key)){
                        //如果用户选择的名称和集合中的某个名称相同
                            int start1 = str.indexOf("商品数量");
                            int end1 = str.indexOf(";");
                            String value1 = str.substring(start1 + 5, end1);
                            int intValue1 = Integer.parseInt(value1);
                            //获取商品数量
                            if(intValue1 < Integer.parseInt(field5.
```

```
                        getText())){
                    JOptionPane.showMessageDialog(null, "库存不足
                        ");
                    return;                    //判断剩余商品的数量是否足够销售
                }else{
                    int member = intValue1 - Integer.parseInt(field5.
                        getText());            //如果数量够,则求出剩余数量
                    try{
                    //把剩余数量写入 save_member.txt 文件
                      FileReader fr2 = new FileReader("d:/
                          save_member.txt");
                      BufferedReader br2 = new BufferedReader(fr2);
                      List<String> list2 = new ArrayList<String>();
                      String str2;
                      while((str2 = br2.readLine())! = null){
                        list2.add(str2);
                      }
                      int line2 = list2.size();
                      for(int i = 0;i < line2;i++){
                        String iStr2 = list2.get(i);
                        int start2 = iStr2.indexOf("商品名称");
                        int end2 = iStr2.indexOf("商品数量");
                        String value2 = iStr2.substring(start2 + 5,
                            end2);
                        if(value2.equals(field2.getText())){
                          list2.set(i, "商品名称:" + value2 + "商品数
                              量:" + member + ";");
/**
  如果用户选择的某商品名称和集合中的商品名称相同,则在集合中更新商品剩
  余数量。
*/
                        }
                      }
                      FileWriter fw2 =
                          new FileWriter("d:/save_member.txt");
                      BufferedWriter bw2 = new BufferedWriter(fw2);
                      bw2.write("");
                      FileWriter fw3 =
                          new FileWriter("d:/save_member.txt",
                          true);               //true 表示追加的内容不会覆盖以前的
                      BufferedWriter bw3 = new BufferedWriter(fw3);
                      Iterator<String> it = list2.iterator();
                      while(it.hasNext()){
                        String value3 = it.next();
                        bw3.write(value3);
                        bw3.newLine();
                      }                        //将集合中的商品数量写入文件
                      bw3.close();
                      fw3.close();
                      bw2.close();
                      fw2.close();
```

```
                        br2.close();
                        fr2.close();
                    }catch(Exception e1){
                        e1.printStackTrace();
                    }
                }
            }
        }
    }catch(Exception e1){
        e1.printStackTrace();
    }
}
double price = Double.parseDouble(field4.getText());
int member = Integer.parseInt(field5.getText());
double money = price * member;                    //获取销售商品的收益
field6.setText(String.format("%.3f", money));
double totalMoney = 0;
try{
    File file = new File("d:/save_money.txt");
    if(!file.exists()){
        JOptionPane.showMessageDialog(null, "存款文件不存在
            ");
        return;                                   //判断 save_money.txt 是否存在
    }
    FileReader fr = new FileReader(file);
    BufferedReader br = new BufferedReader(fr);
    String str;
    if((str = br.readLine())! = null){
        totalMoney = Double.parseDouble(str);     //读取剩余资金
        totalMoney + = money;                     //把收益和原来的资金相加
        field7.setText(String.valueOf(totalMoney));
        try{
            File file1 = new File("d:/save_money.txt");
            FileWriter fw = new FileWriter(file1);
            BufferedWriter bw = new BufferedWriter(fw);
            bw.write(String.valueOf(totalMoney));
            //把目前的资金数量写入文件
            bw.close();
            fw.close();
        }catch(Exception e1){
            e1.printStackTrace();
        }
    }
}catch(Exception e1){
    e1.printStackTrace();
}
if(field8.getText().equals("")){
    JOptionPane.showMessageDialog(null, "经办人不可为空
        ");
    return;
}
```

```
            SimpleDateFormat format = new SimpleDateFormat("yyyy年MM
                月dd日HH时mm分ss秒");
            Date date = new Date();
            String dateNow = format.format(date);
            field9.setText(dateNow);                         //把销售信息填写到各个输入框
            try{
              File file = new File("d:/save_date.txt");
              if(!file.exists()){
                JOptionPane.showMessageDialog(null, "订单文件不存在
                    ");
                return;
              }                             //如果文件不存在,直接返回,否则写入销售信息
              FileReader fr = new FileReader(file);
              BufferedReader br = new BufferedReader(fr);
              List<String> list = new ArrayList<String>();
              String str;
              while((str = br.readLine()) != null){
                list.add(str);
              }
              int line = list.size();
              String nameStr = ",货物名称:" + field2.getText();
              String makerStr = ",货物厂家:" + field3.getText();
              String priceStr = ",货物价格:" + field4.getText();
              String memberStr = ",货物数量:" + field5.getText();
              String getStr = ",货物开销:" + field6.getText();
              String surplusStr = ",货款余额:" + field7.getText();
              String operatorStr = ",经办人:" + field8.getText();
              String dateStr = ",进货日期:" + field9.getText();
              String finStr = "单号:" + field9.getText() + "#" + i++
                  + nameStr + makerStr + priceStr + memberStr + getStr +
                  surplusStr + operatorStr + dateStr;
/**
 把每个输入框的信息合并。
*/
              list.add(line, finStr);                        //合并信息写入集合
              FileWriter fw = new FileWriter(file);
              BufferedWriter bw = new BufferedWriter(fw);
              bw.write("");                                  //清空文件
              FileWriter fw1 = new FileWriter(file, true);
              BufferedWriter bw1 = new BufferedWriter(fw1);
              Iterator<String> it = list.iterator();
              while(it.hasNext()){
                String value = it.next();
                bw1.write(value);
                bw1.newLine();
              }                                              //把合并后的销售信息写入文件
              bw.close();
              fw.close();
              bw1.close();
              fw1.close();
              br.close();
```

```
                fr.close();
            }catch(Exception e1){
                e1.printStackTrace();
            }
        }
    });
  }
}
```

下面的代码针对数据文件操作，涉及对数据文件的删除、备份和查询位置，为了使初学者学到更多的内容，我们增加了验证码的基本原理。但是我们没有设置对以往销售记录的修改功能，因为如果可以对旧的记录任意更改，很可能造成数据的混乱。如果读者感兴趣，可以自己编写代码实现。

```
import java.awt.BorderLayout;
import java.awt.Color;
import java.awt.Font;
import java.awt.GridBagConstraints;
import java.awt.GridBagLayout;
import java.awt.Insets;
import java.awt.event.ActionEvent;
import java.awt.event.ActionListener;
import java.awt.event.KeyEvent;
import java.awt.event.KeyListener;
import java.io.BufferedReader;
import java.io.BufferedWriter;
import java.io.File;
import java.io.FileReader;
import java.io.FileWriter;
import java.util.ArrayList;
import java.util.Iterator;
import java.util.List;
import javax.swing.JButton;
import javax.swing.JComboBox;
import javax.swing.JFileChooser;
import javax.swing.JLabel;
import javax.swing.JOptionPane;
import javax.swing.JPanel;
import javax.swing.JSplitPane;
import javax.swing.JTextArea;
import javax.swing.JTextField;
import javax.swing.SwingConstants;
public class Gai extends JPanel{
    public JSplitPane jSplitPane;
    public JPanel topPanel;
    public JTextArea area;
    public JPanel bottomPanel;
    public JLabel label2;
    public JTextField field1;
    public JLabel label3;
    public JComboBox box1;
    public JButton button1;
```

```
public JButton button2;
public JButton button3;
public JButton button4;
public Gai() {
    super();
    this.setSize(352, 302);
    this.setOpaque(false);
    this.setLayout(new BorderLayout());
    jSplitPane = new JSplitPane(JSplitPane.VERTICAL_SPLIT);
    jSplitPane.setOpaque(false);
    topPanel = new JPanel();
    topPanel.setOpaque(false);
    topPanel.setLayout(new BorderLayout());
    bottomPanel = new JPanel();
    bottomPanel.setOpaque(false);
    jSplitPane.setOneTouchExpandable(true);
    jSplitPane.setDividerLocation(90);
    jSplitPane.setTopComponent(topPanel);
    jSplitPane.setBottomComponent(bottomPanel);
    this.add(jSplitPane, BorderLayout.CENTER);
    area = new JTextArea();
    area.setEditable(false);
    area.setLineWrap(true);
    area.setForeground(Color.magenta);
    area.setFont(new Font("楷体", Font.BOLD, 25));
    area.setText("删除记录属于自杀性管理手段。\n 谨记:no zuo no
        die.");                    //管理员不应该轻易地变更数据,否则可能带来严重后果
    topPanel.add(area, BorderLayout.CENTER);
    bottomPanel.setLayout(new GridBagLayout());
    GridBagConstraints gridBagConstraints1 =
        new GridBagConstraints();
    gridBagConstraints1.gridx = 0;
    gridBagConstraints1.gridy = 0;
    gridBagConstraints1.insets = new Insets(20, 5, 5, 5);
    label2 = new JLabel("验证码");
    label2.setFont(new Font("华文行楷", Font.ITALIC, 20));
    bottomPanel.add(label2, gridBagConstraints1);
    GridBagConstraints gridBagConstraints2 =
        new GridBagConstraints();
    gridBagConstraints2.gridx = 1;
    gridBagConstraints2.gridy = 0;
    gridBagConstraints2.insets = new Insets(20, 5, 5, 5);
    gridBagConstraints2.weightx = 1.0;
    gridBagConstraints2.fill = GridBagConstraints.HORIZONTAL;
    field1 = new JTextField();
    field1.setColumns(12);
    bottomPanel.add(field1, gridBagConstraints2);
    GridBagConstraints gridBagConstraints3 =
        new GridBagConstraints();
    gridBagConstraints3.gridx = 2;
    gridBagConstraints3.gridy = 0;
```

```
90:     gridBagConstraints3.insets = new Insets(20, 5, 5, 5);
91:     label3 = new JLabel("");
92:     final String keys[] = new String[]{"1", "2", "3", "4", "5", "6",
93:            "7", "8", "9", "0", "a", "b", "c", "d", "e", "f", "g", "h",
94:            "i", "j", "k", "l", "m", "n", "o", "p", "q", "r", "s", "t",
95:            "u", "v", "w", "x", "y", "z"};              //规定生成随机验证码的字符范围
96:     String value = "";
97:     for(int i = 0;i < 5;i++){
98:       int index = (int)(Math.random() * keys.length);
99:/ **
100:  生成一个随机数,对应的是 keys 数组中的位置。因为需要循环 5 次,所以可
101:  以生成 5 个验证码。
102:* /
103:        String valuei = keys[index];                    //取得数组中的字符
104:        value = value + valuei;                         //合并生成验证码
105:      }
106:      label3.setText(value);                            //显示验证码
107:      label3.setFont(new Font("consolas", Font.BOLD, 20));
108:      label3.setForeground(Color.blue);
109:      bottomPanel.add(label3, gridBagConstraints3);
110:      GridBagConstraints gridBagConstraints4 =
111:           new GridBagConstraints();
112:      gridBagConstraints4.gridx = 3;
113:      gridBagConstraints4.gridy = 0;
114:      gridBagConstraints4.insets = new Insets(20, 5, 5, 5);
115:      button4 = new JButton("看不清,换一张");
116:      button4.setOpaque(false);
117:      button4.setBorderPainted(false);
118:      button4.setContentAreaFilled(false);
119:      button4.setFocusPainted(false);
120:      button4.setFont(new Font("华文行楷", Font.BOLD, 20));
121:      button4.setHorizontalAlignment(SwingConstants.LEFT);
122:      bottomPanel.add(button4, gridBagConstraints4);
123:      button4.addActionListener(new ActionListener() {
124:        public void actionPerformed(ActionEvent e) {
125:          String value = "";
126:          for(int i = 0;i < 5;i++){
127:            int index = (int)(Math.random() * keys.length);
128:            String valuei = keys[index];
129:            value = value + valuei;
130:          }
131:          label3.setText(value);
132:        }
133:      });                                  //123 行的方法表示:如果看不清,重新生成一个验证码
134:      GridBagConstraints gridBagConstraints5 =
135:           new GridBagConstraints();
136:      gridBagConstraints5.gridx = 0;
137:      gridBagConstraints5.gridy = 1;
138:      gridBagConstraints5.insets = new Insets(5, 5, 5, 5);
139:      gridBagConstraints5.gridwidth = 3;
140:      gridBagConstraints5.weightx = 1.0;
```

```
gridBagConstraints5.fill = GridBagConstraints.HORIZONTAL;
box1 = new JComboBox();
bottomPanel.add(box1, gridBagConstraints5);
field1.addKeyListener(new KeyListener() {
/**
在输入框写入验证码,添加键盘监听事件,这就是所谓的单击回车操作。
*/
    public void keyTyped(KeyEvent e) {

    }
    public void keyReleased(KeyEvent e) {

    }
    public void keyPressed(KeyEvent e) {        //单击键盘的某个键
      int code = e.getKeyCode();                //获取单击信息,单击了哪个键
      if(code == KeyEvent.VK_ENTER) {           //如果单击回车
        box1.removeAllItems();                  //首先清除上次的添加效果
        String value = field1.getText();
        if(value.equals(label3.getText())) {    //如果验证码正确
          try{
            File file = new File("d:/save_date.txt");
            if(!file.exists()) {
              JOptionPane.showMessageDialog(null, "订单文件不
                  存在");
              return;
            }                    //判断文件是否存在,如果存在,通过单号添加到下拉列表
            FileReader fr = new FileReader(file);
            BufferedReader br = new BufferedReader(fr);
            List<String> list = new ArrayList<String>();
            String str;
            while((str = br.readLine()) != null) {
              list.add(str);
            }
            int line = list.size();
            for(int i = 0; i < line; i++) {
              String iStr = list.get(i);
              int start = iStr.indexOf("单号");
              int end = iStr.indexOf(",货物名称");
              String value1 = iStr.substring(start + 3, end);
              box1.addItem(value1);             //添加商品名称
            }
            br.close();
            fr.close();
          }catch(Exception e1) {
            e1.printStackTrace();
          }
        }else{
          JOptionPane.showMessageDialog(null, "验证码不正确
            ");
          return;                               //如果验证码输入错误,则返回
        }
```

```
            }
        }
    });
    GridBagConstraints gridBagConstraints6 =
        new GridBagConstraints();
    gridBagConstraints6.gridx = 3;
    gridBagConstraints6.gridy = 1;
    gridBagConstraints6.insets = new Insets(5, 5, 5, 5);
    gridBagConstraints6.weightx = 1.0;
    gridBagConstraints6.fill = GridBagConstraints.HORIZONTAL;
    button2 = new JButton("删除");
    button2.setHorizontalAlignment(SwingConstants.LEFT);
    button2.setOpaque(false);
    button2.setBorderPainted(false);
    button2.setContentAreaFilled(false);
    button2.setFocusPainted(false);
    button2.setFont(new Font("华文行楷", Font.BOLD, 20));
    bottomPanel.add(button2, gridBagConstraints6);
    button2.addActionListener(new ActionListener() {
      public void actionPerformed(ActionEvent e) {
        try{
          File file = new File("d:/save_date.txt");
          if(!file.exists()){
            JOptionPane.showMessageDialog(null, "库存文件不存在
                ");
            return;
          }                          //如果文件存在,则删除用户选择的商品所对应的信息
          FileReader fr = new FileReader(file);
          BufferedReader br = new BufferedReader(fr);
          List<String> list = new ArrayList<String>();
          String str;
          while((str = br.readLine()) != null){
            list.add(str);
          }
          list.remove(box1.getSelectedIndex()); //删除对应的信息
          FileWriter fw = new FileWriter(file);
          BufferedWriter bw = new BufferedWriter(fw);
          bw.write("");
          FileWriter fw1 = new FileWriter(file, true);
          BufferedWriter bw1 = new BufferedWriter(fw1);
          Iterator<String> it = list.iterator();
          while(it.hasNext()){
            String value = it.next();
            bw1.write(value);
            bw1.newLine();
          }                                    //将删除信息后的集合写入文件
          bw1.close();
          fw1.close();
          bw.close();
          fw.close();
          br.close();
```

```
            fr.close();
            box1.removeAllItems();                     //每次操作后都要清除上一次的内容
            int line = list.size();
            for(int i = 0;i < line;i++){
              String iStr = list.get(i);
              int start = iStr.indexOf("单号");
              int end = iStr.indexOf(",货物名称");
              String value = iStr.substring(start + 3, end);
              box1.addItem(value);                     //重新添加商品名称到下拉列表
            }
          }catch(Exception e1){
            e1.printStackTrace();
          }
        }
      });
      GridBagConstraints gridBagConstraints7 =
          new GridBagConstraints();
      gridBagConstraints7.gridx = 0;
      gridBagConstraints7.gridy = 2;
      gridBagConstraints7.insets = new Insets(5, 5, 5, 5);
      gridBagConstraints7.gridwidth = 3;
      gridBagConstraints7.weightx = 1.0;
      gridBagConstraints7.fill = GridBagConstraints.HORIZONTAL;
      button1 = new JButton("备份到 d:/backup/");
/**
   为防止数据丢失,笔者将数据保存到该路径下,读者可以自行规定路径,但是
   绝对不推荐保存到 C 盘。
*/
      button1.setOpaque(false);
      button1.setBorderPainted(false);
      button1.setContentAreaFilled(false);
      button1.setFocusPainted(false);
      button1.setFont(new Font("楷体", Font.BOLD, 20));
      bottomPanel.add(button1, gridBagConstraints7);
      button1.addActionListener(new ActionListener() {
        public void actionPerformed(ActionEvent e) {
          File file = new File("d:/backup");          //创建文件夹
          if(!file.exists()){
            file.mkdir();                             //如果文件夹不存在,则创建文件夹
          }
          File file1 = new File("d:/");               //定位到 D 盘
          File[] files = file1.listFiles();           //获取 D 盘下的全部文件
          for(int i = 0;i < files.length;i++){
            String name = files[i].getName();
            if(name.startsWith("save")){              //寻找 save 开头的文件
              try{
                FileReader fr = new FileReader(files[i]); //读取文件
                BufferedReader br = new BufferedReader(fr);
                List<String> list = new ArrayList<String>();
                String str;
                while((str = br.readLine()) != null){
```

```
                        list.add(str);                       //保存文件内容
                    }
                    File file2 = new File("d:/backup/" + File.separator
                            + name);                         //在 d:/backup/创建同名文件
                    if(!file2.exists()){
                        file2.createNewFile();               //如果不存在该文件,则创建
                    }
                    FileWriter fw = new FileWriter(file2);
                    BufferedWriter bw = new BufferedWriter(fw);
                    bw.write("");
                    FileWriter fw1 = new FileWriter(file2, true);
                    BufferedWriter bw1 = new BufferedWriter(fw1);
                    Iterator<String> it = list.iterator();
                    while(it.hasNext()){
                        String value = it.next();
                        bw1.write(value);
                        bw1.newLine();
                    }                                        //把原文件复制到目标文件
                    bw1.close();
                    fw1.close();
                    bw.close();
                    fw.close();
                    br.close();
                    fr.close();
                }catch(Exception e1){
                    e1.printStackTrace();
                }
            }
        }
        JOptionPane.showMessageDialog(null, "数据备份完成");
    }
});
GridBagConstraints gridBagConstraints8 =
        new GridBagConstraints();
gridBagConstraints8.gridx = 3;
gridBagConstraints8.gridy = 2;
gridBagConstraints8.insets = new Insets(5, 5, 5, 5);
button3 = new JButton("查看文件位置");
button3.setOpaque(false);
button3.setBorderPainted(false);
button3.setContentAreaFilled(false);
button3.setFocusPainted(false);
button3.setFont(new Font("华文行楷", Font.BOLD, 20));
bottomPanel.add(button3, gridBagConstraints8);
button3.addActionListener(new ActionListener() {
    public void actionPerformed(ActionEvent e) {
        JFileChooser chooser = new JFileChooser();
        chooser.setDialogTitle("选择需要的位置");
        chooser.showOpenDialog(null);                        //查看备份文件的位置
    }
/**
```

```
此处的查看功能,并不附带选择文件的功能,也就是说,用户可以查看自己保
存文件的位置,但是不能选择,选择功能可详见11.1节的例题。
*/
    });
  }
}
```

以下代码涉及数据文件的查询功能。例如,查询剩余了多少资金、多少货物,这样可以更方便管理员进行进货操作或销售操作。

```
import java.awt.BorderLayout;
import java.awt.Font;
import java.awt.GridBagConstraints;
import java.awt.GridBagLayout;
import java.awt.Insets;
import java.awt.event.ActionEvent;
import java.awt.event.ActionListener;
import java.awt.event.ItemEvent;
import java.awt.event.ItemListener;
import java.io.BufferedReader;
import java.io.BufferedWriter;
import java.io.File;
import java.io.FileReader;
import java.util.ArrayList;
import java.util.HashMap;
import java.util.List;
import java.util.Map;
import javax.swing.JButton;
import javax.swing.JComboBox;
import javax.swing.JLabel;
import javax.swing.JOptionPane;
import javax.swing.JPanel;
import javax.swing.JSplitPane;
import javax.swing.JTextField;
import javax.swing.SwingConstants;
public class Cha extends JPanel{                         //查询功能
  public Map<String, String> map=new HashMap<String, String>();
  public JSplitPane jSplitPane;
  public JLabel label1;
  public JComboBox box1;
  public JLabel label2;
  public JTextField field2;
  public JLabel label3;
  public JTextField field3;
  public JLabel label4;
  public JTextField field4;
  public JLabel label5;
  public JTextField field5;
```

```
public JLabel label6;
public JTextField field6;
public JLabel label7;
public JTextField field7;
public JLabel label8;
public JTextField field8;
public JLabel label9;
public JTextField field9;
public JButton button1;
public JLabel label10;
public JComboBox box2;
public JTextField field10;
public JButton button2;
public Cha() {
    super();
    this.setSize(352, 302);
    this.setOpaque(false);
    this.setLayout(new BorderLayout());
    jSplitPane = new JSplitPane();
    jSplitPane.setOpaque(false);
    this.add(jSplitPane, BorderLayout.CENTER);
    JPanel leftPanel = new JPanel();
    leftPanel.setOpaque(false);
    jSplitPane.setLeftComponent(leftPanel);
    JPanel rightPanel = new JPanel();
    rightPanel.setOpaque(false);
    jSplitPane.setRightComponent(rightPanel);
    jSplitPane.setOneTouchExpandable(true);
    jSplitPane.setDividerLocation(300);
    leftPanel.setLayout(new GridBagLayout());
    GridBagConstraints gridBagConstraints1 =
        new GridBagConstraints();
    gridBagConstraints1.gridx = 0;
    gridBagConstraints1.gridy = 0;
    gridBagConstraints1.insets = new Insets(5, 10, 5, 5);
    label1 = new JLabel("单号查询");                //很明显,全部内容可以通过单号查询
    label1.setFont(new Font("华文行楷", Font.BOLD, 15));
    label1.setHorizontalAlignment(SwingConstants.RIGHT);
    label1.setHorizontalTextPosition(SwingConstants.RIGHT);
    label1.setVerticalAlignment(SwingConstants.CENTER);
    label1.setVerticalTextPosition(SwingConstants.CENTER);
    leftPanel.add(label1, gridBagConstraints1);
    GridBagConstraints gridBagConstraints19 =
        new GridBagConstraints();
    gridBagConstraints19.gridx = 1;
    gridBagConstraints19.gridy = 0;
```

```
gridBagConstraints19.insets = new Insets(5, 5, 5, 5);
button1 = new JButton("开始查询");
button1.setFont(new Font("华文行楷", Font.BOLD, 15));
button1.setOpaque(false);
button1.setBorderPainted(false);
button1.setContentAreaFilled(false);
button1.setFocusPainted(false);
leftPanel.add(button1, gridBagConstraints19);
box1 = new JComboBox();
GridBagConstraints gridBagConstraints2 =
    new GridBagConstraints();
gridBagConstraints2.gridx = 0;
gridBagConstraints2.gridy = 1;
gridBagConstraints2.insets = new Insets(5, 5, 5, 5);
gridBagConstraints2.gridwidth = 2;
gridBagConstraints2.weightx = 1.0;
gridBagConstraints2.fill = GridBagConstraints.HORIZONTAL;
leftPanel.add(box1, gridBagConstraints2);
label2 = new JLabel("商品名称");
GridBagConstraints gridBagConstraints3 =
    new GridBagConstraints();
gridBagConstraints3.gridx = 0;
gridBagConstraints3.gridy = 2;
gridBagConstraints3.insets = new Insets(0, 5, 0, 0);
leftPanel.add(label2, gridBagConstraints3);
GridBagConstraints gridBagConstraints4 =
    new GridBagConstraints();
gridBagConstraints4.gridx = 1;
gridBagConstraints4.gridy = 2;
gridBagConstraints4.insets = new Insets(0, 0, 0, 5);
gridBagConstraints4.weightx = 1.0;
gridBagConstraints4.fill = GridBagConstraints.HORIZONTAL;
field2 = new JTextField();
field2.setEditable(false);
leftPanel.add(field2, gridBagConstraints4);
GridBagConstraints gridBagConstraints5 =
    new GridBagConstraints();
gridBagConstraints5.gridx = 0;
gridBagConstraints5.gridy = 3;
gridBagConstraints5.insets = new Insets(0, 5, 0, 0);
label3 = new JLabel("商品厂家");
leftPanel.add(label3, gridBagConstraints5);
GridBagConstraints gridBagConstraints6 =
    new GridBagConstraints();
gridBagConstraints6.gridx = 1;
gridBagConstraints6.gridy = 3;
```

```
gridBagConstraints6.insets = new Insets(0, 0, 0, 5);
gridBagConstraints6.weightx = 1.0;
gridBagConstraints6.fill = GridBagConstraints.HORIZONTAL;
field3 = new JTextField();
field3.setEditable(false);
leftPanel.add(field3, gridBagConstraints6);
GridBagConstraints gridBagConstraints7 =
    new GridBagConstraints();
gridBagConstraints7.gridx = 0;
gridBagConstraints7.gridy = 4;
gridBagConstraints7.insets = new Insets(0, 5, 0, 0);
label4 = new JLabel("价格");
leftPanel.add(label4, gridBagConstraints7);
GridBagConstraints gridBagConstraints8 =
    new GridBagConstraints();
gridBagConstraints8.gridx = 1;
gridBagConstraints8.gridy = 4;
gridBagConstraints8.insets = new Insets(0, 0, 0, 5);
gridBagConstraints8.weightx = 1.0;
gridBagConstraints8.fill = GridBagConstraints.HORIZONTAL;
field4 = new JTextField();
field4.setEditable(false);
leftPanel.add(field4, gridBagConstraints8);
GridBagConstraints gridBagConstraints9 =
    new GridBagConstraints();
gridBagConstraints9.gridx = 0;
gridBagConstraints9.gridy = 5;
gridBagConstraints9.insets = new Insets(0, 5, 0, 0);
label5 = new JLabel("数量");
leftPanel.add(label5, gridBagConstraints9);
GridBagConstraints gridBagConstraints10 =
    new GridBagConstraints();
gridBagConstraints10.gridx = 1;
gridBagConstraints10.gridy = 5;
gridBagConstraints10.insets = new Insets(0, 0, 0, 5);
gridBagConstraints10.weightx = 1.0;
gridBagConstraints10.fill = GridBagConstraints.HORIZONTAL;
field5 = new JTextField();
field5.setEditable(false);
leftPanel.add(field5, gridBagConstraints10);
GridBagConstraints gridBagConstraints11 =
    new GridBagConstraints();
gridBagConstraints11.gridx = 0;
gridBagConstraints11.gridy = 6;
gridBagConstraints11.insets = new Insets(0, 5, 0, 0);
label6 = new JLabel("开销 & 收益");
```

```
leftPanel.add(label6, gridBagConstraints11);
GridBagConstraints gridBagConstraints12 =
    new GridBagConstraints();
gridBagConstraints12.gridx = 1;
gridBagConstraints12.gridy = 6;
gridBagConstraints12.insets = new Insets(0, 0, 0, 5);
gridBagConstraints12.weightx = 1.0;
gridBagConstraints12.fill = GridBagConstraints.HORIZONTAL;
field6 = new JTextField();
field6.setEditable(false);
leftPanel.add(field6, gridBagConstraints12);
GridBagConstraints gridBagConstraints13 =
    new GridBagConstraints();
gridBagConstraints13.gridx = 0;
gridBagConstraints13.gridy = 7;
gridBagConstraints13.insets = new Insets(0, 5, 0, 0);
label7 = new JLabel("货款余额");
leftPanel.add(label7, gridBagConstraints13);
GridBagConstraints gridBagConstraints14 =
    new GridBagConstraints();
gridBagConstraints14.gridx = 1;
gridBagConstraints14.gridy = 7;
gridBagConstraints14.insets = new Insets(0, 0, 0, 5);
gridBagConstraints14.weightx = 1.0;
gridBagConstraints14.fill = GridBagConstraints.HORIZONTAL;
field7 = new JTextField();
field7.setEditable(false);
leftPanel.add(field7, gridBagConstraints14);
GridBagConstraints gridBagConstraints15 =
    new GridBagConstraints();
gridBagConstraints15.gridx = 0;
gridBagConstraints15.gridy = 8;
gridBagConstraints15.insets = new Insets(0, 5, 0, 0);
label8 = new JLabel("经办人");
leftPanel.add(label8, gridBagConstraints15);
GridBagConstraints gridBagConstraints16 =
    new GridBagConstraints();
gridBagConstraints16.gridx = 1;
gridBagConstraints16.gridy = 8;
gridBagConstraints16.insets = new Insets(0, 0, 0, 5);
gridBagConstraints16.weightx = 1.0;
gridBagConstraints16.fill = GridBagConstraints.HORIZONTAL;
field8 = new JTextField();
field8.setEditable(false);
leftPanel.add(field8, gridBagConstraints16);
GridBagConstraints gridBagConstraints17 =
```

```
        new GridBagConstraints();
    gridBagConstraints17.gridx = 0;
    gridBagConstraints17.gridy = 9;
    gridBagConstraints17.insets = new Insets(0, 5, 0, 0);
    label9 = new JLabel("日期");
    leftPanel.add(label9, gridBagConstraints17);
    GridBagConstraints gridBagConstraints18 =
        new GridBagConstraints();
    gridBagConstraints18.gridx = 1;
    gridBagConstraints18.gridy = 9;
    gridBagConstraints18.insets = new Insets(0, 0, 0, 5);
    gridBagConstraints18.weightx = 1.0;
    gridBagConstraints18.fill = GridBagConstraints.HORIZONTAL;
    field9 = new JTextField();
    field9.setEditable(false);
    leftPanel.add(field9, gridBagConstraints18);
    button1.addActionListener(new ActionListener() {
      public void actionPerformed(ActionEvent e) {
        box1.removeAllItems();                        //添加单号前清除上一次效果
        try{
          File file = new File("d:/save_date.txt");
          if(!file.exists()){
            JOptionPane.showMessageDialog(null, "订单文件不存在
                ");
            return;
          }
          FileReader fr = new FileReader(file);
          BufferedReader br = new BufferedReader(fr);
          List<String> list = new ArrayList<String>();
          String str;
          while((str = br.readLine()) != null){
            list.add(str);
          }
          int line = list.size();
          for(int i = 0;i <= line - 1;i++){
            String iStr = list.get(i);
            int start1 = iStr.indexOf("单号");
            int end1 = iStr.indexOf(",");
            String value1 = iStr.substring(start1 + 3, end1);
            box1.addItem(value1);                     //按照单号提取时间信息并添加
          }
        }catch(Exception e1){
          e1.printStackTrace();
        }
      }
    });
```

```
    box1.addItemListener(new ItemListener() {           //添加标签监听
        public void itemStateChanged(ItemEvent e) {
            try{
                File file = new File("d:/save_date.txt");
                FileReader fr = new FileReader(file);
                BufferedReader br = new BufferedReader(fr);
                List<String> list = new ArrayList<String>();
                String str;
                while((str = br.readLine()) != null){
                    list.add(str);                      //读取文件内容到一个集合
                }
                for(int i = 0;i < box1.getItemCount();i++){
/**
下拉列表中有多少内容,就分别读取
*/
                    String iStr = list.get(box1.getSelectedIndex());
/**
getSelectedIndex 方法返回一个编号,也就是下拉列表中的某个编号,通过
这个编号,可以获取 list 集合中的某一条信息,并赋值给 iStr 变量。
*/
                    int start2 = iStr.indexOf("货物名称");
                    int end2 = iStr.indexOf(",货物厂家");
                    String value2 = iStr.substring(start2 + 5, end2);
/**
通过 substring 方法可以截取 iStr 中的一段。
*/
                    field2.setText(value2);             //将截取内容置于目标组件中显示
                    int start3 = iStr.indexOf("货物厂家");
                    int end3 = iStr.indexOf(",货物价格");
                    String value3 = iStr.substring(start3 + 5, end3);
                    field3.setText(value3);
                    int start4 = iStr.indexOf("货物价格");
                    int end4 = iStr.indexOf(",货物数量");
                    String value4 = iStr.substring(start4 + 5, end4);
                    field4.setText(value4);
                    int start5 = iStr.indexOf("货物数量");
                    int end5 = iStr.indexOf(",货物开销");
                    String value5 = iStr.substring(start5 + 5, end5);
                    field5.setText(value5);
                    int start6 = iStr.indexOf("货物开销");
                    int end6 = iStr.indexOf(",货款余额");
                    String value6 = iStr.substring(start6 + 5, end6);
                    field6.setText(value6);
                    int start7 = iStr.indexOf("货款余额");
                    int end7 = iStr.indexOf(",经办人");
                    String value7 = iStr.substring(start7 + 5, end7);
```

```
                field7.setText(value7);
                int start8 = iStr.indexOf("经办人");
                int end8 = iStr.indexOf(",进货日期");
                String value8 = iStr.substring(start8 + 4, end8);
                field8.setText(value8);
                int start9 = iStr.indexOf("进货日期");
                int end9 = iStr.lastIndexOf("秒");
                String value9 = iStr.substring(start9 + 5, end9 + 1);
                field9.setText(value9);
            }                                   //将单号信息中的各项内容显示到输入框
        }catch(Exception e1){
            e1.printStackTrace();
        }
    }
});
rightPanel.setLayout(new GridBagLayout());
GridBagConstraints gridBagConstraints20 =
      new GridBagConstraints();
gridBagConstraints20.gridx = 0;
gridBagConstraints20.gridy = 0;
gridBagConstraints20.insets = new Insets(25, 5, 5, 0);
gridBagConstraints20.weightx = 1.0;
gridBagConstraints20.fill = GridBagConstraints.HORIZONTAL;
label10 = new JLabel("查询货物数量");
label10.setFont(new Font("华文行楷", Font.BOLD, 12));
rightPanel.add(label10, gridBagConstraints20);
GridBagConstraints gridBagConstraints23 =
      new GridBagConstraints();
gridBagConstraints23.gridx = 1;
gridBagConstraints23.gridy = 0;
gridBagConstraints23.insets = new Insets(25, 0, 5, 5);
gridBagConstraints23.weightx = 1.0;
gridBagConstraints23.fill = GridBagConstraints.HORIZONTAL;
button2 = new JButton("开始查询");
button2.setFont(new Font("华文行楷", Font.BOLD, 12));
button2.setOpaque(false);
button2.setBorderPainted(false);
button2.setContentAreaFilled(false);
button2.setFocusPainted(false);
rightPanel.add(button2, gridBagConstraints23);
GridBagConstraints gridBagConstraints21 =
      new GridBagConstraints();
gridBagConstraints21.gridx = 0;
gridBagConstraints21.gridy = 1;
gridBagConstraints21.insets = new Insets(5, 5, 5, 5);
gridBagConstraints21.gridwidth = 2;
```

```
gridBagConstraints21.weightx = 1.0;
gridBagConstraints21.fill = GridBagConstraints.HORIZONTAL;
box2 = new JComboBox();
rightPanel.add(box2, gridBagConstraints21);
GridBagConstraints gridBagConstraints22 =
    new GridBagConstraints();
gridBagConstraints22.gridx = 0;
gridBagConstraints22.gridy = 2;
gridBagConstraints22.insets = new Insets(5, 5, 25, 5);
gridBagConstraints22.gridwidth = 2;
gridBagConstraints22.weightx = 1.0;
gridBagConstraints22.fill = GridBagConstraints.HORIZONTAL;
field10 = new JTextField();
rightPanel.add(field10, gridBagConstraints22);
//button2 可以查询剩余货物数量
button2.addActionListener(new ActionListener() {
  public void actionPerformed(ActionEvent e) {
    box2.removeAllItems();                    //首先清除下拉列表中的内容
    try{
      File file = new File("d:/save_member.txt"); //查询数量
      if(!file.exists()){
        JOptionPane.showMessageDialog(null, "没有物品记录文
            件");
        return;                       //如果没有物品相关的数据文件,则直接返回
      }
      FileReader fr = new FileReader(file);
      BufferedReader br = new BufferedReader(fr);
      List<String> list = new ArrayList<String>();
      String str;
      while((str = br.readLine())! = null){
        list.add(str);                          //将物品信息添加到集合
      }
      int line = list.size();                   //获取集合行数
      for(int i = 0;i <= line - 1;i ++ ){
        String iStr = list.get(i);              //分别读取每一条信息
        int start = iStr.indexOf("商品名称");
        int end = iStr.indexOf("商品数量");
        String value = iStr.substring(start + 5, end); //截取数量
        box2.addItem(value);                  //将相关物品的数量加载到下拉列表
      }
    }catch(Exception e1){
      e1.printStackTrace();
    }
  }
});
box2.addItemListener(new ItemListener() {           //列表项事件
```

```
        public void itemStateChanged(ItemEvent e) {
          try{
            File file = new File("d:/save_member.txt");
            FileReader fr = new FileReader(file);
            BufferedReader br = new BufferedReader(fr);
            List<String> list = new ArrayList<String>();
            String str;
            while((str = br.readLine()) != null){
              list.add(str);
            }
            for(int i = 0;i < box2.getItemCount();i ++ ){
              String iStr = list.get(box2.getSelectedIndex());
              int start = iStr.indexOf("商品数量");
              int end = iStr.indexOf(";");
              String value = iStr.substring(start + 5, end);
              field10.setText(value);                //将物品对应的数量显示
            }
          }catch(Exception e1){
            e1.printStackTrace();
          }
        }
      });
    }
}
```

下面的代码表示主界面，前面我们已经编写了背景面板界面，以及 4 个主要的功能界面，现在我们可以把全部功能整合到主界面上。

```
import java.awt.CardLayout;
import java.awt.Color;
import java.awt.FlowLayout;
import java.awt.Font;
import java.awt.GridBagConstraints;
import java.awt.HeadlessException;
import java.awt.Insets;
import java.awt.event.ActionEvent;
import java.awt.event.ActionListener;
import java.net.URL;
import javax.swing.BorderFactory;
import javax.swing.ImageIcon;
import javax.swing.JButton;
import javax.swing.JFrame;
import javax.swing.JLabel;
import javax.swing.JPanel;
import javax.swing.border.TitledBorder;
public class MainFrame extends JFrame{          //这是主程序，集成各个界面
  private BGPanel bgPanel = null;
  private JButton zengButton = null;
```

```
    private JButton shanButton = null;
    private JButton gaiButton = null;
    private JButton chaButton = null;
    private JPanel mainPanel = null;
    private Zeng zengPanel = null;
/ **
    把前面的功能类实例化对象,这样我们在主界面就可以随意调用前面的功能,
    其实这也反映了 Java 语言的面向对象的思想。
* /
    private Shan shanPanel = null;
    private Gai gaiPanel = null;
    private Cha chaPanel = null;
    private Zeng getZeng() {                       //实例化各个界面功能,请注意返回值类型
        if(zengPanel == null) {
            zengPanel = new Zeng();                //实例化对象
            zengPanel.setName("zengPanel");        //赋予一个唯一的标识
        }
        return zengPanel;                          //将实例化的对象返回
    }
    private Shan getShan() {
        if(shanPanel == null) {
            shanPanel = new Shan();
            shanPanel.setName("shanPanel");
        }
        return shanPanel;
    }
    private Gai getGai() {
        if(gaiPanel == null) {
            gaiPanel = new Gai();
            gaiPanel.setName("gaiPanel");
        }
        return gaiPanel;
    }
    private Cha getCha() {
        if(chaPanel == null) {
            chaPanel = new Cha();
            chaPanel.setName("chaPanel");
        }
        return chaPanel;
    }
    private JPanel getMainPanel() {                        //把功能集中到该面板区域
        if(mainPanel == null) {
            mainPanel = new JPanel();                      //实例化显示区域
            mainPanel.setOpaque(false);
            mainPanel.setLayout(new CardLayout());
            mainPanel.setBorder(BorderFactory.createTitledBorder(
                    BorderFactory.createEmptyBorder(0, 0, 0, 0), "功能面板",
```

```
                TitledBorder.DEFAULT_JUSTIFICATION, TitledBorder.
                ABOVE_TOP, new Font("sansserif", Font.BOLD, 12), new
                Color(59, 59, 59)));                      //设置显示界面的边界效果
            mainPanel.add(getZeng(), getZeng().getName());  //添加功能面板
            mainPanel.add(getShan(), getShan().getName());
            mainPanel.add(getGai(), getGai().getName());
            mainPanel.add(getCha(), getCha().getName());
        }
        return mainPanel;
    }
    private JButton getZengButton(){
        if(zengButton==null){
            zengButton=new JButton("增加内容");            //实例化界面上的按钮
            zengButton.setFont(new Font("华文行楷", Font.BOLD, 20));
            zengButton.setOpaque(false);
            zengButton.setBorderPainted(false);             //设置按钮边界效果
            zengButton.setContentAreaFilled(false);         //设置填充效果
            zengButton.setFocusPainted(false);              //组件是否聚焦
            zengButton.addActionListener(new ActionListener() {
                public void actionPerformed(ActionEvent e) {
                    CardLayout layout=(CardLayout)mainPanel.getLayout();
                    layout.show(getMainPanel(), "zengPanel");
/**
    获取主界面的布局方式，当单击按钮，会添加功能面板。
*/
                }
            });
        }
        return zengButton;
    }
    private JButton getShanButton(){
        if(shanButton==null){
            shanButton=new JButton("删除内容");
            shanButton.setFont(new Font("华文行楷", Font.BOLD, 20));
            shanButton.setOpaque(false);
            shanButton.setBorderPainted(false);
            shanButton.setContentAreaFilled(false);
            shanButton.setFocusPainted(false);
            shanButton.addActionListener(new ActionListener() {
                public void actionPerformed(ActionEvent e) {
                    CardLayout layout=(CardLayout)mainPanel.getLayout();
                    layout.show(getMainPanel(), "shanPanel");
                }
            });
        }
        return shanButton;
    }
```

```
private JButton getGaiButton(){
  if(gaiButton==null){
    gaiButton=new JButton("修改内容");
    gaiButton.setFont(new Font("华文行楷", Font.BOLD, 20));
    gaiButton.setOpaque(false);
    gaiButton.setBorderPainted(false);
    gaiButton.setContentAreaFilled(false);
    gaiButton.setFocusPainted(false);
    gaiButton.addActionListener(new ActionListener() {
      public void actionPerformed(ActionEvent e) {
        CardLayout layout=(CardLayout)mainPanel.getLayout();
        layout.show(getMainPanel(), "gaiPanel");
      }
    });
  }
  return gaiButton;
}
private JButton getChaButton(){
  if(chaButton==null){
    chaButton=new JButton("查询内容");
    chaButton.setFont(new Font("华文行楷", Font.BOLD, 20));
    chaButton.setOpaque(false);
    chaButton.setBorderPainted(false);
    chaButton.setContentAreaFilled(false);
    chaButton.setFocusPainted(false);
    chaButton.addActionListener(new ActionListener() {
      public void actionPerformed(ActionEvent e) {
        CardLayout layout=(CardLayout)mainPanel.getLayout();
        layout.show(getMainPanel(), "chaPanel");
      }
    });
  }
  return chaButton;
}
public static void main(String[] args) {
  new MainFrame().setVisible(true);
}
public MainFrame() throws HeadlessException {
  super();
  this.setTitle("简易超市管理系统");
  this.setSize(503, 427);
  this.setResizable(false);
  this.setLocationRelativeTo(null);
  this.setDefaultCloseOperation(JFrame.EXIT_ON_CLOSE);
  this.setContentPane(getBGPanel());
/**
在主面板的构造方法中,调用背景方法 getBGPanel,该方法的作用是实例化
```

```
前面的背景类。
*/
}
private JPanel getBGPanel(){
    if(bgPanel == null){
        GridBagConstraints gridBagConstraints1 =
                new GridBagConstraints();
        gridBagConstraints1.gridx = 0;
        gridBagConstraints1.gridy = 0;
        gridBagConstraints1.gridwidth = 4;
        gridBagConstraints1.insets = new Insets(15, 0, 0, 0);
        bgPanel = new BGPanel();                          //实例化背景类对象
        URL url = this.getClass().getResource("BGPanel.jpg");
/**
可以在调用过程中导入一张图片,这样也是比较灵活的设置背景图片的方式
*/
        ImageIcon icon = new ImageIcon(url);
        bgPanel.setIcon(icon);
        JLabel label1 = new JLabel("简易超市管理系统");
        label1.setFont(new Font("华文行楷", Font.BOLD, 30));
        bgPanel.add(label1, gridBagConstraints1);
        GridBagConstraints gridBagConstraints2 =
                new GridBagConstraints();
        gridBagConstraints2.gridx = 0;
        gridBagConstraints2.gridy = 1;
        gridBagConstraints2.gridwidth = 4;
        gridBagConstraints2.weightx = 1.0;
        gridBagConstraints2.fill = GridBagConstraints.HORIZONTAL;
        gridBagConstraints2.insets = new Insets(0, 0, 0, 0);
        JPanel panel = new JPanel();
        panel.setOpaque(false);
        panel.setLayout(new FlowLayout(FlowLayout.CENTER, 5, 0));
        panel.add(getZengButton());
        panel.add(getShanButton());
        panel.add(getGaiButton());
        panel.add(getChaButton());                          //将功能按钮添加到面板上
        bgPanel.add(panel, gridBagConstraints2);
        GridBagConstraints gridBagConstraints3 =
                new GridBagConstraints();
        gridBagConstraints3.gridx = 0;
        gridBagConstraints3.gridy = 2;
        gridBagConstraints3.gridwidth = 4;
        gridBagConstraints3.gridheight = 6;
        gridBagConstraints3.weightx = 1.0;
        gridBagConstraints3.weighty = 1.0;
        gridBagConstraints3.insets = new Insets(5, 15, 10, 15);
        gridBagConstraints3.fill = GridBagConstraints.BOTH;
```

```
            bgPanel.add(getMainPanel(), gridBagConstraints3);
/**
  在主面板上,添加各个功能,这些功能都是以方法的形式进行调用
*/
        }
        return bgPanel;
    }
}
```

该程序的难点是,如何在不破坏原来数据的情况下,实现同一商品的数据合并和删除。我们选择 FileReader+BufferedReader 类实现,因为可以通过 readLine()方法实现读取整行数据。流程如图 11-6～图 11-10 所示。

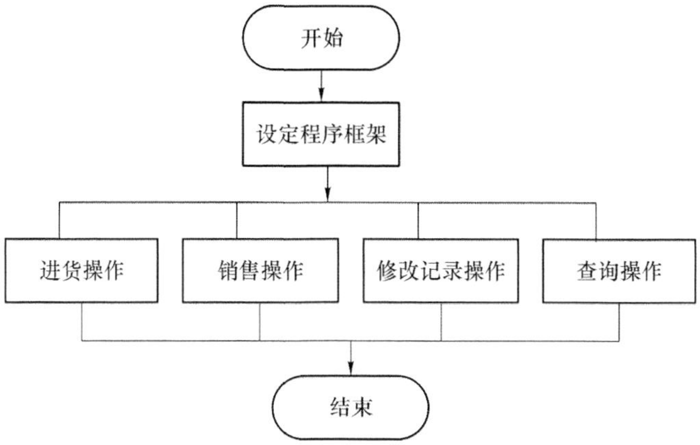

图 11-6　例 11-2 流程图

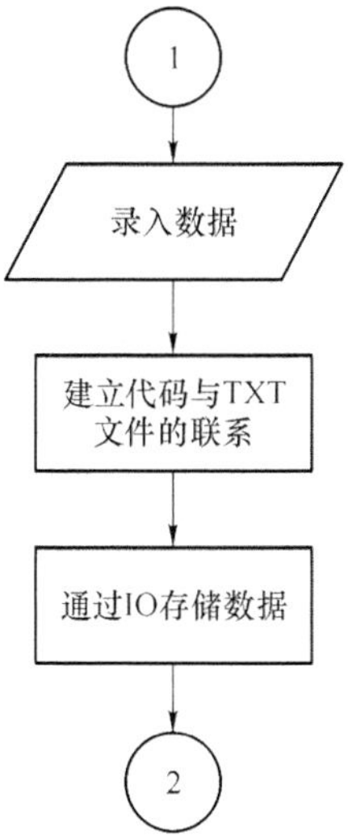

图 11-7　进货部分流程图

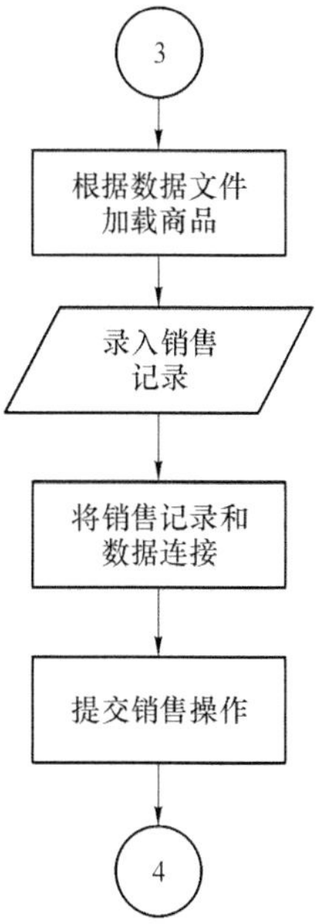

图 11-8　销售部分流程图

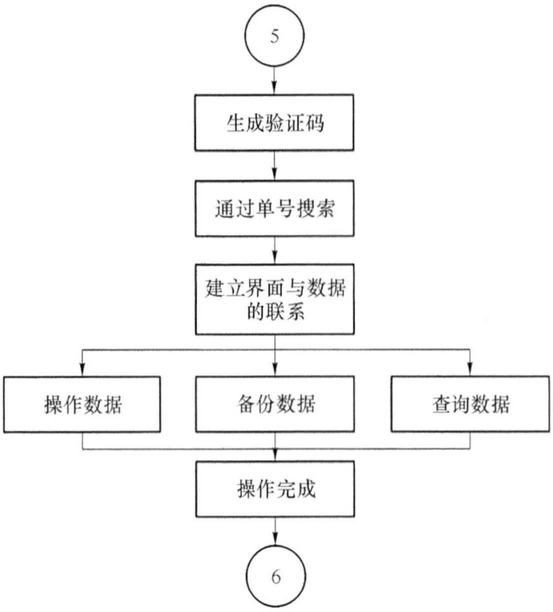

图 11-9　删除及备份流程图

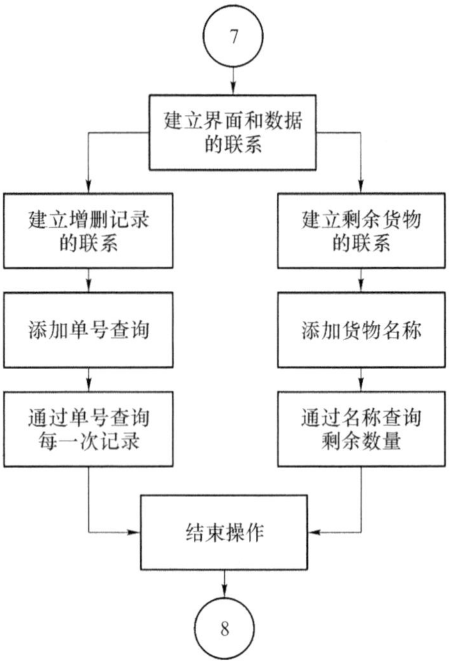

图 11-10　查询数据流程图

11.3　锻炼神经反射游戏

下面我们来看一个小游戏，在界面中每次可以生成 5 个不同颜色的小球，当用户单击小球时，球消失，当 5 个小球都消失后，系统提示是否再来一局，单击确定后，游戏再次开始。小球移动的速度由随机数控制，所以有些球的速度快，有些慢，对于某些快速移动的球，要用鼠标击中它们是有一定难度的。

【例 11-3】　单击小球游戏(所需图片见源代码)。

```
import java.awt.Graphics;
import java.awt.GridBagLayout;
import javax.swing.ImageIcon;
import javax.swing.JPanel;
public class BackgroundPanel extends JPanel{
   public BackgroundPanel() {
      super();
      this.setSize(300, 200);
      this.setLayout(new GridBagLayout());
   }
   protected void paintComponent(Graphics g) {
      super.paintComponent(g);              //小球运动时，需要该方法绘制界面
   }
}
```

下面的方法定义了小球类，我们看到的小球图形都是来源于此，如果要得到多个小球，只需要多次调用该类。

```
import java.awt.Color;
import java.awt.Container;
import java.awt.Graphics;
import java.awt.Point;
import java.lang.reflect.Field;
import javax.swing.JLabel;
public class Ball extends JLabel implements Runnable{
/**
  将小球类设定为标签组件,所以可以实现标签类的全部功能。该类实现了线程
  接口,用来实现小球的位移效果。
*/
  private int r=20;                                      //球的半径
  private int width=r*2;                                 //宽度
  private int height=r*2;                                //高度
  private Color ballColor=Color.black;                   //默认小球颜色
  public Ball() {
    super();
    this.setSize(width, height);
    Field[] fields=Color.class.getFields();
/**
  Color.class.getFields()表示获取颜色类中的getFields方法,用来获取
  每一个字段,每个字段表示一种颜色,然后赋值给fields数组。
*/
    int index=(int)(Math.random()*fields.length);       //取数组中随机数
    try{
      Object object=fields[index].get(null);             //把随机数颜色赋值
      if(object instanceof Color)                         //如果得到的对象是一种颜色
        ballColor=(Color)object;                          //就把对象转换为颜色并赋值给小球
    }catch(Exception e){
      e.printStackTrace();
    }
    new Thread(this).start();                             //启动线程,让小球动起来
  }
  protected void paintComponent(Graphics g) {
    super.paintComponent(g);
    g.setColor(ballColor);
    g.fillOval(0, 0, width, height);                      //从0点按照宽高画出小球
  }
  public void run() {
    Container parent=this.getParent();                    //获取父容器,即背景容器
    Point myPoint=this.getLocation();                     //获取小球位置
    while(true){                                          //无限循环
      if(parent==null){                                   //如果父容器不存在
        try{
                    Thread.sleep(50);                     //间隔50毫秒
                }catch(InterruptedException e) {
                    e.printStackTrace();
                }
                myPoint=getLocation();                    //为小球位置赋值
                parent=getParent();                       //获取父容器
      }else{
```

```
            break;                                      //如果父容器已经存在,那么忽略此步骤
        }
    }
    int sx = myPoint.x;
/**
定义小球的本次坐标,如果进行位移以后,那么该坐标会自动变为上一次坐标。
其作用是:可以根据上一次坐标和本次坐标,计算小球的运动距离,达到运动
效果。
*/
    int sy = myPoint.y;
    int step = (int)(Math.random() * 10) % 3 + 1;          //移动速度用步数模拟
    int dx = (Math.random() * 100) >= 50?step: - step;    //横向移动速度
    step = (int)(Math.random() * 10) % 3;
    int dy = (Math.random() * 100) >= 50?step: - step;    //纵向移动速度
    int stime = (int)(Math.random() * 80 + 10);           //每步移动的时间间隔
    while(parent.isVisible()){
            int parentWidth = parent.getWidth();            //获取背景宽度
            int parentHeight = parent.getHeight();          //背景高度
            setLocation(sx, sy);                            //设置小球位置
            try{
                Thread.sleep(stime);                        //每步移动设置一个睡眠时间
            }catch (InterruptedException e) {
                e.printStackTrace();
            }
            sx = sx + dx * 3;                               //横向移动距离
            sy = sy + dy * 3;                               //纵向移动距离
            if(sy > parentHeight - height - 15||sy - this.height < 0)
                dy = - dy;                                  //在高度不越界的情况下,移动
            if(sx > parentWidth - width - 25||sx - this.width < 0)
                dx = - dx;                                  //在宽度不越界的情况下,移动
        }
    }
}
```

下面的代码表示主面板,在该面板中可以设置小球的数量。

```
import java.awt.BorderLayout;
import java.awt.Color;
import java.awt.Font;
import java.awt.HeadlessException;
import java.awt.Rectangle;
import java.awt.event.MouseAdapter;
import java.awt.event.MouseEvent;
import javax.swing.JFrame;
import javax.swing.JLabel;
import javax.swing.JOptionPane;
import javax.swing.JPanel;
import javax.swing.SwingConstants;
public class MainFrame extends JFrame{
    private BackgroundPanel jContentPane = null;
    private Ball ball = null;
    private int score = 0;                                  //设置分数,计分
    private static JPanel infoPanel;
```

```
public static void main(String[] args) {
    new MainFrame().setVisible(true);
}
public MainFrame() throws HeadlessException {
    super();
    this.setTitle("射击球类小游戏");
    this.setSize(512, 384);
    this.setLocationRelativeTo(null);
    this.setResizable(false);
    this.setDefaultCloseOperation(JFrame.EXIT_ON_CLOSE);
    this.setContentPane(getJContentPane());
    infoPanel = (JPanel)this.getGlassPane();
/**
 设置一个可控制透明度的面板,用于提示信息
*/
    JLabel label = new JLabel("准备好,下一局要开始了");
    label.setHorizontalAlignment(SwingConstants.CENTER);
    label.setFont(new Font("华文行楷", Font.BOLD, 35));
    label.setForeground(Color.blue);
    infoPanel.setLayout(new BorderLayout());
    infoPanel.add(label);                        //当面板不透明时,显示提示信息,平时不可见
}
private BackgroundPanel getJContentPane(){
    if(jContentPane == null){
        jContentPane = new BackgroundPanel();
        jContentPane.setLayout(null);
        addBall();                               //每次调用该功能时,在面板上添加小球
    }
    return jContentPane;
}
public void addBall(){
    for(int i = 0;i < 5;i++){                    //每次可以新增5个小球
        ball = new Ball();
        ball.setBounds(new Rectangle(121, 67, 40, 40));    //初始位置
        jContentPane.add(ball, null);
        ball.addMouseListener(new MouseAdapter() {         //鼠标单击事件
            public void mousePressed(MouseEvent e) {
                super.mousePressed(e);
                if(e.getSource() instanceof JLabel){       //如果击中了标签对象
                    JLabel ball = (JLabel)e.getSource();   //把事件源赋值给小球
                    jContentPane.remove(ball);             //从父容器去掉小球
                    jContentPane.repaint();                //重构面板
                }
                int count = jContentPane.getComponentCount();   //获取球数量
                if(count <= 0){                    //如果求的数量<=0,表示没有球了
                    int option = JOptionPane.showConfirmDialog(null, "你真
                      棒,再来一局吧");                         //提示框出现
                    if(option == JOptionPane.YES_OPTION){  //单击确定后
                        new Thread(new Runnable() {
                            public void run() {
```

```
                        infoPanel.setVisible(true);           //面板不透明,提示可见
                        try{
                          Thread.sleep(3000);                 //等待 3 秒
                        }catch(Exception e){
                          e.printStackTrace();
                        }
                        infoPanel.setVisible(false);          //提示信息消失
                        addBall();                            //添加小球
                      }
                    }).start();
                  }
                }
              }
            });
          }
       }
}
```

需要注意的是，在 Ball 类中，第一，我们必须保证表示移动速度的随机数不能为 0，否则小球可能出现不动的情况；第二，规定容器的范围，当小球撞击墙面时，需要反弹，此时只需要将 xy 轴的移动速度取反；第三，球的颜色用 Color 类的反射机制实现。

流程图如图 11-11 所示。

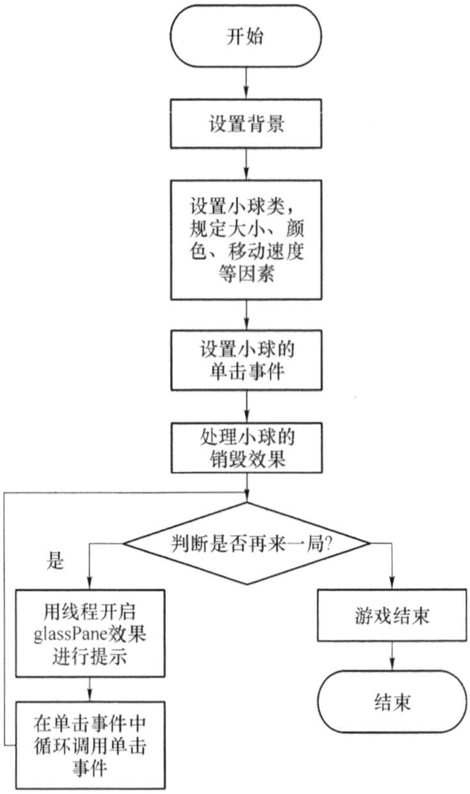

图 11-11　例 11-3 流程图

本章小结

本章利用三个实际案例向大家展示了在实际开发过程中的一些编程手段，以便更好地做到理论联系实际。

第一个例子利用菜单的形式，将多个功能集中起来，当选择不同菜单时，会出现相应的功能界面。本案例重点介绍了菜单、文件选择功能、图片编辑功能、布局管理器的使用以及某些不常见组件的使用。

第二个例子实现了简易超市管理系统的设计，本案例没有采用数据库工具保存数据，而是采用了 TXT 文本文件。数据文件保存到某个盘符下，然后用 IO 流操作，重点需要掌握 Swing ＋ IO 的编程技巧。

第三个案例实现了鼠标单击小球的相关操作，读者需要重点掌握图形的画法、线程的使用和某些数学原理的应用。

习　题　11

11.1　编写一个界面，实现三重菜单的下拉和单击功能。

11.2　编写程序，实现对任意盘符下文件的选择功能。

11.3　给出一张图片，实现对图片指定大小的压缩功能。

11.4　实现 UI 界面的背景设置。

11.5　通过 IO 流实现对外部文件的读写、修改、创建和删除操作。

11.6　利用线程原理实现图形组件的移动。

参考文献

[1] 百度百科. Java 虚拟机[EB/OL]. http://wenku.baidu.com/view/3306d5d6360cba1aa811da7e.html? from=search.

[2] 百度百科. Java 虚拟机简介[EB/OL]. http://wenku.baidu.com/view/bd9ca840be1e650e52ea999a.html? from=search.

[3] 孙华志. Java 语言"与平台无关性"的实现[J]. 天津师范大学学报：自然科学版，2002，22(4)：50-52.

[4] 王立冬，张凯. Java 虚拟机分析[J]. 北京理工大学学报，2002，22(1)：60-63.

[5] 百度文库. 要想理解面向对象编程这一领域[EB/OL]. http://wenku.baidu.com/view/986bc493daef5ef7ba0d3c9d.html? from=search.

[6] 老农过河[EB/OL]. http://new.060s.com/center/stxg/all/t-1228529.html.

[7] 张孝祥. Java 就业培训教程[M]. 北京：清华大学出版社，2003.

[8] 孙卫琴. 精通 Struts：基于 MVC 的 Java Web 设计与开发[M]. 北京：电子工业出版社，2004.

[9] 唐大仕. Java 程序设计[M]. 北京：清华大学出版社，2007.

[10] 翁恺，肖少拥. Java 语言程序设计教程 [M]. 2 版. 杭州：浙江大学出版社，2013.

[11] 郎波. Java 语言程序设计 [M]. 2 版. 北京：清华大学出版社，2010.

[12] 耿祥义，张跃平. Java 设计模式[M]. 北京：清华大学出版社，2009.

[13] 百度文库. 理解面向对象[EB/OL]. http://wenku.baidu.com/view/17cc410316fc700abb68fcfd.html? from=search.

[14] 百度百科. 个人所得税率[EB/OL]. http://baike.baidu.com/view/4484160.htm.

[15] 李钟尉. Java 编程宝典(十年典藏版)[M]. 北京：人民邮电出版社，2010.